教科書の公式ガイドブック

教科書ガイド

東京書籍 版

新しい数学

—— 完全準拠 ——

中学数学

3年

教科書の内容が よくわかる

JN085436

編集発行 あすとろ出版

数学の学習とこの本の使い方

1 予習と復習はなぜ大切か

　数学の学習は，レンガを積むのと同じです。基礎から一段ずつ積み上げて，理解していくものです。しかし，学校の授業は1年間に学ばなければならないことが多いために，ゆっくりと時間をかけて進むことはできません。したがって，授業だけをどんなに注意深く熱心に受けても，学習したことが十分身につくとはいえません。数学がよくわかるようになるためには，**授業を中心にしながら，予習と復習を規則的に行う**ことが大切なのです。

　予習はたとえ10分でも15分でもよいから，次の授業のところに目を通しておくことです。復習では，計算や証明などの練習に時間の大部分を使うことになります。この際，最も重要なことは，答え合わせです。復習に限らず，数学の勉強で重要なことは，必ず自分で解いてから「答えを合わせて確かめる」ということです。

2 この本の使い方・役立て方

| 解答 | ・ | 考え方 |

- 本書には，教科書にあるすべての問題について，詳細な解答のほか，必要に応じて問題を解くときの手立てやヒントを掲載しています。また，いくつかの解答がある場合には，多様な解答例や別解をできるだけ掲載しました。

　　教科書で求められている解答は，文章などで説明する場合を除いて，赤字で示しています。計算問題などでは，まず結果の答え合わせをして，間違っていたら，途中の計算をみながら，どこで間違ったのかを確認しましょう。

ことばの意味 ， ポイント ， 要点チェック

- 新しい用語や，重要なことがらは「ことばの意味」や「ポイント」で，教科書の内容に沿って取り上げています。また，章の問題の前には，「要点チェック」のコーナーを設け，その章で学習した重要なことがらの整理・確認ができるようにしています。

レベルアップ

- 「レベルアップ」では，やや発展的な解法や，コラム，解法のテクニックなどを掲載しています。

二次元コード

- 教科書と同じ動画やシミュレーションなどが見られる二次元コードが入っています。

　　二次元コードが掲載されているページは，本書288ページにその一覧表があります。

目次

1章 [多項式] 文字式を使って説明しよう

1節 多項式の計算

Q 下の図の⑦〜⑰は，2つの半円の弧を組み合わせたもので，㋐はABを直径とする半円の弧です。⑦〜㋐の長さを比べてみましょう。

教科書 p.11

⑦
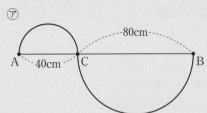

㋑
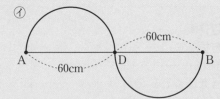

㋒
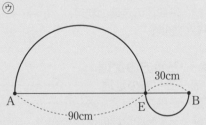

㋓
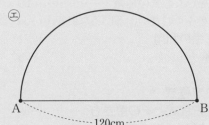

❶ ⑦〜㋐の長さを求めてみましょう。どんなことがわかるでしょうか。

❷ ドミノ倒しで，先にゴールするのはどのコースであると予想できるでしょうか。

❸ APの長さを自分で決めて，弧の長さの和を求めてみましょう。

考え方 半円の弧の長さは，直径を a cm とすると $\frac{1}{2}\pi a$ cm となります。

解答 ❶ ⑦ $\frac{1}{2}\pi \times 40 + \frac{1}{2}\pi \times 80 = \frac{1}{2}\pi \times (40 + 80) = \frac{1}{2}\pi \times 120 = 60\pi$ (cm)

㋑ $\frac{1}{2}\pi \times 60 + \frac{1}{2}\pi \times 60 = \frac{1}{2}\pi \times (60 + 60) = \frac{1}{2}\pi \times 120 = 60\pi$ (cm)

㋒ $\frac{1}{2}\pi \times 90 + \frac{1}{2}\pi \times 30 = \frac{1}{2}\pi \times (90 + 30) = \frac{1}{2}\pi \times 120 = 60\pi$ (cm)

㋓ $\frac{1}{2}\pi \times 120 = 60\pi$ (cm)

わかること

・どれも 60π cm となって等しい。

・どの場合も半円の直径の和120cmに $\frac{1}{2}\pi$ をかけたものが全体の長さとなり等しい。

❷ どのドミノ倒しのコースも，2つの半円の弧を組み合わせたもので，半円の直径の和は
どれも等しくなっている。

❶で調べたことから，半円の直径の和が等しいときは，半円の弧の長さの和は等しくな
るので，どのコースも全体の長さが等しい。

したがって，ドミノが同じ速さで倒れるとき，どのコースも同時にゴールすると考えら
れる。

（二次元コードの動画を見てみよう。）

❸ APをどんな値に決めても，AB ＝ 120cm となるから，弧の長さの和は60πcm となり，
等しくなる。

1 多項式と単項式の乗除

Q 右の図は，半円の弧を組み合わせたもので，
①と②の長さは等しくなります。

このことを，AB ＝ a，AP ＝ bとして説明
してみましょう。

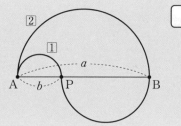

教科書 p.12

❶ (1)の式を計算して，(2)の式と等しいことを
確かめてみましょう。

(1) $b \times \pi \times \dfrac{1}{2} + (a-b) \times \pi \times \dfrac{1}{2}$

(2) $a \times \pi \times \dfrac{1}{2}$

考え方 ❶ (1)の式の$(a-b) \times \dfrac{\pi}{2}$は，分配法則を使って計算します。

解答 ❶ (1)の式を計算すると

$$b \times \pi \times \dfrac{1}{2} + (a-b) \times \pi \times \dfrac{1}{2}$$

$$= \dfrac{\pi b}{2} + (a-b) \times \dfrac{\pi}{2}$$

$$= \dfrac{\pi b}{2} + \dfrac{\pi a}{2} - \dfrac{\pi b}{2}$$

$(a-b) \times \dfrac{\pi}{2} = a \times \dfrac{\pi}{2} - b \times \dfrac{\pi}{2} = \dfrac{\pi a}{2} - \dfrac{\pi b}{2}$

$$= \dfrac{\pi a}{2}$$

いっぽう，(2)の式は

$$a \times \pi \times \dfrac{1}{2} = \dfrac{\pi a}{2}$$

したがって，(1)と(2)の式は等しい。

5

数学の
まど　　点の数を増やすと？　　　　　　　　　　　　　　　　　　　教科書 p.12

解答　AC $= a$，CD $= b$，DB $= c$ とする。

①の半円の弧全体の長さは

$$\frac{\pi a}{2} + \frac{\pi b}{2} + \frac{\pi c}{2}$$

②の半円の弧の長さは

$$\frac{1}{2}\pi(a + b + c) = \frac{\pi a}{2} + \frac{\pi b}{2} + \frac{\pi c}{2}$$

となり，長さは等しい。

点の数をもっと増やしても，半円の弧全体の長さは $\frac{1}{2}\pi \times$（半円の直径 AB）となり，長さは等しくなる。

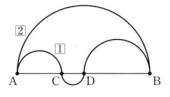

問 1

次の計算をしなさい。

(1)　$4a(a - 3b)$

(2)　$(2x - 7y) \times (-5x)$

(3)　$-b(5a - b)$

(4)　$2a(a - b - c)$

(5)　$(3x + 2y - 1) \times (-6x)$

(6)　$(3x + 6y + 9) \times \dfrac{2}{3}x$

教科書 p.13

○ 教科書 p.240 ①
（ガイド p.265）

考え方　単項式と多項式の乗法は，分配法則を使って計算します。

$$a(x + y) = ax + ay, \quad (a + b) \times x = ax + bx$$

(4)〜(6)　項の数が3つの場合でも，分配法則が使えます。

$$a(x + y + z) = ax + ay + az$$

解答　(1)　$4a(a - 3b) = 4a \times a - 4a \times 3b$

$$= 4a^2 - 12ab$$

(2)　$(2x - 7y) \times (-5x) = 2x \times (-5x) - 7y \times (-5x)$

$$= -10x^2 + 35xy$$

(3)　$-b(5a - b) = (-b) \times 5a - (-b) \times b$

$$= -5ab + b^2$$

(4)　$2a(a - b - c) = 2a \times a - 2a \times b - 2a \times c$

$$= 2a^2 - 2ab - 2ac$$

(5)　$(3x + 2y - 1) \times (-6x) = 3x \times (-6x) + 2y \times (-6x) - 1 \times (-6x)$

$$= -18x^2 - 12xy + 6x$$

(6)　$(3x + 6y + 9) \times \dfrac{2}{3}x = 3x \times \dfrac{2}{3}x + 6y \times \dfrac{2}{3}x + 9 \times \dfrac{2}{3}x$

$$= 2x^2 + 4xy + 6x$$

問2 次の計算をしなさい。

教科書 p.13

● 教科書 p.240 ②
（ガイドp.265）

(1) $2x(x-4)+3x(x+5)$

(2) $4a(a-3)-2a(3a-6)$

考え方 分配法則を使ってかっこをはずし，同類項をまとめます。

解答 (1) $2x(x-4)+3x(x+5)$

$\quad = 2x^2-8x+3x^2+15x$

$\quad = 5x^2+7x$

(2) $4a(a-3)-2a(3a-6)$

$\quad = 4a^2-12a-6a^2+12a$

$\quad = -2a^2$

問3 次の計算をしなさい。

教科書 p.13

● 教科書 p.240 ③
（ガイドp.265）

(1) $(6a^3-2a)\div 2a$

(2) $(8a^2b+2b)\div(-2b)$

(3) $(6a^2b-9ab^2)\div\dfrac{3}{2}ab$

(4) $(x^2y+xy^2-x)\div x$

考え方 多項式を単項式でわる除法は，わる式の逆数をかける乗法になおして計算します。

$\quad$ (3) $\dfrac{3}{2}ab$ は $\dfrac{3ab}{2}$ として，逆数を考えよう。

解答 (1) $(6a^3-2a)\div 2a$

$\quad = (6a^3-2a)\times\dfrac{1}{2a}$

$\quad = \dfrac{6a^3}{2a}-\dfrac{2a}{2a}$

$\quad = 3a^2-1$

(2) $(8a^2b+2b)\div(-2b)$

$\quad = (8a^2b+2b)\times\left(-\dfrac{1}{2b}\right)$

$\quad = -\dfrac{8a^2b}{2b}-\dfrac{2b}{2b}$

$\quad = -4a^2-1$

(3) $(6a^2b-9ab^2)\div\dfrac{3}{2}ab$

$\quad = (6a^2b-9ab^2)\div\dfrac{3ab}{2}$

$\quad = (6a^2b-9ab^2)\times\dfrac{2}{3ab}$

$\quad = \dfrac{6a^2b\times 2}{3ab}-\dfrac{9ab^2\times 2}{3ab}$

$\quad = 4a-6b$

(4) $(x^2y+xy^2-x)\div x$

$\quad = (x^2y+xy^2-x)\times\dfrac{1}{x}$

$\quad = \dfrac{x^2y}{x}+\dfrac{xy^2}{x}-\dfrac{x}{x}$

$\quad = xy+y^2-1$

レベルアップ わる式の係数が分数でないときは，わられる式のそれぞれの項をわる式でわると考え，かけ算の式を省略することもできる。

$\quad$ (1) $(6a^3-2a)\div 2a = \dfrac{6a^3}{2a}-\dfrac{2a}{2a}$

$\qquad\qquad 6a^3\div 2a \qquad 2a\div 2a$

2 多項式の乗法

Q $(a+b)(c+d)$は，どのように計算すればよいでしょうか。　教科書 p.14

❶ 長方形の面積を式で表してみましょう。

❷ $a+b=N$とおいて$(a+b)(c+d)$を計算してみましょう。

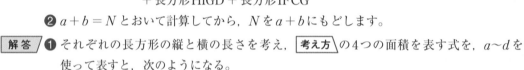

考え方 ❶ 右の図のように，各点を点A〜Iとすると，この長方形の面積は，次のように表すことができます。

① 長方形ABCD（そうたさんの考え）

② 長方形ABFH＋長方形HFCD

③ 長方形AEGD＋長方形EBCG

④ 長方形AEIH＋長方形EBFI
　　　　＋長方形HIGD＋長方形IFCG

❷ $a+b=N$とおいて計算してから，Nを$a+b$にもどします。

解答 ❶ それぞれの長方形の縦と横の長さを考え，**考え方**の4つの面積を表す式を，a〜dを使って表すと，次のようになる。

① $(a+b)(c+d)$　　② $(a+b)c+(a+b)d$

③ $a(c+d)+b(c+d)$　　④ $ac+bc+ad+bd$

❷ $a+b=N$とおくと

$$(a+b)(c+d)$$
$$=N(c+d)$$
$$=Nc+Nd$$
$$=(a+b)c+(a+b)d$$
$$=ac+bc+ad+bd$$

$a+b$をNとおく

分配法則を使ってかっこをはずす

Nを$a+b$にもどす

分配法則を使ってかっこをはずす

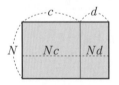

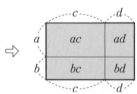

どちらも，④の結果と等しくなるね。

ことばの意味

● 展開する

単項式や多項式の積の形の式を，かっこをはずして単項式の和の形に表すことを，はじめの式を展開するという。

問1 次の式を展開しなさい。

教科書 p.15

(1) $(x+6)(y+2)$　　　　　　(2) $(a-3)(b+2)$

(3) $(a-b)(c-d)$　　　　　　(4) $(2x+1)(y-7)$

→ 教科書 p.240 ④
（ガイド p.265）

考え方 分配法則を使って展開します。

$$(a+b)(c+d) = ac + ad + bc + bd$$

解答

(1) $(x+6)(y+2)$
　$= xy + 2x + 6y + 12$

(2) $(a-3)(b+2)$
　$= ab + 2a - 3b - 6$

(3) $(a-b)(c-d)$
　$= ac - ad - bc + bd$

(4) $(2x+1)(y-7)$
　$= 2xy - 14x + y - 7$

問2 次の式を展開しなさい。

教科書 p.15

(1) $(x+2)(x+4)$　　　(2) $(x-2)(x-3)$　　　(3) $(x+5)(x-5)$

(4) $(4x+1)(3x-2)$　　　(5) $(2a+b)(a+3b)$

→ 教科書 p.240 ⑤
（ガイド p.265）

考え方 分配法則を使って展開してから，同類項をまとめます。

解答

(1) $(x+2)(x+4)$
　$= x^2 + 4x + 2x + 8$
　$= x^2 + 6x + 8$

(2) $(x-2)(x-3)$
　$= x^2 - 3x - 2x + 6$
　$= x^2 - 5x + 6$

(3) $(x+5)(x-5)$
　$= x^2 - 5x + 5x - 25$
　$= x^2 - 25$

(4) $(4x+1)(3x-2)$
　$= 12x^2 - 8x + 3x - 2$
　$= 12x^2 - 5x - 2$

(5) $(2a+b)(a+3b)$
　$= 2a^2 + 6ab + ab + 3b^2$
　$= 2a^2 + 7ab + 3b^2$

問3 次の式を展開しなさい。

教科書 p.15

(1) $(a+1)(a-b+2)$　　　　　　(2) $(2x+y-1)(5x-3y)$

→ 教科書 p.240 ⑥
（ガイド p.265）

考え方 かっこの中の式の項が多い場合，式をひとまとまりとみて，分配法則を使ってかっこをはずします。

(1) $(a+1)(a-b+2) = a(a-b+2) + 1 \times (a-b+2)$

解答

(1) $(a+1)(a-b+2)$
　$= a(a-b+2) + (a-b+2)$
　$= a^2 - ab + 2a + a - b + 2$
　$= a^2 - ab + 3a - b + 2$

(2) $(2x+y-1)(5x-3y)$
　$= 2x(5x-3y) + y(5x-3y) - (5x-3y)$
　$= 10x^2 - 6xy + 5xy - 3y^2 - 5x + 3y$
　$= 10x^2 - xy - 3y^2 - 5x + 3y$

③ 乗法公式

$(x+a)(x+b)$ の形をした式の展開のしかたを考えてみましょう。

教科書 p.16

❶ (1)〜(4)の式を展開して $x^2+\blacksquare x+\blacktriangle$ の形にしたとき，$\blacksquare$，$\blacktriangle$ はそれぞれどんな数になるでしょうか。

(1) $(x+5)(x+2)$　　　　　　　　(2) $(x+5)(x-2)$

(3) $(x-5)(x+2)$　　　　　　　　(4) $(x-5)(x-2)$

❷ $\blacksquare$，$\blacktriangle$ は，a，b の値（あたい）によって，それぞれどのように決まりますか。

考え方 ❶ それぞれの式を，分配法則を使って展開してみよう。

解答 ❶ (1) $(x+5)(x+2)$

$= x^2+2x+5x+5\times2$

$= x^2+(5+2)x+5\times2$

$= x^2+7x+10$

$\blacksquare$ は5と2の和7

$\blacktriangle$ は5と2の積10

(2) $(x+5)(x-2)$

$= x^2-2x+5x+5\times(-2)$

$= x^2+\{5+(-2)\}x+5\times(-2)$

$= x^2+3x-10$

$\blacksquare$ は5と−2の和3

$\blacktriangle$ は5と−2の積−10

(3) $(x-5)(x+2)$

$= x^2+2x-5x+(-5)\times2$

$= x^2+\{(-5)+2\}x+(-5)\times2$

$= x^2-3x-10$

$\blacksquare$ は−5と2の和−3

$\blacktriangle$ は−5と2の積−10

(4) $(x-5)(x-2)$

$= x^2-2x-5x+(-5)\times(-2)$

$= x^2+\{(-5)+(-2)\}x+(-5)\times(-2)$

$= x^2-7x+10$

$\blacksquare$ は−5と−2の和−7

$\blacktriangle$ は−5と−2の積10

❷ $(x+a)(x+b)$ を展開して $x^2+\blacksquare x+\blacktriangle$ の形にすると

$\blacksquare$ は　a と b の和

$\blacktriangle$ は　a と b の積

となっている。

ポイント

公式1

和

$$(x+a)(x+b) = x^2+(a+b)x+ab$$

積

問 1

次の式を，公式1の a と b にあたる数を考えて，展開しなさい。

教科書 p.17

(1) $(x+3)(x+6)$　　　　　　　　(2) $(x+1)(x-3)$

考え方
(1) a にあたる数は 3, b にあたる数は 6
(2) a にあたる数は 1, b にあたる数は -3

$$(x+1)(x-3) = (x+1)\{x+(-3)\}$$
$$(x+a)(x+\quad b\quad)$$

解答
(1) $(x+3)(x+6)$
$= x^2 + (3+6)x + 3 \times 6$
$= x^2 + 9x + 18$

(2) $(x+1)(x-3)$
$= (x+1)\{x+(-3)\}$
$= x^2 + \{1+(-3)\}x + 1 \times (-3)$
$= x^2 - 2x - 3$

問2 次の式を展開しなさい。

(1) $(x+1)(x+2)$ (2) $(x+6)(x-2)$
(3) $(x-3)(x-4)$ (4) $(y+3)(y+5)$
(5) $(a-8)(a-7)$ (6) $(x-6)(x+5)$
(7) $(x-0.2)(x+0.4)$ (8) $\left(y-\dfrac{2}{3}\right)\left(y+\dfrac{1}{3}\right)$

教科書 p.17

● 教科書 p.240 ⑦
 (ガイド p.265)

考え方 (7), (8) a, b が小数や分数の場合も，公式1を使って，同じように展開することができます。

解答
(1) $(x+1)(x+2)$
$= x^2 + (1+2)x + 1 \times 2$ ※
$= x^2 + 3x + 2$

(2) $(x+6)(x-2)$
$= (x+6)\{x+(-2)\}$
$= x^2 + \{6+(-2)\}x + 6 \times (-2)$ ⎞※
$= x^2 + 4x - 12$

(3) $(x-3)(x-4)$
$= \{x+(-3)\}\{x+(-4)\}$
$= x^2 + \{(-3)+(-4)\}x + (-3) \times (-4)$
$= x^2 - 7x + 12$

(4) $(y+3)(y+5)$
$= y^2 + (3+5)y + 3 \times 5$
$= y^2 + 8y + 15$

(5) $(a-8)(a-7)$
$= \{a+(-8)\}\{a+(-7)\}$
$= a^2 + \{(-8)+(-7)\}a + (-8) \times (-7)$
$= a^2 - 15a + 56$

(6) $(x-6)(x+5)$
$= \{x+(-6)\}(x+5)$
$= x^2 + \{(-6)+5\}x + (-6) \times 5$
$= x^2 - x - 30$

(7) $(x-0.2)(x+0.4)$
$= \{x+(-0.2)\}(x+0.4)$
$= x^2 + \{(-0.2)+0.4\}x + (-0.2) \times 0.4$
$= x^2 + 0.2x - 0.08$

(8) $\left(y-\dfrac{2}{3}\right)\left(y+\dfrac{1}{3}\right)$
$= \left\{y+\left(-\dfrac{2}{3}\right)\right\}\left(y+\dfrac{1}{3}\right)$
$= y^2 + \left\{\left(-\dfrac{2}{3}\right)+\dfrac{1}{3}\right\}y + \left(-\dfrac{2}{3}\right) \times \dfrac{1}{3}$
$= y^2 - \dfrac{1}{3}y - \dfrac{2}{9}$

レベルアップ ※のような式を書かなくても，暗算で和や積を求めて展開できるようにしよう。

(1) $(x+1)(x+2)$
$= x^2 + 3x + 2$
$1+2$ ↗ ↖ 1×2

(2) $(x+6)(x-2)$
$= x^2 + 4x - 12$
$6+(-2)$ ↗ ↖ $6 \times (-2)$

$(x+a)^2$ の形をした式の展開のしかたを考えてみましょう。

❶ $(x+a)^2$ を，公式1を使って展開してみましょう。

また，その結果を公式1と比べてみましょう。

❷ 上と同じようにして，$(x-a)^2$ を展開してみましょう。

教科書
p.17〜18

考え方 ❶ $(x+a)^2=(x+a)\times(x+a)$ だから，公式1で b を a におきかえて展開します。

❷ 公式1で，a を $-a$，b を $-a$ におきかえて展開すればよい。

解答 ❶ $(x+a)^2=(x+a)(x+a)$

$\qquad=x^2+(a+a)x+a\times a$ ｝公式1の b に a を代入する

$\qquad=x^2+2ax+a^2$

$(x+a)^2$ は，公式1において，$b=a$ となった場合で，展開した結果は，

x の1次の項の係数が $2a$ に，数の項が a^2 になっている。

❷ $(x-a)^2=\{x+(-a)\}\{x+(-a)\}$

$\qquad=x^2+\{(-a)+(-a)\}x+(-a)\times(-a)$

$\qquad=x^2-2ax+a^2$

$$
\begin{array}{l}
(x+a)(x+b)\\
(x+a)(x+a)
\end{array}
$$

ポイント

公式2

$$(x+a)^2=x^2+2ax+a^2$$

2倍　　2乗

公式3

$$(x-a)^2=x^2-2ax+a^2$$

符号のちがいに
注意しよう。

問3 次の式を展開しなさい。

(1) $(x+6)^2$ 　　(2) $(a+9)^2$ 　　(3) $(x-5)^2$

(4) $(y-7)^2$ 　　(5) $\left(x+\dfrac{1}{3}\right)^2$ 　　(6) $(a-b)^2$

教科書 p.18

➡ 教科書 p.240 ⑧
（ガイドp.266）

解答 (1) $(x+6)^2$

$\qquad=x^2+2\times6\times x+6^2$

$\qquad=x^2+12x+36$

(2) $(a+9)^2$

$\qquad=a^2+2\times9\times a+9^2$

$\qquad=a^2+18a+81$

(3) $(x-5)^2$

$\qquad=x^2-2\times5\times x+5^2$

$\qquad=x^2-10x+25$

(4) $(y-7)^2$

$\qquad=y^2-2\times7\times y+7^2$

$\qquad=y^2-14y+49$

(5) $\left(x+\dfrac{1}{3}\right)^2$

$\qquad=x^2+2\times\dfrac{1}{3}\times x+\left(\dfrac{1}{3}\right)^2$

$\qquad=x^2+\dfrac{2}{3}x+\dfrac{1}{9}$

(6) $(a-b)^2$

$\qquad=a^2-2\times b\times a+b^2$

$\qquad=a^2-2ab+b^2$

Q $(x+a)(x-a)$ の形をした式の展開のしかたを考えてみましょう。　　　教科書 p.18

❶ $(x+a)(x-a)$ を公式1を使って展開してみましょう。

また，その結果を公式1と比べてみましょう。

1章　多項式

考え方 ❶ 公式1で，b を $-a$ におきかえて展開します。

解答 ❶
$$(x+a)(x-a)$$
$$= x^2+(a-a)x+a \times (-a)$$ 　公式1のbに$-a$を代入する
$$= x^2-a^2$$

公式1において，$b=-a$ となった場合で，展開した結果は，x の1次の項の係数が0に，数の項が $-a^2$ になっている。

ポイント

公式4

2乗

$$(\boldsymbol{x}+\boldsymbol{a})(\boldsymbol{x}-\boldsymbol{a}) = \boldsymbol{x}^2-\boldsymbol{a}^2$$

2乗

問 4 次の式を展開しなさい。　　　教科書 p.19

(1) $(x+3)(x-3)$ 　　(2) $(x-5)(x+5)$ 　　(3) $\left(x+\dfrac{1}{3}\right)\left(x-\dfrac{1}{3}\right)$

(4) $(2+x)(2-x)$ 　　(5) $(a+b)(a-b)$

❷ 教科書 p.240 ⑨
（ガイドp.266）

考え方 (4) 公式4で，x に2，a に x をあてはめて考えます。

解答
(1) $(x+3)(x-3)$
　$= x^2-3^2$
　$= x^2-9$

(2) $(x-5)(x+5)$
　$= x^2-5^2$
　$= x^2-25$

(3) $\left(x+\dfrac{1}{3}\right)\left(x-\dfrac{1}{3}\right)$
　$= x^2-\left(\dfrac{1}{3}\right)^2$
　$= x^2-\dfrac{1}{9}$

(4) $(2+x)(2-x)$
　$= 2^2-x^2$
　$= 4-x^2$

(5) $(a+b)(a-b)$
　$= a^2-b^2$

ポイント

乗法公式
① $(x+a)(x+b) = x^2+(a+b)x+ab$
② $(x+a)^2 = x^2+2ax+a^2$
③ $(x-a)^2 = x^2-2ax+a^2$
④ $(x+a)(x-a) = x^2-a^2$

はるかさん

公式[2]〜[4]は公式[1]をもとにして，次のように導くことができる。

・公式[1]→公式[2]　　bをaにおきかえる。
・公式[1]→公式[3]　　a，bを$-a$におきかえる。
・公式[1]→公式[4]　　bを$-a$におきかえる。

注意 乗法公式[2]，[3]，[4]は次のようによばれることがある。

乗法公式[2]：和の平方　　　乗法公式[3]：差の平方　　　乗法公式[4]：和と差の積

問5 次の式を展開しなさい。　　　　　　　　　　　　　教科書 p.19

(1) $(x-4)^2$　　　　　　　　　　　(2) $(x-6)(x+4)$

(3) $(x+7)(x-7)$　　　　　　　　　(4) $(a+b)^2$

(5) $(x+6)(x+2)$　　　　　　　　　(6) $(8+a)^2$

(7) $(a-2)(a+5)$　　　　　　　　　(8) $(x-9)(9+x)$

考え方 乗法公式[1]〜[4]のどれが使えるか，式の形をみて考えよう。

解答
(1) $(x-4)^2$
　$= x^2 - 2\times 4\times x + 4^2$　　公式[3]
　$= x^2 - 8x + 16$

(2) $(x-6)(x+4)$
　$= \{x+(-6)\}(x+4)$
　$= x^2 + \{(-6)+4\}x + (-6)\times 4$　　公式[1]
　$= x^2 - 2x - 24$

(3) $(x+7)(x-7)$
　$= x^2 - 7^2$　　公式[4]
　$= x^2 - 49$

(4) $(a+b)^2$
　$= a^2 + 2\times b\times a + b^2$　　公式[2]
　$= a^2 + 2ab + b^2$

(5) $(x+6)(x+2)$
　$= x^2 + (6+2)x + 6\times 2$　　公式[1]
　$= x^2 + 8x + 12$

(6) $(8+a)^2$
　$= 8^2 + 2\times a\times 8 + a^2$　　公式[2]
　$= 64 + 16a + a^2$

(7) $(a-2)(a+5)$
　$= \{a+(-2)\}(a+5)$
　$= a^2 + \{(-2)+5\}a + (-2)\times 5$　　公式[1]
　$= a^2 + 3a - 10$

(8) $(x-9)(9+x)$
　$= (x-9)(x+9)$
　$= x^2 - 9^2$　　公式[4]
　$= x^2 - 81$

Q $(2x+1)(2x+3)$を展開するとき，どの乗法公式が利用できるでしょうか。　　　教科書 p.20

解答 $2x$を1つの文字とみると$(A+1)(A+3)$となって，乗法公式[1]を利用できる。

問6 次の式を展開しなさい。　　　　　　　　　　　　　教科書 p.20

(1) $(3x-4)(3x-2)$　　　　　　　　(2) $(-4a+3)(-4a-6)$

考え方 単項式を1つの文字とみて，公式1 $(x+a)(x+b)=x^2+(a+b)x+ab$ を使って展開します。

解答
(1) $(3x-4)(3x-2)$
$= (A-4)(A-2)$ 　 $3x$ を A とおく
$= A^2-6A+8$ 　 展開する
$= (3x)^2-6\times3x+8$ 　 A を $3x$ にもどす
$= 9x^2-18x+8$

(2) $(-4a+3)(-4a-6)$
$= (X+3)(X-6)$ 　 $-4a$ を X とおく
$= X^2-3X-18$ 　 展開する
$= (-4a)^2-3\times(-4a)-18$ 　 X を $-4a$ にもどす
$= 16a^2+12a-18$

問 7 次の式を展開しなさい。

(1) $(5x+2)^2$

(2) $(3x-4y)^2$

(3) $(6x+7)(6x-7)$

(4) $(7a-4b)(7a+4b)$

教科書 p.20

➡ 教科書 p.240 ⑩
（ガイド p.266）

考え方 単項式を1つの文字とみて，どの公式が使えるか考えよう。

解答
(1) $(5x+2)^2$
$= (5x)^2+2\times2\times5x+2^2$ 　 公式②
$= 25x^2+20x+4$

(2) $(3x-4y)^2$
$= (3x)^2-2\times4y\times3x+(4y)^2$ 　 公式③
$= 9x^2-24xy+16y^2$

(3) $(6x+7)(6x-7)$
$= (6x)^2-7^2$ 　 公式④
$= 36x^2-49$

(4) $(7a-4b)(7a+4b)$
$= (7a)^2-(4b)^2$ 　 公式④
$= 49a^2-16b^2$

問 8 右の $(3x+5)^2$ の展開は，まちがっています。
どこがまちがっていますか。
また，正しく $(3x+5)^2$ を展開しなさい。

教科書 p.20

× まちがい例

$(3x+5)^2$
$= (3x)^2+2\times5\times x+5^2$
$= 9x^2+10x+25$

解答 **まちがっているところ**

$3x$ を1つの文字とみて展開しているから，2行目，3行目
の式で，〰〰の部分がまちがっている。

$(3x)^2+2\times5\times \underset{\sim}{x}+5^2$
$= 9x^2+\underset{\sim\sim}{10x}+25$

正しい展開

$(3x+5)^2$
$= (3x)^2+2\times5\times3x+5^2$
$= 9x^2+30x+25$

問9

次の式を展開しなさい。

教科書 p.21

(1) $(x+y+3)(x+y-5)$

(2) $(a+b+c)^2$

◎ 教科書 p.241 ⑪
（ガイド p.266）

(3) $(a-b-6)^2$

(4) $(a+b+3)(a-b+3)$

考え方 (1)では $x+y$, (2)では $a+b$, (3)では $a-b$ をそれぞれ1つの文字におきかえて考えよう。

(4) $(a+b+3)(a-b+3) = \{(a+3)+b\}\{(a+3)-b\}$ だから, $a+3$ を X とおいて考えよう。

解答 (1) $x+y=A$ とおくと

$$(x+y+3)(x+y-5)$$
$$= (A+3)(A-5)$$
$$= A^2-2A-15$$
$$= (x+y)^2-2(x+y)-15$$
$$= x^2+2xy+y^2-2x-2y-15$$

(2) $a+b=X$ とおくと

$$(a+b+c)^2$$
$$= (X+c)^2$$
$$= X^2+2cX+c^2$$
$$= (a+b)^2+2c(a+b)+c^2$$
$$= a^2+2ab+b^2+2ac+2bc+c^2$$

(3) $a-b=X$ とおくと

$$(a-b-6)^2$$
$$= (X-6)^2$$
$$= X^2-12X+36$$
$$= (a-b)^2-12(a-b)+36$$
$$= a^2-2ab+b^2-12a+12b+36$$

(4) $$(a+b+3)(a-b+3)$$
$$= \{(a+3)+b\}\{(a+3)-b\}$$

$a+3=X$ とおくと

$$\{(a+3)+b\}\{(a+3)-b\}$$
$$= (X+b)(X-b)$$
$$= X^2-b^2$$
$$= (a+3)^2-b^2$$
$$= a^2+6a+9-b^2$$

レベルアップ (3) (2)の結果を公式として考えて，これにあてはめて展開することができる。

$$(a-b-6)^2$$
$$= \{a+(-b)+(-6)\}^2$$
$$= a^2+2\times a\times(-b)+(-b)^2+2\times a\times(-6)+2\times(-b)\times(-6)+(-6)^2$$
$$= a^2-2ab+b^2-12a+12b+36$$

問10

次の計算をしなさい。

教科書 p.21

(1) $(x-2)^2+(x+4)(x+1)$

◎ 教科書 p.241 ⑫
（ガイド p.267）

(2) $2(x+1)(x-1)-(x-3)(x+2)$

考え方 公式を使って展開し，同類項をまとめます。

解答 (1) $\underline{(x-2)^2}+\underline{(x+4)(x+1)}$

$$= \underline{(x^2-4x+4)}+\underline{(x^2+5x+4)}$$
$$= x^2-4x+4+x^2+5x+4$$
$$= 2x^2+x+8$$

(2) $2\underline{(x+1)(x-1)}-\underline{(x-3)(x+2)}$

$$= 2\underline{(x^2-1)}-\underline{(x^2-x-6)}$$
$$= 2x^2-2-x^2+x+6$$
$$= x^2+x+4$$

基 本 の 問 題

教科書 ❯ p.22

1 次の計算をしなさい。

(1) $3a(2a-3b)$

(2) $(6x-3y+1)\times(-2y)$

(3) $(6x^2y-12y)\div 6y$

(4) $(8a^2b-4ab^2)\div\left(-\dfrac{4}{3}ab\right)$

考え方 (1), (2) 分配法則を使って計算します。

(3), (4) 除法を，逆数をかける乗法になおして，分配法則を使って計算します。

(4) わる式 $-\dfrac{4}{3}ab$ を $-\dfrac{4ab}{3}$ として逆数を考えよう。

解答 (1) $3a(2a-3b)$

$= 3a\times 2a-3a\times 3b$

$= 6a^2-9ab$

(2) $(6x-3y+1)\times(-2y)$

$= 6x\times(-2y)-3y\times(-2y)+1\times(-2y)$

$= -12xy+6y^2-2y$

(3) $(6x^2y-12y)\div 6y$

$= (6x^2y-12y)\times\dfrac{1}{6y}$

$= \dfrac{6x^2y}{6y}-\dfrac{12y}{6y}$

$= x^2-2$

(4) $(8a^2b-4ab^2)\div\left(-\dfrac{4}{3}ab\right)$

$= (8a^2b-4ab^2)\div\left(-\dfrac{4ab}{3}\right)$

$= (8a^2b-4ab^2)\times\left(-\dfrac{3}{4ab}\right)$

$= -\dfrac{8a^2b\times 3}{4ab}+\dfrac{4ab^2\times 3}{4ab}$

$= -6a+3b$

2 次の式を展開しなさい。

(1) $(x+3)(2x-4)$

(2) $(a-4)(a-2b+3)$

考え方 (1) 分配法則 $(a+b)(c+d)=ac+ad+bc+bd$ を使って展開し，同類項をまとめます。

(2) $a-2b+3$ をひとまとまりとみて展開し，同類項をまとめます。

解答 (1) $(x+3)(2x-4)$

$= 2x^2-4x+6x-12$

$= 2x^2+2x-12$

(2) $(a-4)(a-2b+3)$

$= a(a-2b+3)-4(a-2b+3)$

$= a^2-2ab+3a-4a+8b-12$

$= a^2-2ab-a+8b-12$

3 次の式を展開しなさい。

(1) $(a+5)(a+1)$

(2) $(x-3)(x-8)$

(3) $(a+3)(a-5)$

(4) $(x+7)(x-6)$

(5) $(x-2)(x+7)$

(6) $(x+5)^2$

(7) $(y-3)^2$

(8) $(a+2)(a-2)$

考え方 公式①～④のどれを利用して展開すればよいかを考えよう。

公式① $(x+a)(x+b) = x^2 + (a+b)x + ab$

② $(x+a)^2 = x^2 + 2ax + a^2$

③ $(x-a)^2 = x^2 - 2ax + a^2$

④ $(x+a)(x-a) = x^2 - a^2$

解答

(1) $(a+5)(a+1)$

$= a^2 + (5+1)a + 5 \times 1$ 　公式①

$= a^2 + 6a + 5$

(2) $(x-3)(x-8)$

$= \{x+(-3)\}\{x+(-8)\}$ 　公式①

$= x^2 + \{(-3)+(-8)\}x + (-3) \times (-8)$

$= x^2 - 11x + 24$

(3) $(a+3)(a-5)$

$= (a+3)\{a+(-5)\}$

$= a^2 + \{3+(-5)\}a + 3 \times (-5)$ 　公式①

$= a^2 - 2a - 15$

(4) $(x+7)(x-6)$

$= (x+7)\{x+(-6)\}$

$= x^2 + \{7+(-6)\}x + 7 \times (-6)$ 　公式①

$= x^2 + x - 42$

(5) $(x-2)(x+7)$

$= \{x+(-2)\}(x+7)$

$= x^2 + \{(-2)+7\}x + (-2) \times 7$ 　公式①

$= x^2 + 5x - 14$

(6) $(x+5)^2$

$= x^2 + 2 \times 5 \times x + 5^2$ 　公式②

$= x^2 + 10x + 25$

(7) $(y-3)^2$

$= y^2 - 2 \times 3 \times y + 3^2$ 　公式③

$= y^2 - 6y + 9$

(8) $(a+2)(a-2)$ 　公式④

$= a^2 - 2^2$

$= a^2 - 4$

---

4 次の式を展開しなさい。

(1) $(3x-5)(3x+2)$

(2) $(2x+3y)(2x-5y)$

(3) $(5x+9)(5x-9)$

(4) $(3a-2b)^2$

考え方 単項式を1つの文字とみて，公式を使って展開しよう。

解答

(1) $(3x-5)(3x+2)$

$= (3x)^2 - 3 \times 3x - 10$

$= 9x^2 - 9x - 10$

(2) $(2x+3y)(2x-5y)$

$= (2x)^2 - 2y \times 2x - 15y^2$

$= 4x^2 - 4xy - 15y^2$

(3) $(5x+9)(5x-9)$

$= (5x)^2 - 9^2$

$= 25x^2 - 81$

(4) $(3a-2b)^2$

$= (3a)^2 - 2 \times 2b \times 3a + (2b)^2$

$= 9a^2 - 12ab + 4b^2$

5 次の式を展開しなさい。

(1) $(a+b-1)(a+b+1)$　　　　　(2) $(x-y-9)(x-y-2)$

(3) $(x+y-5)^2$

考え方 公式が使えるように，式の共通する部分を1つの文字におきかえて考えます。

(1) $a+b=X$ とおいて，公式④を使う。

(2) $x-y=A$ とおいて，公式①を使う。

(3) $x+y=A$ とおいて，公式③を使う。

解答 (1) $a+b=X$ とおくと

$(a+b-1)(a+b+1)$
$=(X-1)(X+1)$
$=X^2-1$
$=(a+b)^2-1$
$=a^2+2ab+b^2-1$

(2) $x-y=A$ とおくと

$(x-y-9)(x-y-2)$
$=(A-9)(A-2)$
$=A^2-11A+18$
$=(x-y)^2-11(x-y)+18$
$=x^2-2xy+y^2-11x+11y+18$

(3) $x+y=A$ とおくと

$(x+y-5)^2$
$=(A-5)^2$
$=A^2-10A+25$
$=(x+y)^2-10(x+y)+25$
$=x^2+2xy+y^2-10x-10y+25$

6 次の計算をしなさい。

(1) $(x-3)(x-5)-(3x-1)(3x+1)$　　　(2) $(3x-4y)(3x+4y)-9(x+y)^2$

(3) $(2a-1)(2a+5)+(3a-2)^2$

考え方 公式を使って展開し，同類項をまとめます。

解答 (1) $(x-3)(x-5)-(3x-1)(3x+1)=(x^2-8x+15)-\{(3x)^2-1^2\}$
$=x^2-8x+15-(9x^2-1)$
$=x^2-8x+15-9x^2+1$
$=-8x^2-8x+16$

(2) $(3x-4y)(3x+4y)-9(x+y)^2=\{(3x)^2-(4y)^2\}-9(x^2+2xy+y^2)$
$=9x^2-16y^2-9x^2-18xy-9y^2$
$=-18xy-25y^2$

(3) $(2a-1)(2a+5)+(3a-2)^2=\{(2a)^2+4\times2a+(-1)\times5\}+\{(3a)^2-2\times2\times3a+2^2\}$
$=(4a^2+8a-5)+(9a^2-12a+4)$
$=4a^2+8a-5+9a^2-12a+4$
$=13a^2-4a-1$

2節 因数分解

いろいろな面積の長方形をつくってみましょう。また，その長方形の縦と横の 長さはどんな式で表されるでしょうか。

❶ (1)〜(4)の面積の長方形をつくってみましょう。

また，つくった長方形の縦と横の長さを調べてみましょう。

(1)　x^2+2x　　　　　　　(2)　x^2+3x+2

(3)　x^2+4x+3　　　　　　(4)　x^2+5x+6

❷ ほかの面積の長方形をつくり，縦と横の長さを調べてみましょう。

教科書 p.23

解答 ❶ それぞれ下のような長方形ができる。

(1)
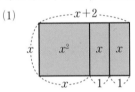

縦の長さ…x

横の長さ…$x+2$

(2)
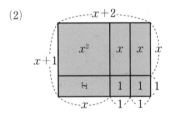

縦の長さ…$x+1$

横の長さ…$x+2$

(3)
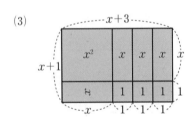

縦の長さ…$x+1$

横の長さ…$x+3$

(4)
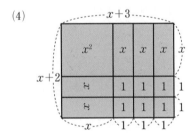

縦の長さ…$x+2$

横の長さ…$x+3$

❷ ほかの面積の長方形には，次のようなものがある。

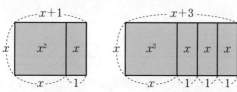 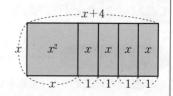

面積 …	x^2+x	x^2+3x	x^2+4x
縦の長さ…	x	x	x
横の長さ…	$x+1$	$x+3$	$x+4$

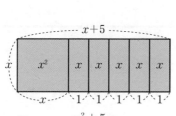 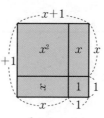 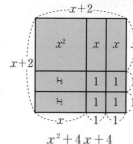

面積 …	x^2+5x	x^2+2x+1	x^2+4x+4
縦の長さ…	x	$x+1$	$x+2$
横の長さ…	$x+5$	$x+1$	$x+2$

レベルアップ x^2 の正方形を2枚使うと，たとえば，次のような長方形ができる。

面積 …	$2x^2+x$	$2x^2+3x+1$	$2x^2+5x+2$
縦の長さ…	x	$x+1$	$x+2$
横の長さ…	$2x+1$	$2x+1$	$2x+1$

1章 多項式

縦と横の積が，つくった長方形の面積になるね。

21

1　因数分解

ことばの意味

● (整数の)因数　　整数をいくつかの整数の積で表すとき，そのひとつひとつの数を，もとの数の**因数**という。

● 素因数　　　　　素数である因数を**素因数**という。

● (単項式の)因数　かけ合わされているそれぞれの数や文字を**因数**という。

● (多項式の)因数　多項式が数や式などの積で表されるとき，その数や式を**因数**という。

● 因数分解　　　　多項式をいくつかの因数の積として表すことを，その多項式を**因数分解する**という。

問1　次の式を因数分解しなさい。　　　　　　　　　　　　　　教科書 p.25

(1)　$ax - bx$　　　　　　　(2)　$2b^2 + ab$　　　　　　　(3)　$ax^2 + ax + 2a$

考え方

(1)　$ax = a \times \textcircled{x}$
　　　$bx = b \times \textcircled{x}$

(2)　$2b^2 = 2 \times \textcircled{b} \times b$
　　　$ab = a \times \textcircled{b}$

(3)　$ax^2 = \textcircled{a} \times x \times x$
　　　$ax = \textcircled{a} \times x$
　　　$2a = 2 \times \textcircled{a}$

解答

(1)　$ax - bx$
　　　$= x(a - b)$

(2)　$2b^2 + ab$
　　　$= b(2b + a)$

(3)　$ax^2 + ax + 2a$
　　　$= a(x^2 + x + 2)$

問2　次の式を因数分解しなさい。　　　　　　　　　　　　　　教科書 p.25

(1)　$6mx - 2nx$　　　　　　　　(2)　$10x^2y + 5x$

(3)　$xy^2 - x^2y$　　　　　　　　(4)　$4a^2b - 6ab^2 - 10ab$

◎ 教科書 p.241 **13**
（ガイドp.267）

考え方　共通な因数をかっこの外にくくり出して因数分解します。

かっこの中に共通な因数が残らないように，できるかぎり因数分解しよう。

解答

(1)　$6mx - 2nx$
　　　$= 2x \times 3m - 2x \times n$
　　　$= 2x(3m - n)$

(2)　$10x^2y + 5x$
　　　$= 5x \times 2xy + 5x \times 1$
　　　$= 5x(2xy + 1)$

(3)　$xy^2 - x^2y$
　　　$= xy \times y - xy \times x$
　　　$= xy(y - x)$

(4)　$4a^2b - 6ab^2 - 10ab$
　　　$= 2ab \times 2a - 2ab \times 3b - 2ab \times 5$
　　　$= 2ab(2a - 3b - 5)$

2 公式を利用する因数分解

 $x^2+7x+12$ を因数分解するには，どうしたらよいでしょうか。　　教科書 p.26

解答 長方形の面積は　　$(x+●)(x+◆)$

これを展開すると　$(x+●)(x+◆)=x^2+(●+◆)x+●×◆$

これが $x^2+7x+12$ に等しいから

$●+◆=7$，$●×◆=12$

したがって

和が7，積が12

になる2つの数を右の表から見つけると，

3と4だから

$x^2+7x+12=(x+3)(x+4)$

積が12	和が7
1, 12	×
−1, −12	×
2, 6	×
−2, −6	×
3, 4	○
−3, −4	×

ポイント

公式1′　　$x^2+(a+b)x+ab=(x+a)(x+b)$

問 1 次の式を因数分解しなさい。　　　　　　　　　　　教科書 p.26

(1) $x^2+7x+10$　　　　　(2) x^2-7x+6

(3) $x^2+8x+12$　　　　　(4) x^2-9x+8

○ 教科書 p.241 ⑭
（ガイドp.267）

考え方 それぞれの式を，$x^2+▲x+◆$ として，積が◆，和が▲になる2つの数を見つけます。

解答 (1) $x^2+7x+10=(x+2)(x+5)$　　(2) $x^2-7x+6=(x-1)(x-6)$

積が10	和が7
1, 10	×
−1, −10	×
2, 5	○
−2, −5	×

積が6	和が−7
1, 6	×
−1, −6	○
2, 3	×
−2, −3	×

(3) $x^2+8x+12=(x+2)(x+6)$　　(4) $x^2-9x+8=(x-1)(x-8)$

積が12	和が8
1, 12	×
−1, −12	×
2, 6	○
−2, −6	×
3, 4	×
−3, −4	×

積が8	和が−9
1, 8	×
−1, −8	○
2, 4	×
−2, −4	×

積が正になる
2つの数は，
同符号だね。

問2

次の式を因数分解しなさい。

教科書 p.27

(1)　$x^2 - 2x - 15$　　　　　　(2)　$x^2 - 2x - 8$

(3)　$x^2 + 3x - 10$　　　　　　(4)　$a^2 - 7a - 8$

➡ 教科書 p.241 ⑮
（ガイドp.267）

考え方 積が負の数になる2つの数は，一方が正の数，他方が負の数です。

解答 (1)　$x^2 - 2x - 15 = (x + 3)(x - 5)$　　　　(2)　$x^2 - 2x - 8 = (x + 2)(x - 4)$

積が−15	和が−2
1, −15	×
−1, 15	×
3, −5	○
−3, 5	×

積が−8	和が−2
1, −8	×
−1, 8	×
2, −4	○
−2, 4	×

(3)　$x^2 + 3x - 10 = (x - 2)(x + 5)$　　　　(4)　$a^2 - 7a - 8 = (a + 1)(a - 8)$

積が−10	和が3
1, −10	×
−1, 10	×
2, −5	×
−2, 5	○

積が−8	和が−7
1, −8	○
−1, 8	×
2, −4	×
−2, 4	×

問3

次の式を因数分解しなさい。

教科書 p.27

(1)　$x^2 + 10x + 9$　　　(2)　$y^2 + 5y - 36$　　　(3)　$x^2 - 3x - 28$

(4)　$x^2 - 16x + 28$　　　(5)　$x^2 + x - 2$　　　(6)　$x^2 + 101x + 100$

解答 (1)　$x^2 + 10x + 9 = (x + 1)(x + 9)$　　　　(2)　$y^2 + 5y - 36 = (y - 4)(y + 9)$

(3)　$x^2 - 3x - 28 = (x + 4)(x - 7)$　　　　(4)　$x^2 - 16x + 28 = (x - 2)(x - 14)$

(5)　$x^2 + x - 2 = (x - 1)(x + 2)$　　　　(6)　$x^2 + 101x + 100 = (x + 1)(x + 100)$

レベルアップ $(x + a)(x + b) = x^2 + (a + b)x + ab$で，$a + b$，$ab$の符号と，2つの数$a$，$b$の符号の関係を考えてみよう。

①　$ab > 0$，$a + b > 0$　（問3(1)，(6)）

　　　積と和が正のとき，2つの数はどちらも正。

②　$ab > 0$，$a + b < 0$　（問3(4)）

　　　積が正，和が負のとき，2つの数はどちらも負。

③　$ab < 0$，$a + b > 0$　（問3(2)，(5)）

　　　積が負，和が正のとき，2つの数は異符号で，正の数の絶対値が大きい。

④　$ab < 0$，$a + b < 0$　（問3(3)）

　　　積と和が負のとき，2つの数は異符号で，負の数の絶対値が大きい。

Q　x^2+6x+9 を，公式 1′ を使って因数分解してみましょう。
どんなことがわかるでしょうか。

教科書 p.27

| 考え方 | 積が 9，和が 6 になる 2 つの数を見つけよう。 |

| 解答 | 積が 9，和が 6 になる 2 つの数は，右の表より，3 と 3 |

したがって

$$x^2+6x+9=(x+3)(x+3)=(x+3)^2$$

x の 1 次の項の係数がある数の 2 倍，数の項がある数の
平方の場合，2 乗の形に因数分解できる。

積が 9	和が 6
1, 9	×
−1, −9	×
3, 3	○
−3, −3	×

ポイント

公式 2′　　$x^2+2ax+a^2=(x+a)^2$
公式 3′　　$x^2-2ax+a^2=(x-a)^2$

問 4　次の式を因数分解しなさい。

教科書 p.27

(1)　$x^2+12x+36$　　　(2)　x^2+4x+4　　　(3)　$a^2+18a+81$

(4)　x^2-2x+1　　　(5)　$y^2-14y+49$　　　(6)　$x^2-16x+64$

○ 教科書 p.241 16
（ガイド p.267）

| 考え方 | 公式 2′，3′ を使って因数分解します。 |

(1)　$12=2×6$，$36=6^2$　　　(2)　$4=2×2$，$4=2^2$　　　(3)　$18=2×9$，$81=9^2$

(4)　$2=2×1$，$1=1^2$　　　(5)　$14=2×7$，$49=7^2$　　　(6)　$16=2×8$，$64=8^2$

| 解答 |

(1)　$x^2+12x+36=x^2+2×6×x+6^2$
　　　　　　　　　　$=(x+6)^2$

(2)　$x^2+4x+4=x^2+2×2×x+2^2$
　　　　　　　　$=(x+2)^2$

(3)　$a^2+18a+81=a^2+2×9×a+9^2$
　　　　　　　　　$=(a+9)^2$

(4)　$x^2-2x+1=x^2-2×1×x+1^2$
　　　　　　　　$=(x-1)^2$

(5)　$y^2-14y+49=y^2-2×7×y+7^2$
　　　　　　　　　$=(y-7)^2$

(6)　$x^2-16x+64=x^2-2×8×x+8^2$
　　　　　　　　　$=(x-8)^2$

公式 2′ と公式 3′ の
符号のちがいに
注意しよう。

ポイント

公式$4'$　　$x^2 - a^2 = (x+a)(x-a)$

問 5

次の式を因数分解しなさい。

教科書 p.28

→ 教科書 p.241 [17]
（ガイドp.267）

(1)　$x^2 - 36$

(2)　$a^2 - 4$

(3)　$x^2 - 1$

(4)　$16 - y^2$

考え方　(4)　$16 - y^2 = 4^2 - y^2$

解答　(1)　$x^2 - 36 = x^2 - 6^2$
$\qquad\qquad = (x+6)(x-6)$

(2)　$a^2 - 4 = a^2 - 2^2$
$\qquad\qquad = (a+2)(a-2)$

(3)　$x^2 - 1 = x^2 - 1^2$
$\qquad\qquad = (x+1)(x-1)$

(4)　$16 - y^2 = 4^2 - y^2$
$\qquad\qquad = (4+y)(4-y)$

問 6

次の式を因数分解しなさい。

教科書 p.28

(1)　$x^2 - 3x + 2$

(2)　$x^2 - 64$

(3)　$y^2 - 4y + 4$

(4)　$x^2 - 5x - 24$

(5)　$x^2 + 13x + 36$

(6)　$a^2 + 22a + 121$

考え方　式の形に着目して，どの公式を使えばよいかを考えよう。

解答　(1)　$x^2 - 3x + 2$
$\quad = (x-1)(x-2)$　公式$\boxed{1}'$

(2)　$x^2 - 64 = x^2 - 8^2$
$\qquad\qquad = (x+8)(x-8)$　公式$\boxed{4}'$

(3)　$y^2 - 4y + 4 = y^2 - 2 \times 2 \times y + 2^2$
$\qquad\qquad\qquad = (y-2)^2$　公式$\boxed{3}'$

(4)　$x^2 - 5x - 24$
$\quad = (x+3)(x-8)$　公式$\boxed{1}'$

(5)　$x^2 + 13x + 36$
$\quad = (x+4)(x+9)$　公式$\boxed{1}'$

(6)　$a^2 + 22a + 121 = a^2 + 2 \times 11 \times a + 11^2$
$\qquad\qquad\qquad = (a+11)^2$　公式$\boxed{2}'$

問7

次の式を因数分解するとき，どの公式を使えばよいですか。また，そのように
考えた理由もいいなさい。

教科書 p.28

(1) $x^2 - 16$

(2) $x^2 + 8x + 16$

(3) $x^2 - 8x + 16$

(4) $x^2 - 10x + 16$

考え方 どれも数の項の絶対値が16になっています。式の1次の項の係数から，どの公式を使えばよ
いか考えよう。

解答

(1) 公式④′ （理由） $16 = 4^2$で，xの1次の項がないから，公式④′が使える。

(2) 公式②′ （理由） $16 = 4^2$で，xの1次の項の係数が正で，$8 = 2 \times 4$だから，公式②′が
使える。

(3) 公式③′ （理由） $16 = 4^2$で，xの1次の項の係数が負で，$8 = 2 \times 4$だから，公式③′が
使える。

(4) 公式①′ （理由） $16 = 4^2$であるが，xの1次の項の係数の絶対値が4の2倍ではないか
ら，公式②′，③′は使えない。$-10 = (-2) + (-8)$，
$16 = (-2) \times (-8)$だから，公式①′が使える。

それぞれの式を因数分解すると，次のようになる。

(1) $x^2 - 16 = (x + 4)(x - 4)$

(2) $x^2 + 8x + 16 = (x + 4)^2$

(3) $x^2 - 8x + 16 = (x - 4)^2$

(4) $x^2 - 10x + 16 = (x - 2)(x - 8)$

問8

次の式を因数分解しなさい。

教科書 p.29

(1) $2x^2 + 16x + 24$

(2) $-3y^2 + 18y - 27$

● 教科書 p.241 ⑱
（ガイドp.267）

考え方 まず，共通な因数をくくり出し，次に，かっこの中の式を公式を使って因数分解します。

解答

(1) $2x^2 + 16x + 24$
　$= 2(x^2 + 8x + 12)$ ⎱ 共通な因数をくくり出す
　$= 2(x + 2)(x + 6)$ ⎱ かっこの中を因数分解する

(2) $-3y^2 + 18y - 27$
　$= -3(y^2 - 6y + 9)$ ⎱ 共通な因数をくくり出す
　$= -3(y - 3)^2$ ⎱ かっこの中を因数分解する

問9

次の式を因数分解しなさい。

教科書 p.29

(1) $9x^2 + 6x + 1$

(2) $x^2 - 20xy + 100y^2$

(3) $x^2 - 49y^2$

(4) $4a^2 - 25b^2$

考え方 次のようにみて，どの公式が使えるか考えよう。

(1) $9x^2 = (3x)^2$, $6x = 2 \times 1 \times 3x$, $1^2 = 1$

(2) $20xy = 2 \times 10y \times x$, $100y^2 = (10y)^2$

(3) $49y^2 = (7y)^2$

(4) $4a^2 = (2a)^2$, $25b^2 = (5b)^2$

解答

(1) $9x^2 + 6x + 1$
$= (3x)^2 + 2 \times 1 \times 3x + 1^2$
$= (3x+1)^2$

(2) $x^2 - 20xy + 100y^2$
$= x^2 - 2 \times 10y \times x + (10y)^2$
$= (x - 10y)^2$

(3) $x^2 - 49y^2$
$= x^2 - (7y)^2$
$= (x+7y)(x-7y)$

(4) $4a^2 - 25b^2$
$= (2a)^2 - (5b)^2$
$= (2a+5b)(2a-5b)$

問 10 次の式を因数分解しなさい。

(1) $2x^2y - 8xy + 6y$

(2) $4x^2 - 36y^2$

教科書 p.29

◉ 教科書 p.241 **19**
（ガイドp.267)

考え方 (1) まず，共通な因数$2y$をくくり出し，かっこの中の式を因数分解します。

(2) まず，共通な因数4をくくり出し，かっこの中の式を因数分解します。

解答

(1) $2x^2y - 8xy + 6y$
$= 2y(x^2 - 4x + 3)$
$= 2y(x-1)(x-3)$

(2) $4x^2 - 36y^2$
$= 4(x^2 - 9y^2)$
$= 4\{x^2 - (3y)^2\}$
$= 4(x+3y)(x-3y)$

問 11 次の式を因数分解しなさい。

(1) $(a-2)x + (a-2)y$

(2) $(a+b)^2 + 5(a+b) + 6$

(3) $(a-4)^2 - (a-4) - 12$

(4) $(2x+7)^2 - (x-3)^2$

教科書 p.29

◉ 教科書 p.241 **20**
（ガイドp.268)

考え方 式を1つの文字におきかえて因数分解します。

解答

(1) $a - 2 = X$とおくと
$(a-2)x + (a-2)y$
$= Xx + Xy$
$= X(x+y)$
$= (a-2)(x+y)$

(2) $a + b = X$とおくと
$(a+b)^2 + 5(a+b) + 6$
$= X^2 + 5X + 6$
$= (X+2)(X+3)$
$= (a+b+2)(a+b+3)$

(3) $a - 4 = X$とおくと
$(a-4)^2 - (a-4) - 12$
$= X^2 - X - 12$
$= (X+3)(X-4)$
$= (a-4+3)(a-4-4)$
$= (a-1)(a-8)$

(4) $2x + 7 = A$, $x - 3 = B$とおくと
$(2x+7)^2 - (x-3)^2$
$= A^2 - B^2$
$= (A+B)(A-B)$
$= \{(2x+7) + (x-3)\}\{(2x+7) - (x-3)\}$
$= (3x+4)(x+10)$

基 本 の 問 題

教科書 ➡ p.30

1 次の式を因数分解しなさい。

(1) $ab - 5b$

(2) $8x^2 y + 4xy^2$

考え方 共通な因数をかっこの外にくくり出します。

解答 (1) $ab - 5b$

$= b(a - 5)$

(2) $8x^2 y + 4xy^2$

$= 4xy(2x + y)$

2 次の式を因数分解しなさい。

(1) $a^2 + 9a + 20$

(2) $x^2 - 12x + 27$

(3) $x^2 + 4x - 32$

(4) $y^2 - 10y - 24$

(5) $a^2 + 2a - 3$

(6) $x^2 + 9x + 18$

考え方 公式①′を利用します。

解答 (1) 積が20，和が9になる2つの数は　4と5

$a^2 + 9a + 20 = (a + 4)(a + 5)$

(2) 積が27，和が−12になる2つの数は　−3と−9

$x^2 - 12x + 27 = (x - 3)(x - 9)$

(3) 積が−32，和が4になる2つの数は　−4と8

$x^2 + 4x - 32 = (x - 4)(x + 8)$

(4) 積が−24，和が−10になる2つの数は　2と−12

$y^2 - 10y - 24 = (y + 2)(y - 12)$

(5) 積が−3，和が2になる2つの数は　−1と3

$a^2 + 2a - 3 = (a - 1)(a + 3)$

(6) 積が18，和が9になる2つの数は　3と6

$x^2 + 9x + 18 = (x + 3)(x + 6)$

3 次の式を因数分解しなさい。

(1) $y^2 + 2y + 1$

(2) $x^2 - 10x + 25$

(3) $x^2 - 9$

(4) $x^2 - 49$

考え方 式の形に着目して，公式②′，③′，④′を利用します。

解答 (1) $y^2 + 2y + 1$

$= y^2 + 2 \times 1 \times y + 1^2$

$= (y + 1)^2$

(2) $x^2 - 10x + 25$

$= x^2 - 2 \times 5 \times x + 5^2$

$= (x - 5)^2$

(3) $x^2 - 9$

$= x^2 - 3^2$

$= (x + 3)(x - 3)$

(4) $x^2 - 49$

$= x^2 - 7^2$

$= (x + 7)(x - 7)$

4 次の式を因数分解しなさい。

(1) $2x^2 + 12x + 18$

(2) $3x^2 - 3x - 6$

考え方 共通な因数をくくり出してから，かっこの中を公式を利用して因数分解します。

解答 (1) $2x^2 + 12x + 18$

$= 2(x^2 + 6x + 9)$

$= 2(x+3)^2$

(2) $3x^2 - 3x - 6$

$= 3(x^2 - x - 2)$

$= 3(x+1)(x-2)$

5 次の式を因数分解しなさい。

(1) $x^2 + 16xy + 64y^2$

(2) $4x^2 - 81y^2$

考え方 (1) $16xy = 2 \times 8y \times x, \ 64y^2 = (8y)^2$

(2) $4x^2 = (2x)^2, \ 81y^2 = (9y)^2$

解答 (1) $x^2 + 16xy + 64y^2$

$= x^2 + 2 \times 8y \times x + (8y)^2$

$= (x + 8y)^2$

(2) $4x^2 - 81y^2$

$= (2x)^2 - (9y)^2$

$= (2x + 9y)(2x - 9y)$

6 次の式を因数分解しなさい。

(1) $(x+y)^2 + 9(x+y) + 14$

(2) $(x+5)^2 - 6(x+5) + 9$

考え方 (1) $x + y = A$ とおき，公式$\boxed{1}'$を使って因数分解します。

(2) $x + 5 = A$ とおき，公式$\boxed{3}'$を使って因数分解します。

解答 (1) $x + y = A$ とおくと

$(x+y)^2 + 9(x+y) + 14$

$= A^2 + 9A + 14$

$= (A+2)(A+7)$

$= (x+y+2)(x+y+7)$

(2) $x + 5 = A$ とおくと

$(x+5)^2 - 6(x+5) + 9$

$= A^2 - 6A + 9$

$= (A-3)^2$

$= (x+5-3)^2$

$= (x+2)^2$

3節 式の計算の利用

深い学び　速算のしくみを探ろう

教科書 ➡ p.31〜32

一の位が5である2けたの自然数の2乗は，速算で求めることができます。

その方法を考えてみましょう。

❶ 15×15, 25×25, 35×35 の答えを，筆算で求めてみましょう。

また，速算の方法を予想してみましょう。

❷ ❶で予想した方法をことばでまとめてみましょう。

❸ ❷の速算の方法で計算できることを証明してみましょう。

❹ ゆうなさんは，速算の方法で計算できることを，文字を使って

証明しようとしています。

このあとに続けて式を変形してみましょう。

また，なぜそのように変形したのかを説明してみましょう。

❺ 学習をふり返ってまとめをしましょう。

❻ 上の証明をふり返って，速算で求めることができるほかの計算を探してみましょう。

また，その速算の方法で計算できることを証明してみましょう。

考え方 ❻「一の位が5である2けたの自然数の2乗」という条件で，ア，イのことがらを

　　　　ア：一の位の数の和が10

　　　　イ：十の位の数が等しい

ととらえて条件を変え，速算ができるほかの計算を考えてみよう。

解答 ❶

$$
\begin{array}{r}
15 \\
\times 15 \\
\hline
75 \\
15 \\
\hline
225
\end{array}
\qquad
\begin{array}{r}
25 \\
\times 25 \\
\hline
125 \\
50 \\
\hline
625
\end{array}
\qquad
\begin{array}{r}
35 \\
\times 35 \\
\hline
175 \\
105 \\
\hline
1225
\end{array}
$$

　$\underset{1\times(1+1)}{\underbrace{1\times 2}}\ {\llcorner}5^2$　　$\underset{2\times(2+1)}{\underbrace{2\times 3}}\ {\llcorner}5^2$　　$\underset{3\times(3+1)}{\underbrace{3\times 4}}\ {\llcorner}5^2$

❷ 〈速算の方法〉

一の位が5である2けたの自然数の2乗は

・下2けたが　25　になる。

・百以上の位が，

> もとの数の十の位とその数に1を加えた
> 数の積

になる。

---

❸, ❹〈証明〉

一の位が5である2けたの自然数は，十の位をxとすると，$10x+5$と表すことができる。

この数の2乗は

$$(10x+5)^2 = (10x)^2 + 2\times 5\times 10x + 25$$
$$= 100x^2 + 100x + 25$$
$$= 100x(x+1) + 25$$

$x(x+1)$は，もとの数の十の位とその数に1を加えた数の積を表している。

$100x(x+1)$は百以上の数になるから，下2けたが25，百以上の位が，もとの数の十の位とその数に1を加えた数の積となる。

上のように変形した理由

百以上の位と下2けた（十の位と一の位）がどのような数になるかを調べるため，証明することがらに合うように，式を変形した。

❺ 省略

❻ はるかさん：十の位が等しく，一の位の数の和が10の2つの数の積

```
  2 4          3 8          4 9          5 3
× 2 6        × 3 2        × 4 1        × 5 7
─────        ─────        ─────        ─────
1 4 4          7 6          4 9          3 7 1
  4 8        1 1 4        1 9 6        2 6 5
─────        ─────        ─────        ─────
6 2 4        1 2 1 6      2 0 0 9      3 0 2 1
```

$\underline{2\times 3}\ \underline{4\times 6}$　$\underline{3\times 4}\ \underline{8\times 2}$　$\underline{4\times 5}\ \underline{9\times 1}$　$\underline{5\times 6}\ \underline{3\times 7}$

$2\times(2+1)$　$3\times(3+1)$　$4\times(4+1)$　$5\times(5+1)$

〈速算の方法〉

一の位の和が10で，十の位が等しい2つの2けたの自然数の積は

・下2けたが一の位の数の積

・百以上の位が，もとの数の十の位とその数に1を加えた数の積

になる。

〈証明〉

一の位がa，$10-a$，十の位がbである2けたの自然数は

$$10b+a,\ 10b+(10-a)$$

と表すことができる。この数の積は

$$(10b+a)\{10b+(10-a)\}$$
$$= (10b)^2 + 10b(10-a) + 10ab + a(10-a)$$
$$= 100b^2 + 100b - 10ab + 10ab + a(10-a)$$
$$= 100b^2 + 100b + a(10-a)$$
$$= 100b(b+1) + a(10-a)$$

$100b(b+1)+a(10-a)$で

$b(b+1)$はもとの数の十の位とその数に1を加えた数の積

$a(10-a)$は一の位の数の積

を表している。したがって，上の速算の方法で計算することができる。

ひろとさん：十の位の数が5である2けたの自然数の2乗

$$
\begin{array}{r}
51 \\
\times 51 \\
\hline
51 \\
255 \\
\hline
2601
\end{array}
\qquad
\begin{array}{r}
52 \\
\times 52 \\
\hline
104 \\
260 \\
\hline
2704
\end{array}
\qquad
\begin{array}{r}
53 \\
\times 53 \\
\hline
159 \\
265 \\
\hline
2809
\end{array}
\qquad
\begin{array}{r}
54 \\
\times 54 \\
\hline
216 \\
270 \\
\hline
2916
\end{array}
$$

$25+1 \quad 1^2 \qquad 25+2 \quad 2^2 \qquad 25+3 \quad 3^2 \qquad 25+4 \quad 4^2$

〈速算の方法〉

十の位が5である2けたの自然数の2乗は

・下2けたが一の位の数の2乗

・百以上の位が，25に一の位の数を加えた数

になる。

〈証明〉

一の位がa，十の位が5である自然数は$50+a$と表すことができる。この数の2乗は

$$
\begin{aligned}
(50+a)^2 &= 2500 + 2 \times a \times 50 + a^2 \\
&= 2500 + 100a + a^2 \\
&= 100(25+a) + a^2
\end{aligned}
$$

$100(25+a)+a^2$ で

　　$25+a$は25に一の位の数を加えた数

　　a^2は一の位の数の2乗

を表している。したがって，上の速算の方法で計算することができる。

1　式の計算の利用

Q　102×98 をくふうして計算しましょう。

〔教科書 p.33〕

考え方　$102 = 100+2$，$98 = 100-2$として，因数分解の公式を利用して計算してみよう。

解答　$$
\begin{aligned}
102 \times 98 &= (100+2)(100-2) \\
&= 100^2 - 2^2 \\
&= 10000 - 4 \\
&= 9996
\end{aligned}
$$

問1　次の式を，くふうして計算しなさい。

〔教科書 p.33〕

(1) 98^2　　　　　(2) $68^2 - 32^2$　　　　　(3) 47×53

● 教科書 p.241 21
（ガイドp.268）

考え方 乗法公式や因数分解の公式を利用すると，計算が簡単になることがあります。

(1) $98 = 100 - 2$ とみて，乗法公式③を利用する。

(2) 式の形から，因数分解の公式④′ を利用する。

(3) 47と53を $50 - 3$，$50 + 3$ とみて，乗法公式④を利用する。

解答 (1) 98^2

$= (100 - 2)^2$

$= 100^2 - 2 \times 2 \times 100 + 2^2$

$= 10000 - 400 + 4$

$= 9600 + 4$

$= 9604$

(2) $68^2 - 32^2$

$= (68 + 32) \times (68 - 32)$

$= 100 \times 36$

$= 3600$

(3) 47×53

$= (50 - 3) \times (50 + 3)$

$= 50^2 - 3^2$

$= 2500 - 9$

$= 2491$

問 2

$x = 78$，$y = 38$ のとき，$x^2 - 2xy + y^2$ の値を求めなさい。

教科書 p.33

→ 教科書 p.241 ㉒
（ガイドp.268）

考え方 式の値を求める式を簡単にしてから数を代入すると，計算がしやすくなる場合があります。この問題では，値を求める式を因数分解してから，x，y の値を代入すると，計算が簡単になります。

解答 $x^2 - 2xy + y^2 = (x - y)^2$

これに $x = 78$，$y = 38$ を代入すると

$(78 - 38)^2 = 40^2$

$= 1600$

Q 2つの続いた奇数（きすう）の積に1を加えると，どんな数になるでしょうか。

教科書
p.33〜34

❶ いくつかの例で調べて，どんな数になるかを予想してみましょう。

❷ 上の証明で，2つの続いた奇数を $2m + 1$，$2m + 3$ と表しても，同じことが証明できることを確かめてみましょう。

❸ はるかさんは，上の証明から「2つの続いた奇数の積に1を加えた数は，ある数を2乗した数になる。」と考えました。「ある数」とはどんな数でしょうか。

解答 ❶ $1 \times 3 + 1 = \boxed{4}$，$3 \times 5 + 1 = \boxed{16}$，$5 \times 7 + 1 = \boxed{36}$

〈予想〉2つの続いた奇数の積に1を加えると，$\boxed{※ \qquad\qquad}$ になる。

※・4の倍数

$4 = 4 \times 1$，$16 = 4 \times 4$，$36 = 4 \times 9$

・ある数の2乗

$4 = 2^2$，$16 = 4^2$，$36 = 6^2$

・2つの続いた奇数の間にある数（偶数）の2乗

1，**2**，3のとき $2^2 = 4$

3，**4**，5のとき $4^2 = 16$

5，**6**，7のとき $6^2 = 36$

❷ 2つの続いた奇数は，整数mを使って$2m+1$，$2m+3$と表される。

この2つの続いた奇数の積に1を加えると

$$(2m+1)(2m+3)+1$$
$$=(2m)^2+(1+3)\times 2m+3+1$$
$$=4m^2+8m+4$$
$$=4(m^2+2m+1)$$

となる。m^2+2m+1は整数だから，$4(m^2+2m+1)$は4の倍数である。

したがって，2つの続いた奇数の積に1を加えた数は4の倍数になる。

❸ $4n^2=(2n)^2$となり，2つの続いた奇数の間にある数（偶数）の2乗になる。

ゆうなさん

2つの続いた偶数は，整数nを使って

$$2n, \ 2n+2$$

と表される。

この2つの続いた偶数の積に1を加えると

$$2n(2n+2)+1=4n^2+4n+1$$
$$=(2n+1)^2$$

となる。$2n+1$は，$2n$と$2n+2$の間の奇数だから，2つの続いた偶数の積に1を加えると，その2つの偶数の間にある奇数を2乗した数になる。

 右の図のように，直角に曲がった道があります。幅は2mで，真ん中を通る線の長さは15mです。

この道の面積を求めてみましょう。

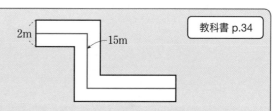

教科書 p.34

考え方 ひろとさんのように，点線で切って並べかえて長方形をつくって考えよう。

解答 上のように並べかえて長方形をつくると，長方形の

縦は道の幅，横は真ん中を通る線の長さ

になるから，面積は

$$2\times 15=30 \,(\text{m}^2)$$

要 点 チ ェ ッ ク

□単項式と多項式の乗法	単項式と多項式の乗法は，分配法則を使って計算する。
□多項式を単項式でわる除法	多項式を単項式でわる除法は，除法を乗法になおして計算する。
□展開する	単項式や多項式の積の形の式を，かっこをはずして単項式の和の形に表すことを，はじめの式を**展開する**という。

□乗法公式

$\boxed{1}$　$(x+a)(x+b)=x^2+(a+b)x+ab$

$\boxed{2}$　$(x+a)^2=x^2+2ax+a^2$

$\boxed{3}$　$(x-a)^2=x^2-2ax+a^2$

$\boxed{4}$　$(x+a)(x-a)=x^2-a^2$

□因数分解する　多項式をいくつかの因数の積として表すことを，その多項式を**因数分解する**という。

□共通因数による因数分解　多項式の各項に共通な因数があるとき，それをかっこの外にくくり出して，式を因数分解することができる。

□因数分解の公式

$\boxed{1}'$　$x^2+(a+b)x+ab=(x+a)(x+b)$

$\boxed{2}'$　$x^2+2ax+a^2=(x+a)^2$

$\boxed{3}'$　$x^2-2ax+a^2=(x-a)^2$

$\boxed{4}'$　$x^2-a^2=(x+a)(x-a)$

✓を入れて，理解を確認しよう。

章 の 問 題 A

教科書 ➡ p.38

1　次の問に答えなさい。

(1)　下の式の展開で，まちがっているところを正しくなおしなさい。

$(x-7)(x+6)=x^2+x-42$

(2)　次の式は$x^2-3x-18$を因数分解しているとはいえません。その理由を説明しなさい。

$x^2-3x-18=x(x-3)-18$

考え方　(2)　因数分解の意味を考えてみよう。

解答　(1)　$(x-7)(x+6)=x^2\underline{-x}-42$

(2)　右辺が因数の積で表されていないから。

$x^2-3x-18$を因数分解すると，$x^2-3x-18=(x+3)(x-6)$となる。

2 次の計算をしなさい。

(1) $2a(a-2b)$

(2) $(6x^2-3x)\div(-3x)$

(3) $(3ab-9b^2)\div\dfrac{3}{4}b$

(4) $5x(x-1)-x(4x+5)$

考え方　(1) 分配法則を使ってかっこをはずします。

(2), (3)　除法は逆数をかける乗法になおして計算します。

(3)　わる式の $\dfrac{3}{4}b$ は $\dfrac{3b}{4}$ として，逆数を考えよう。

(4)　分配法則を使ってかっこをはずし，同類項をまとめます。

解答

(1) $2a(a-2b)$

$\quad = 2a\times a - 2a\times 2b$

$\quad = 2a^2 - 4ab$

(2) $(6x^2-3x)\div(-3x)$

$\quad = (6x^2-3x)\times\left(-\dfrac{1}{3x}\right)$

$\quad = -\dfrac{6x^2}{3x} + \dfrac{3x}{3x}$

$\quad = -2x+1$

(3) $(3ab-9b^2)\div\dfrac{3}{4}b$

$\quad = (3ab-9b^2)\div\dfrac{3b}{4}$

$\quad = (3ab-9b^2)\times\dfrac{4}{3b}$

$\quad = \dfrac{3ab\times4}{3b} - \dfrac{9b^2\times4}{3b}$

$\quad = 4a - 12b$

(4) $5x(x-1)-x(4x+5)$

$\quad = 5x^2 - 5x - 4x^2 - 5x$

$\quad = x^2 - 10x$

3 次の式を展開しなさい。

(1) $(x+4)(x+5)$

(2) $(a+8)(a-4)$

(3) $(3a+1)^2$

(4) $(2x+7)(2x-7)$

(5) $(a-9b)(2a-7b)$

(6) $(-4a-b)^2$

解答

(1) $(x+4)(x+5)$

$\quad = x^2 + (4+5)x + 4\times5$

$\quad = x^2 + 9x + 20$

(2) $(a+8)(a-4)$

$\quad = a^2 + \{8+(-4)\}a + 8\times(-4)$

$\quad = a^2 + 4a - 32$

(3) $(3a+1)^2$

$\quad = (3a)^2 + 2\times1\times3a + 1^2$

$\quad = 9a^2 + 6a + 1$

(4) $(2x+7)(2x-7)$

$\quad = (2x)^2 - 7^2$

$\quad = 4x^2 - 49$

(5) $(a-9b)(2a-7b)$

$\quad = 2a^2 - 7ab - 18ab + 63b^2$

$\quad = 2a^2 - 25ab + 63b^2$

(6) $(-4a-b)^2$

$\quad = (-4a)^2 - 2\times b\times(-4a) + b^2$

$\quad = 16a^2 + 8ab + b^2$

別解　(6) $(-4a-b)^2 = \{-(4a+b)\}^2 = (4a+b)^2 = 16a^2 + 8ab + b^2$

1章

多項式

4　次の計算をしなさい。

(1)　$(a-3)^2-(a+4)(a-4)$

(2)　$(x+7)^2-(x-6)(x-2)$

考え方　乗法公式を使って展開してから，同類項をまとめます。

解答

(1)　$(a-3)^2-(a+4)(a-4)$

$\quad = a^2-6a+9-(a^2-16)$

$\quad = a^2-6a+9-a^2+16$

$\quad = -6a+25$

(2)　$(x+7)^2-(x-6)(x-2)$

$\quad = x^2+14x+49-(x^2-8x+12)$

$\quad = x^2+14x+49-x^2+8x-12$

$\quad = 22x+37$

5　次の式を因数分解しなさい。

(1)　$4m^2n+2mn$

(2)　x^2+4x-5

(3)　$x^2-11x+24$

(4)　$x^2-12x+36$

(5)　$3x^2-12x-36$

(6)　xy^2-9x

(7)　$25x^2-9y^2$

(8)　$x^2-18xy+81y^2$

考え方　共通な因数があるときは，先にくくり出します。

解答

(1)　$4m^2n+2mn$

$\quad = 2mn(2m+1)$

(2)　x^2+4x-5

$\quad = (x-1)(x+5)$

(3)　$x^2-11x+24$

$\quad = (x-3)(x-8)$

(4)　$x^2-12x+36$

$\quad = x^2-2\times6\times x+6^2$

$\quad = (x-6)^2$

(5)　$3x^2-12x-36$

$\quad = 3(x^2-4x-12)$

$\quad = 3(x+2)(x-6)$

(6)　xy^2-9x

$\quad = x(y^2-9)$

$\quad = x(y^2-3^2)$

$\quad = x(y+3)(y-3)$

(7)　$25x^2-9y^2$

$\quad = (5x)^2-(3y)^2$

$\quad = (5x+3y)(5x-3y)$

(8)　$x^2-18xy+81y^2$

$\quad = x^2-2\times9y\times x+(9y)^2$

$\quad = (x-9y)^2$

6　2つの続いた整数で，大きい数の平方から小さい数の平方をひいたときの差を考えます。

(1)　差はどんな数になるか予想しなさい。

(2)　(1)で予想したことが成り立つことを証明しなさい。

考え方　(1)　いくつかの数で計算して予想しよう。

5, 6
$$6^2-5^2=36-25$$
$$=11$$

8, 9
$$9^2-8^2=81-64$$
$$=17$$

11, 12
$$12^2-11^2=144-121$$
$$=23$$

(2)　整数nを使って，2つの続いた整数はn，$n+1$と表せます。

解答 (1) （例）2つの続いた整数で，大きい数の平方から小さい数の平方をひいたときの差は，奇数になる。

(2) 2つの続いた整数は，整数nを使って

$$n, \ n+1$$

と表される。

この2つの数の大きい数の平方から小さい数の平方をひいたときの差は

$$(n+1)^2 - n^2 = (n^2 + 2n + 1) - n^2$$
$$= 2n + 1$$

となる。nは整数だから，$2n+1$は奇数である。したがって，2つの続いた整数で，大きい数の平方から小さい数の平方をひいたときの差は，奇数になる。

別解 (1) 2つの続いた整数で，大きい数の平方から小さい数の平方をひいたときの差は，2つの続いた整数の和になる。

(2) 上の解答で，差が$2n+1$で

$$2n+1 = n + (n+1)$$

となることから証明することができる。

章 の 問 題 B

教科書 ➡ p.39〜40

1 次の式を展開しなさい。

(1) $(x+y-1)(x+y+6)$

(2) $(a+2b-3)^2$

(3) $(x+y-5)(x+y+5)$

(4) $(a+b-1)(a-b+1)$

考え方 式の共通な部分をひとまとまりとみて，1つの文字におきかえ，乗法公式を利用しよう。

(4) $-b+1 = -(b-1)$として，共通な部分を考えよう。

解答 (1) $x+y = A$とおくと

$$(x+y-1)(x+y+6)$$
$$= (A-1)(A+6)$$
$$= A^2 + 5A - 6$$
$$= (x+y)^2 + 5(x+y) - 6$$
$$= x^2 + 2xy + y^2 + 5x + 5y - 6$$

(2) $a+2b = X$とおくと

$$(a+2b-3)^2$$
$$= (X-3)^2$$
$$= X^2 - 6X + 9$$
$$= (a+2b)^2 - 6(a+2b) + 9$$
$$= a^2 + 4ab + 4b^2 - 6a - 12b + 9$$

(3) $x+y = A$とおくと

$$(x+y-5)(x+y+5)$$
$$= (A-5)(A+5)$$
$$= A^2 - 25$$
$$= (x+y)^2 - 25$$
$$= x^2 + 2xy + y^2 - 25$$

(4) $$(a+b-1)(a-b+1)$$
$$= \{a+(b-1)\}\{a-(b-1)\}$$

$b-1 = X$とおくと

$$\{a+(b-1)\}\{a-(b-1)\}$$
$$= (a+X)(a-X)$$
$$= a^2 - X^2$$
$$= a^2 - (b-1)^2$$
$$= a^2 - (b^2 - 2b + 1)$$
$$= a^2 - b^2 + 2b - 1$$

2 次の式を因数分解しなさい。

(1) $2x(x+3)-(x+3)^2$ (2) $(x-1)^2+4(x-1)-12$

(3) $a^2-4a+4-b^2$ (4) $xy-y-2x+2$

考え方 式の一部をひとまとまりとみて，1つの文字におきかえて考えます。

(4) yをふくむ項とふくまない項に分けて考えます。

解答 (1) $x+3=A$とおくと

$$2x(x+3)-(x+3)^2$$
$$=2xA-A^2$$
$$=A(2x-A)$$
$$=(x+3)\{2x-(x+3)\}$$
$$=(x+3)(x-3)$$

(2) $x-1=A$とおくと

$$(x-1)^2+4(x-1)-12$$
$$=A^2+4A-12$$
$$=(A-2)(A+6)$$
$$=(x-1-2)(x-1+6)$$
$$=(x-3)(x+5)$$

(3) $$a^2-4a+4-b^2$$
$$=(a^2-4a+4)-b^2$$
$$=(a-2)^2-b^2$$

$a-2=X$とおくと

$$(a-2)^2-b^2$$
$$=X^2-b^2$$
$$=(X+b)(X-b)$$
$$=(a-2+b)(a-2-b)$$
$$=(a+b-2)(a-b-2)$$

(4) $$xy-y-2x+2$$
$$=y(x-1)-2(x-1)$$

$x-1=A$とおくと

$$y(x-1)-2(x-1)$$
$$=yA-2A$$
$$=A(y-2)$$
$$=(x-1)(y-2)$$

別解 $xy-y-2x+2=xy-2x-y+2$
$$=x(y-2)-(y-2)$$

として考えてもよい。

3 次の式を，くふうして計算しなさい。

(1) 4.03×3.97 (2) $5.5^2\times3.14-4.5^2\times3.14$

考え方 (1) $4.03=4+0.03$, $3.97=4-0.03$とみます。

(2) まず，3.14をくくり出して考えよう。

解答 (1) 4.03×3.97

$$=(4+0.03)\times(4-0.03)$$
$$=4^2-0.03^2$$
$$=16-0.0009$$
$$=15.9991$$

(2) $5.5^2\times3.14-4.5^2\times3.14$

$$=3.14\times(5.5^2-4.5^2)$$
$$=3.14\times(5.5+4.5)\times(5.5-4.5)$$
$$=3.14\times10\times1$$
$$=31.4$$

レベルアップ (2) $5.5^2\times3.14-4.5^2\times3.14$は3.14を$\pi$と考えると

半径5.5の円と半径4.5の円の面積の差

を表す。すなわち，右の図で色をつけた部分の面積

を表す。この面積Sは教科書35ページ例2から

$$S=a\ell$$

で求められるから

$$S=(5.5-4.5)\times(2\pi\times5)=10\pi\ (\text{cm}^2)$$

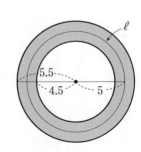

また，$5.5^2-4.5^2$ の部分は，次のようにくふうすることもできる。

$$5.5^2-4.5^2=(5+0.5)^2-(5-0.5)^2$$
$$=\{(5+0.5)+(5-0.5)\}\{(5+0.5)-(5-0.5)\}$$
$$=10\times1$$
$$=10$$

$$5.5^2-4.5^2=(5+0.5)^2-(4+0.5)^2$$
$$=(5^2+2\times0.5\times5+0.5^2)-(4^2+2\times0.5\times4+0.5^2)$$
$$=(25+5)-(16+4)$$
$$=30-20$$
$$=10$$

$$5.5^2-4.5^2=(10-4.5)^2-4.5^2$$
$$=\{(10-4.5)+4.5\}\{(10-4.5)-4.5\}$$
$$=10\times1$$

$$5.5^2-4.5^2=5.5^2-(10-5.5)^2$$
$$=\{5.5+(10-5.5)\}\{5.5-(10-5.5)\}$$
$$=10\times1$$

4 活用の問題

0でない4つの数字 a, b, c, d を考えます。この数字を a, b, c, d, d, c, b, a の順に並べ，前から読んでも後ろから読んでも，同じになるような8つの数字の並びをつくります。たとえば，$a=2$, $b=3$, $c=9$, $d=6$ のとき，8つの数字の並びは，23966932となります。23966932では，右のように2つずつに区切って，2けたの数を4つつくると

> 「前の2つの数どうしの積と，後ろの2つの数どうしの積は等しくなる。」

ことがわかりました。

$$23\mid96\mid69\mid32$$
$$\Downarrow$$
$$23\times96=2208$$
$$69\times32=2208$$

(1) 下線で示したことがらは，上のようにしてつくった8つの数字の並びで，いつでも成り立つといえますか。
    反例があれば，それを1つあげなさい。

(2) 下線で示したことがらが成り立つには，a, b, c, d について0でないことのほかに，どのような条件があればよいですか。

(3) (2)で調べたことをもとに，下線で示したことがらが成り立つ数字の並びを，1つつくりなさい。

考え方 (1) 適当に8つの数字の並びをつくって，成り立つかどうか調べてみよう。

(2) できる4つの2けたの数を，a, b, c, d を使って表して考えよう。

解答 (1) いつでも成り立つとはいえない。

(反例)

12344321

((2)で求めた条件をみたしていないものであれば，何でもよい。)

(2) 前の2つの2けたの数は

$$10a+b,\ 10c+d$$

また，後ろの2つの2けたの数は

$$10d+c,\ 10b+a$$

とそれぞれ表される。

それらの積

$$(10a+b)(10c+d)$$

と

$$(10d+c)(10b+a)$$

をそれぞれ求めると

$$(10a+b)(10c+d)=100ac+10ad+10bc+bd$$
$$(10d+c)(10b+a)=100bd+10ad+10bc+ac$$

これらが等しいから

$$100ac+10ad+10bc+bd=100bd+10ad+10bc+ac$$
$$99ac=99bd$$
$$ac=bd$$

したがって，aとcの積とbとdの積が等しい。

(3) (例) 43688634　　($43\times68=2924$, $86\times34=2924$)

　　　　　　($4\times6=3\times8$だから　　$a=4$, $b=3$, $c=6$, $d=8$)

　　32466423　　($32\times46=1472$, $64\times23=1472$)

　　　　　　($3\times4=2\times6=12$だから　　$a=3$, $b=2$, $c=4$, $d=6$)

 前の2つの数どうしの和と，後ろの2つの和どうしを考えると

前の2つの数どうしの和は

$$(10a+b)+(10c+d)=10(a+c)+(b+d)$$

後ろの2つの数どうしの和は

$$(10d+c)+(10b+a)=10(b+d)+(a+c)$$

これらが等しいから

$$10(a+c)+(b+d)=10(b+d)+(a+c)$$
$$9(a+c)=9(b+d)$$
$$a+c=b+d$$

したがって，aとcの和とbとdの和が等しい。

たとえば，$4+6=3+7=10$だから，$a=4$, $b=3$, $c=6$, $d=7$とすると

　　43677634　　($43+67=110$, $76+34=110$)

5
活用の
問題

右の図は，ある月のカレンダーです。

そうたさんとゆうなさんは，このカレンダーの数で，
右のように縦2つ，横2つを四角形で囲んだとき，
囲んだ4つの数について，どのような性質が成り立
つかを調べています。

日	月	火	水	木	金	土
					1	2	3
4	5	6	7	8	9	10
11	12	13	14	15	16	17
18	19	20	21	22	23	24
25	26	27	28	29	30	31

(1) 下の予想が正しいことを証明しなさい。

> 〈そうたさんの予想〉
>
> 縦2つ，横2つを四角形で囲んだとき，
>
> 4つの数を $\begin{array}{|cc|} a & b \\ c & d \end{array}$ とすると，$bc-ad$ の
>
> 値はつねに7になる。

(2) ゆうなさんの囲み方では，$bc-ad$ の値について，どのような性質が成り立つと予想で
きますか。
上のそうたさんの予想にならって，成り立つと予想できる性質を説明しなさい。

(3) (2)の予想が正しいことを証明しなさい。

考え方 a を使って b，c，d が，それぞれどのように表されるか考えよう。

解答 (1) **証明の例**

b，c，d は，a を使ってそれぞれ
$$b = a+1, \ c = a+7, \ d = a+8$$
と表される。$bc-ad$ の値を求めると

$$\begin{aligned}
&bc-ad \\
&= (a+1)(a+7)-a(a+8) \\
&= (a^2+8a+7)-(a^2+8a) \\
&= a^2+8a+7-a^2-8a \\
&= 7
\end{aligned}$$

となる。したがって，$bc-ad$ の値はつねに7である。

> 注意 $bc-ad$ の値は，文字 a をふくまない形となることから，a の値に関係なく，つねに7
> になることがわかる。

(2) 縦2つ，横3つを四角形で囲んだとき，4すみの数を $\begin{array}{|cc|} a & \cdots & b \\ c & \cdots & d \end{array}$ とすると，$bc-ad$ の値はつ

ねに14になる。

(3) **証明の例**

b，c，d は，a を使ってそれぞれ
$$b = a+2, \ c = a+7, \ d = a+9$$
と表される。

1章

多項式

$bc-ad$ の値を求めると

$bc-ad$

$= (a+2)(a+7)-a(a+9)$

$= (a^2+9a+14)-(a^2+9a)$

$= a^2+9a+14-a^2-9a$

$= 14$

となる。したがって，$bc-ad$ の値はつねに14である。

 右のように，縦3つ，横2つを四角形で囲んだときの $bc-ad$ の値はつねに14になる。

日	月	火	水	木	金	土
				1	2	3
4	5	6	7	8	9	10
11	12	13	14	15	16	17
18	19	20	21	22	23	24
25	26	27	28	29	30	31

証明の例

縦3つ，横2つを四角形で囲んだとき，4すみの数を $\begin{matrix} a & b \\ \vdots & \vdots \\ c & d \end{matrix}$ とすると，b, c, d は，a を使ってそれぞれ

$b = a+1$, $c = a+14$, $d = a+15$

と表される。

$bc-ad$ の値を求めると

$bc-ad = (a+1)(a+14)-a(a+15)$

$= (a^2+15a+14)-(a^2+15a)$

$= 14$

となる。したがって，$bc-ad$ の値はつねに14である。

レベルアップ　縦 m 個，横 n 個を四角形で囲んだときの $bc-ad$ の値を考えてみよう。

4すみの数は a を使ってそれぞれ

$b = a+(n-1)$

$c = a+7(m-1)$

$d = a+7(m-1)+(n-1)$

と表される。

$$bc = \{a+(n-1)\}\{a+7(m-1)\}$$
$$= \underline{a^2+7a(m-1)+a(n-1)}+7(m-1)(n-1)$$
$$ad = a\{a+7(m-1)+(n-1)\}$$
$$= \underline{a^2+7a(m-1)+a(n-1)}$$

a	$\cdots$	b
$\vdots$		$\vdots$
c	$\cdots$	d

m 個

n 個

したがって

$bc-ad = 7(m-1)(n-1)$ $\cdots$①

注意　(3)は，$m=2$, $n=3$ のときだから，上の①にあてはめて $bc-ad$ の値を求めると

$bc-ad = 7 \times (2-1) \times (3-1)$

$= 7 \times 1 \times 2$

$= 14$

となる。

2章 [平方根] 数の世界をさらにひろげよう

1節 平方根

Q いろいろな面積の正方形をかいてみましょう。

また，その正方形の1辺の長さを調べてみましょう。

教科書
p.42〜43

❶ いろいろな面積の正方形をかいてみましょう。

❷ ❶でかいた正方形の1辺の長さを調べて，表に整理しましょう。

❸ ❷で調べたことから，正方形の1辺の長さについて，どんなことがいえるで

しょうか。

考え方 辺が斜めになっている正方形では，右の図のように，正方形の面積からまわりの4つの合同な直角三角形の面積をひいて求めよう。

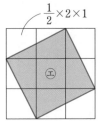

$$（\text{エの面積}) = 3^2 - \left(\frac{1}{2} \times 2 \times 1\right) \times 4$$

解答 ❶ 次ページの図

（⑦，⑨のような，方眼の線にそってかいた正方形をのぞいている。）

❷
正方形	⑦	④	⑨	㊉	㋔	㋕	㋖	㋗	㋘	㋙
面積（cm²）	1	2	4	5	8	10	13	17	18	20
1辺の長さ（cm）	1	1.4	2	2.2	2.8	3.2	3.6	4.1	4.2	4.5
1辺の長さの2乗	1	1.96	4	4.84	7.84	10.24	12.96	16.81	17.64	20.25

次ページに示した図以外で，方眼の線にそってかいた正方形では

面積（cm²）	9	16	25	36	…
1辺の長さ（cm）	3	4	5	6	…
1辺の長さの2乗	9	16	25	36	…

となっている。

❸ 1辺の長さが整数のときは，1辺の長さの2乗は正方形の面積と等しくなるが，1辺の長さが小数のときは，1辺の長さを2乗しても正方形の面積と等しくならない。

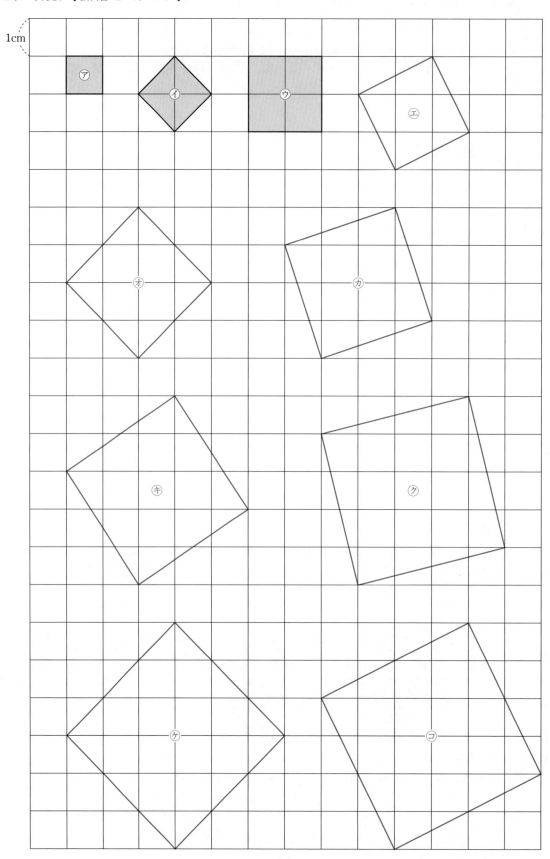

1cm

1 平方根

ことばの意味

● 根号 　記号 $\sqrt{}$ を根号といい，$\sqrt{a}$ は「ルート a 」と読む。

Q 面積が $2\,cm^2$ の正方形の1辺を $x\,cm$ とすると，x は正の数で，$x^2 = 2$ という式 ┃教科書 p.44┃
が成り立ちます。この x はどんな値になるでしょうか。

❶ 1.4^2，1.5^2 を計算して，$1.4 < x < 1.5$ となることを確かめてみましょう。

❷ 1.41^2，1.42^2，1.43^2，…を計算して，x の値の小数第2位を求めてみましょう。

❸ 電卓の $\sqrt{}$ キーを使って，$\sqrt{2}$ の値を求めてみましょう。

考え方 ある数 a の2乗を電卓で求めるときは

$\boxed{a}\ \boxed{\times}\ \boxed{=}$

と電卓のキーを押して求めることができます。また，電卓で $\sqrt{2}$ の値を求めるときは

$\boxed{2}\ \boxed{\sqrt{}}$

とキーを押します。

解答 ❶ $1.4^2 = 1.96$，$1.5^2 = 2.25$ だから

$1.4 < x < 1.5$

❷ $1.41^2 = 1.9881$，$1.42^2 = 2.0164$，$1.43^2 = 2.0449$ だから

$1.41 < x < 1.42$

となる。したがって，x の小数第2位は1である。

❸ $\boxed{2}\ \boxed{\sqrt{}} = 1.4142136$

（電卓の性能によって，表示されるけた数は異なる。）

ことばの意味

● 近似値 　真の値ではないが，それに近い値のことを近似値という。

Q 2乗すると9になる数はどんな数でしょうか。 ┃教科書 p.45┃

解答 $3^2 = 9$，$(-3)^2 = 9$ だから，2乗すると9になる数は　3と−3

2乗すると9になる数には，正の数と負の数があり，絶対値が等しい。

> **ことばの意味**
>
> ● **平方根**
>
> 　ある数 x を2乗すると a になるとき，すなわち，$x^2 = a$ であるとき，x を a の**平方根**という。

問 1　次の数の平方根をいいなさい。

(1)　16　　　　　　(2)　49　　　　　　(3)　$\dfrac{4}{25}$

教科書 p.45

● 教科書 p.242 ㉓
（ガイド p.268）

考え方　ある数の平方根を求めるには，2乗してその数になる数を求めます。

　　　　正の数の平方根は，正，負の2つあることに注意しよう。

解答　(1)　$4^2 = 16$，$(-4)^2 = 16$ だから，16の平方根は　4と−4

　　　　(2)　$7^2 = 49$，$(-7)^2 = 49$ だから，49の平方根は　7と−7

　　　　(3)　$\left(\dfrac{2}{5}\right)^2 = \dfrac{4}{25}$，$\left(-\dfrac{2}{5}\right)^2 = \dfrac{4}{25}$ だから，$\dfrac{4}{25}$ の平方根は　$\dfrac{2}{5}$ と $-\dfrac{2}{5}$

> **ポイント**
>
> **平方根**
>
> 　① 　正の数には平方根が2つあって，絶対値が等しく，符号が異なる。
>
> 　② 　0の平方根は0だけである。
>
> ・どんな数を2乗しても負の数にはならないから，負の数には平方根はない。

問 2　根号を使って，次の数の平方根を表しなさい。

(1)　3　　　　(2)　10　　　　(3)　1.3　　　　(4)　$\dfrac{3}{7}$

教科書 p.46

● 教科書 p.242 ㉔
（ガイド p.268）

考え方　正の数には，平方根は正，負の2つあることに注意しよう。

　　　　(3)，(4)　根号の中の数が小数や分数でも，同じように考えます。

解答　(1)　$\pm\sqrt{3}$　　　　(2)　$\pm\sqrt{10}$　　　　(3)　$\pm\sqrt{1.3}$　　　　(4)　$\pm\sqrt{\dfrac{3}{7}}$

問 3　次の数を根号を使わずに表しなさい。

(1)　$\sqrt{36}$　　　　(2)　$-\sqrt{81}$　　　　(3)　$\sqrt{1}$　　　　(4)　$\sqrt{(-3)^2}$

教科書 p.46

● 教科書 p.242 ㉕
（ガイド p.268）

解答　(1)　$\sqrt{36}$ は36の平方根の正のほうだから　　　$\sqrt{36} = 6$

　　　　(2)　$-\sqrt{81}$ は81の平方根の負のほうだから　　　$-\sqrt{81} = -9$

　　　　(3)　$\sqrt{1}$ は1の平方根の正のほうだから　　　$\sqrt{1} = 1$

　　　　(4)　$\sqrt{(-3)^2} = \sqrt{9} = 3$

問4

次の数を求めなさい。

(1) $(\sqrt{7})^2$　　　　(2) $(-\sqrt{13})^2$　　　　(3) $(\sqrt{16})^2$

教科書 p.46

➡ 教科書 p.242 ㉖
（ガイドp.268）

考え方 a を正の数とすると　　$(\sqrt{a})^2 = a$, $(-\sqrt{a})^2 = a$

解答 (1) $(\sqrt{7})^2 = 7$　　　　(2) $(-\sqrt{13})^2 = 13$　　　　(3) $(\sqrt{16})^2 = 16$

Q $\sqrt{2}$ と $\sqrt{5}$ では，どちらが大きいでしょうか。

❶ 右の図に，1辺が $\sqrt{5}$ の正方形を，頂点の1つを0の位置にそろえてかいてみましょう。

❷ ❶でかいた正方形の1辺の長さを，数直線上にとって，$\sqrt{2}$ と $\sqrt{5}$ の大きさを比べてみましょう。

教科書 p.47

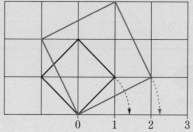

解答 ❶ 上の図

❷ 数直線上で $\sqrt{5}$ を示す点のほうが右にあるから

$$\sqrt{2} < \sqrt{5}$$

ポイント

平方根の大小

a, b が正の数で，$a < b$ ならば，次のことが成り立つ。

$$\sqrt{a} < \sqrt{b}$$

問5

次の各組の数の大小を，不等号を使って表しなさい。

(1) $\sqrt{13}$, $\sqrt{15}$　　　(2) 4, $\sqrt{17}$　　　(3) $\sqrt{0.1}$, 0.1

(4) $-\sqrt{10}$, $-\sqrt{13}$　　　(5) 3, 4, $\sqrt{10}$　　　(6) -2, $-\sqrt{2}$

教科書 p.47

➡ 教科書 p.242 ㉗
（ガイドp.268）

考え方 (4), (6) 負の数では，絶対値が大きいほうが小さい。

解答 (1) $13 < 15$ だから　　$\sqrt{13} < \sqrt{15}$

(2) $4^2 = 16$, $(\sqrt{17})^2 = 17$ で，$16 < 17$ だから　　$\sqrt{16} < \sqrt{17}$

　　すなわち　　$4 < \sqrt{17}$

(3) $(\sqrt{0.1})^2 = 0.1$, $0.1^2 = 0.01$ で，$0.1 > 0.01$ だから

　　$\sqrt{0.1} > \sqrt{0.01}$　　すなわち　　$\sqrt{0.1} > 0.1$

(4) $10 < 13$ だから　$\sqrt{10} < \sqrt{13}$

　　すなわち　$-\sqrt{10} > -\sqrt{13}$

(5) $3^2 = 9,\ 4^2 = 16,\ (\sqrt{10})^2 = 10$ で，$9 < 10 < 16$ だから

　　$\sqrt{9} < \sqrt{10} < \sqrt{16}$　すなわち　$3 < \sqrt{10} < 4$

(6) $2^2 = 4,\ (\sqrt{2})^2 = 2$ で，$4 > 2$ だから　$2 > \sqrt{2}$

　　すなわち　$-2 < -\sqrt{2}$

Q 4と0.4を，それぞれ分数で表してみましょう。　　　教科書 p.48

解答　$4 = \dfrac{4}{1}$，$0.4 = \dfrac{4}{10} = \dfrac{2}{5}$

ことばの意味

● **有理数と無理数**

a を整数，b を0でない整数としたとき，$\dfrac{a}{b}$ の形で表すことができる数を**有理数**という。

いっぽう，分数で表すことのできない数を**無理数**という。

問6 下の数のなかから，無理数を選びなさい。　　　教科書 p.48

　⑦　-5　　　⑦　0.7　　　⑦　$\sqrt{11}$　　　⑨　$\sqrt{49}$　　　⑦　$\dfrac{1}{3}$

考え方　⑦，⑦は次のように分数で表すことができます。

　　⑦　$-5 = \dfrac{-5}{1}$　　　⑦　$0.7 = \dfrac{7}{10}$

n が自然数のときの $\sqrt{n}$ は，n が9や16のように，自然数の2乗になっているとき以外は無理数です。

解答　⑦-5 と⑨ $\sqrt{49} = 7$ は整数で，⑦は負の整数，⑨は正の整数（自然数）である。

⑦$0.7 = \dfrac{7}{10}$ と⑦ $\dfrac{1}{3}$ は整数ではない有理数である。

⑦ $\sqrt{11}$ は，11が自然数の2乗ではないから無理数である。　　　　答　⑦

問7

教科書 p.49

下の数直線上の点A，B，C，Dは，-2.5，$\dfrac{4}{5}$，$\sqrt{5}$，$-\sqrt{9}$ のどれかと対応しています。これらの点に対応する数を答えなさい。

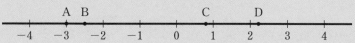

考え方 $\sqrt{5}\cdots 2^2=4$，$3^2=9$ だから　　$2<\sqrt{5}<3$

$-\sqrt{9}=-\sqrt{3^2}=-3$

解答 A$\cdots-\sqrt{9}$，B$\cdots-2.5$，C$\cdots\dfrac{4}{5}$，D$\cdots\sqrt{5}$

Q 有理数を小数で表して，その特徴を調べてみましょう。

教科書 p.49

❶ $\dfrac{3}{4}$，$\dfrac{1}{7}$ を，それぞれ小数で表してみましょう。

解答 $\dfrac{3}{4}=0.75\rightarrow$ 終わりのある小数になる。

$\dfrac{1}{7}=0.142857142\cdots\rightarrow 142857$ の並びがくり返す終わりのない小数になる。

問8

教科書 p.49

$\dfrac{4}{3}$，$\dfrac{1}{8}$ を小数で表すと，有限小数，循環小数のどちらになりますか。

解答 $\dfrac{4}{3}=1.33\cdots\rightarrow 3$ がかぎりなくくり返す循環小数になる。

$\dfrac{1}{8}=0.125\rightarrow$ 有限小数になる。

レベルアップ 分数の分母が次のとき，その分数は有限小数になる。

・分母が10，100，…のように10の累乗の形で表されるとき

・分母の素因数が2と5だけのとき

このような分数では，分子と分母に適当な数をかけることによって，分母を10の累乗の形にできるから有限小数となる。

$$\dfrac{1}{8}=\dfrac{1}{2^3}=\dfrac{5^3}{2^3\times 5^3}=\dfrac{5^3}{(2\times5)^3}=\dfrac{125}{1000}=0.125$$

基 本 の 問 題

教科書 ➡ p.50

---

1 次の数の平方根をいいなさい。

(1)　6 　　　　　　(2)　36 　　　　　　(3)　400 　　　　　　(4)　$\dfrac{3}{5}$

考え方 ＼ 2乗してaになる数がaの平方根です。

正の数には平方根が2つあって，絶対値が等しく，符号が異なります。

解答 ＼ (1)　$\pm\sqrt{6}$ 　　　　　(2)　± 6 　　　　　(3)　± 20 　　　　　(4)　$\pm\sqrt{\dfrac{3}{5}}$

---

2 次の数を根号を使わずに表しなさい。

(1)　$\sqrt{64}$ 　　　　　　(2)　$-\sqrt{100}$ 　　　　　　(3)　$\sqrt{(-11)^2}$

(4)　$\sqrt{0.49}$ 　　　　　　(5)　$(-\sqrt{3}\,)^2$

考え方 ＼ 根号の中の数がある数の2乗になっていれば，根号を使わずに表すことができます。

(5)　aが正の数のとき，$(-\sqrt{a}\,)^2 = a$が成り立ちます。

解答 ＼ (1)　$\sqrt{64} = 8$ 　　　　　(2)　$-\sqrt{100} = -10$ 　　　　　(3)　$\sqrt{(-11)^2} = \sqrt{121} = 11$

(4)　$\sqrt{0.49} = 0.7$ 　　　　　(5)　$(-\sqrt{3}\,)^2 = 3$

---

3 次の各組の数の大小を，不等号を使って表しなさい。

(1)　$\sqrt{61}$, $\sqrt{70}$ 　　　　　　　　　　(2)　5, $\sqrt{23}$

考え方 ＼ a, bが正の数で，$a < b$ならば　$\sqrt{a} < \sqrt{b}$ となります。

解答 ＼ (1)　$(\sqrt{61})^2 = 61$, $(\sqrt{70})^2 = 70$で，$61 < 70$だから

$$\sqrt{61} < \sqrt{70}$$

(2)　$5^2 = 25$, $(\sqrt{23})^2 = 23$で，$25 > 23$だから

$$\sqrt{25} > \sqrt{23} \quad すなわち \quad 5 > \sqrt{23}$$

---

4 次の数のなかから，無理数を選びなさい。

㋐　3 　　　　㋑　-1.2 　　　　㋒　$-\sqrt{15}$ 　　　　㋓　$\sqrt{81}$ 　　　　㋔　$\dfrac{1}{6}$

考え方 ＼ aを整数，bを0でない整数としたとき，$\dfrac{a}{b}$と表すことができるかどうか考えよう。

nが自然数のときの$\sqrt{n}$は，nが自然数の2乗になっているとき以外は無理数です。

解答 ＼ 　㋐　$3 = \dfrac{3}{1}$ 　　　㋑　$-1.2 = \dfrac{-12}{10}$ 　　　㋓　$\sqrt{81} = 9 = \dfrac{9}{1}$

と$\dfrac{a}{b}$の形で表すことができるから有理数である。

㋒$-\sqrt{15}$ は，15が自然数の2乗ではないから無理数である。　　　　　　　　答　㋒

2節 根号をふくむ式の計算

2章
平方根

Q a，bが正の数のとき，$\sqrt{a} \times \sqrt{b}$ は $\sqrt{a \times b}$ と計算してもよいでしょうか。 教科書 p.51

❶ a，bが次の値のとき，$\sqrt{a} \times \sqrt{b}$ と $\sqrt{a \times b}$ の値を比べてみましょう。

　(1)　$a = 4$，$b = 25$　　　　　　　　(2)　$a = 2$，$b = 3$

❷ ❶で調べたことから $\sqrt{a} \times \sqrt{b}$ は $\sqrt{a \times b}$ と計算してもよいといえるでしょうか。

解答 ❶(1)
$$\sqrt{a} \times \sqrt{b} = \sqrt{4} \times \sqrt{25}$$
$$= \sqrt{2^2} \times \sqrt{5^2}$$
$$= 2 \times 5$$
$$= 10$$

$$\sqrt{a \times b} = \sqrt{4 \times 25}$$
$$= \sqrt{100}$$
$$= \sqrt{10^2}$$
$$= 10$$

$\sqrt{a} \times \sqrt{b}$ と $\sqrt{a \times b}$ の値は等しい。

(2)
$$\sqrt{a} \times \sqrt{b} = \sqrt{2} \times \sqrt{3}$$
$$\fallingdotseq 1.4142136 \times 1.7320508$$
$$\fallingdotseq 2.4494898$$

$$\sqrt{a \times b} = \sqrt{2 \times 3}$$
$$= \sqrt{6}$$
$$\fallingdotseq 2.4494897$$

$\sqrt{a} \times \sqrt{b}$ と $\sqrt{a \times b}$ の値は等しい。

❷ $\sqrt{a} \times \sqrt{b}$ は $\sqrt{a \times b}$ と計算してもよい。

1 根号をふくむ式の乗除

ポイント

平方根の積と商　a，bを正の数とするとき

$$\boxed{1}\quad \sqrt{a} \times \sqrt{b} = \sqrt{ab} \qquad \boxed{2}\quad \frac{\sqrt{a}}{\sqrt{b}} = \sqrt{\frac{a}{b}}$$

レベルアップ

②について，$a=2$，$b=3$として，次のようにして確かめることができる。

$\dfrac{\sqrt{2}}{\sqrt{3}}$ を2乗すると

$$\left(\dfrac{\sqrt{2}}{\sqrt{3}}\right)^2 = \dfrac{\sqrt{2}}{\sqrt{3}} \times \dfrac{\sqrt{2}}{\sqrt{3}}$$

$$= \dfrac{(\sqrt{2})^2}{(\sqrt{3})^2}$$

$$= \dfrac{2}{3}$$

となるから，$\dfrac{\sqrt{2}}{\sqrt{3}}$ は $\dfrac{2}{3}$ の平方根である。

また，$\sqrt{2}$，$\sqrt{3}$ は正だから，$\dfrac{\sqrt{2}}{\sqrt{3}}$ は正である。

したがって，$\dfrac{\sqrt{2}}{\sqrt{3}}$ は $\dfrac{2}{3}$ の正の平方根だから

$$\dfrac{\sqrt{2}}{\sqrt{3}} = \sqrt{\dfrac{2}{3}}$$

教科書や上の証明では，$a=2$，$b=3$のときに成り立つことを示しているが，上の証明で，2をa，3をbとおきかえることによって，文字を使って証明することができる。

問 1

例1にならって，次の計算をしなさい。

(1) $\sqrt{2} \times \sqrt{7}$　　(2) $\sqrt{6} \times \sqrt{5}$　　(3) $(-\sqrt{2}) \times \sqrt{8}$

(4) $\dfrac{\sqrt{18}}{\sqrt{6}}$　　(5) $\dfrac{\sqrt{28}}{\sqrt{7}}$　　(6) $\sqrt{80} \div (-\sqrt{5})$

教科書 p.53

◉ 教科書 p.242 ㉘
（ガイドp.268）

考え方 (6) $\sqrt{a} \div \sqrt{b} = \dfrac{\sqrt{a}}{\sqrt{b}} = \sqrt{\dfrac{a}{b}}$

解答
(1) $\sqrt{2} \times \sqrt{7}$
$= \sqrt{2 \times 7}$
$= \sqrt{14}$

(2) $\sqrt{6} \times \sqrt{5}$
$= \sqrt{6 \times 5}$
$= \sqrt{30}$

(3) $(-\sqrt{2}) \times \sqrt{8}$
$= -(\sqrt{2} \times \sqrt{8})$
$= -\sqrt{2 \times 8}$
$= -\sqrt{16}$
$= -\sqrt{4^2}$
$= -4$

(4) $\dfrac{\sqrt{18}}{\sqrt{6}}$
$= \sqrt{\dfrac{18}{6}}$
$= \sqrt{3}$

(5) $\dfrac{\sqrt{28}}{\sqrt{7}}$
$= \sqrt{\dfrac{28}{7}}$
$= \sqrt{4}$
$= \sqrt{2^2}$
$= 2$

(6) $\sqrt{80} \div (-\sqrt{5})$
$= -(\sqrt{80} \div \sqrt{5})$
$= -\dfrac{\sqrt{80}}{\sqrt{5}}$
$= -\sqrt{\dfrac{80}{5}}$
$= -\sqrt{16}$
$= -\sqrt{4^2}$
$= -4$

注意 (3), (5), (6) 根号を使わずに表すことができる数は，根号を使わずに表す。

問2

例2にならって，次の数を $\sqrt{a}$ の形に表しなさい。

(1) $4\sqrt{5}$　　　　(2) $2\sqrt{2}$　　　　(3) $5\sqrt{3}$

教科書 p.53

➡ 教科書 p.242 ㉙
（ガイドp.269）

考え方 a，bが正の数のとき，$a\sqrt{b} = \sqrt{a^2 b}$ と変形できることを用いる。

解答
(1) $\begin{aligned} 4\sqrt{5} &= \sqrt{16} \times \sqrt{5} \\ &= \sqrt{16 \times 5} \\ &= \sqrt{80} \end{aligned}$　　　(2) $\begin{aligned} 2\sqrt{2} &= \sqrt{4} \times \sqrt{2} \\ &= \sqrt{4 \times 2} \\ &= \sqrt{8} \end{aligned}$　　　(3) $\begin{aligned} 5\sqrt{3} &= \sqrt{25} \times \sqrt{3} \\ &= \sqrt{25 \times 3} \\ &= \sqrt{75} \end{aligned}$

問3

例3にならって，次の数を $a\sqrt{b}$ の形に表しなさい。

(1) $\sqrt{12}$　　　　(2) $\sqrt{28}$　　　　(3) $\sqrt{27}$

(4) $\sqrt{200}$　　　(5) $\sqrt{72}$　　　(6) $\sqrt{96}$

教科書 p.53

➡ 教科書 p.242 ㉚
（ガイドp.269）

考え方 根号の中の数が，ある数の2乗との積になっているときは，$\sqrt{a^2 b} = a\sqrt{b}$ と変形できます。

また，根号の中の数を素因数分解すると，根号の外に出す数が見つけやすくなることがあります。

解答
(1) $\begin{aligned} \sqrt{12} &= \sqrt{4 \times 3} \\ &= \sqrt{4} \times \sqrt{3} \\ &= 2\sqrt{3} \end{aligned}$

(2) $\begin{aligned} \sqrt{28} &= \sqrt{4 \times 7} \\ &= \sqrt{4} \times \sqrt{7} \\ &= 2\sqrt{7} \end{aligned}$

(3) $\begin{aligned} \sqrt{27} &= \sqrt{3^3} \\ &= \sqrt{3^2} \times \sqrt{3} \\ &= 3 \times \sqrt{3} \\ &= 3\sqrt{3} \end{aligned}$

(4) $\begin{aligned} \sqrt{200} &= \sqrt{2^3 \times 5^2} \\ &= \sqrt{2^2} \times \sqrt{2} \times \sqrt{5^2} \\ &= 2 \times 5 \times \sqrt{2} \\ &= 10\sqrt{2} \end{aligned}$

(5) $\begin{aligned} \sqrt{72} &= \sqrt{2^3 \times 3^2} \\ &= \sqrt{2^2} \times \sqrt{3^2} \times \sqrt{2} \\ &= 2 \times 3 \times \sqrt{2} \\ &= 6\sqrt{2} \end{aligned}$

(6) $\begin{aligned} \sqrt{96} &= \sqrt{2^5 \times 3} \\ &= \sqrt{2^2} \times \sqrt{2^2} \times \sqrt{2} \times \sqrt{3} \\ &= 2 \times 2 \times \sqrt{2} \times \sqrt{3} \\ &= 4\sqrt{6} \end{aligned}$

注意 (4), (5), (6) 次のように素因数分解することができる。

(4)
```
2)200
2)100
2) 50
5) 25
    5
```
$200 = 2^3 \times 5^2$

(5)
```
2)72
2)36
2)18
3) 9
    3
```
$72 = 2^3 \times 3^2$

(6)
```
2)96
2)48
2)24
2)12
2) 6
    3
```
$96 = 2^5 \times 3$

レベルアップ 平方数（自然数を平方してできる数）を因数にもつかどうか調べて考えてもよい。

平方数を因数にもつかどうかは，平方数でわってわり切れるかどうか調べればよい。

(3) $27 = 9 \times 3 \ (27 \div 9 = 3)$ だから $\sqrt{27} = \sqrt{9 \times 3} = 3\sqrt{3}$

(4) $200 = 100 \times 2 \ (200 \div 100 = 2)$ だから $\sqrt{200} = \sqrt{100 \times 2} = 10\sqrt{2}$

(5) $72 = 36 \times 2 \ (72 \div 36 = 2)$ だから $\sqrt{72} = \sqrt{36 \times 2} = 6\sqrt{2}$

(6) $96 = 16 \times 6 \ (96 \div 16 = 6)$ だから $\sqrt{96} = \sqrt{16 \times 6} = 4\sqrt{6}$

問4 例4にならって，次の数を変形しなさい。 教科書 p.54

(1) $\sqrt{\dfrac{3}{49}}$ (2) $\sqrt{0.07}$ (3) $\sqrt{0.64}$ ◯ 教科書 p.242 ㉛ （ガイド p.269）

考え方 (2)，(3) 根号の中が小数のときは，$100 \ (= 10^2)$，$10000 \ (= 100^2)$ などを分母とする分数になおして考えよう。

解答 (1) $\sqrt{\dfrac{3}{49}} = \dfrac{\sqrt{3}}{\sqrt{49}}$ (2) $\sqrt{0.07} = \sqrt{\dfrac{7}{100}}$ (3) $\sqrt{0.64} = \sqrt{\dfrac{64}{100}}$

$= \dfrac{\sqrt{3}}{7}$ $= \dfrac{\sqrt{7}}{\sqrt{100}}$ $= \dfrac{\sqrt{64}}{\sqrt{100}}$

$= \dfrac{\sqrt{7}}{10}$ $= \dfrac{8}{10}$

$= \dfrac{4}{5} \ (0.8)$

Q $\sqrt{2} = 1.414$ として，次の値を求めてみましょう。 教科書 p.54

また，気づいたことをいってみましょう。

❶ $\sqrt{200}$ ❷ $\sqrt{20000}$ ❸ $\sqrt{0.02}$ ❹ $\sqrt{0.0002}$

考え方 $\sqrt{2} \times a$ の形に変形して，$\sqrt{2} = 1.414$ を代入して値を求めてみよう。

解答 ❶ $\sqrt{200} = \sqrt{2 \times 100} = \sqrt{2} \times \sqrt{10^2} = \sqrt{2} \times 10 = 1.414 \times 10 = 14.14$

❷ $\sqrt{20000} = \sqrt{2 \times 10000} = \sqrt{2} \times \sqrt{100^2} = \sqrt{2} \times 100 = 1.414 \times 100 = 141.4$

❸ $\sqrt{0.02} = \sqrt{\dfrac{2}{100}} = \dfrac{\sqrt{2}}{\sqrt{100}} = \dfrac{\sqrt{2}}{10} = \dfrac{1.414}{10} = 0.1414$

❹ $\sqrt{0.0002} = \sqrt{\dfrac{2}{10000}} = \dfrac{\sqrt{2}}{\sqrt{10000}} = \dfrac{\sqrt{2}}{100} = \dfrac{1.414}{100} = 0.01414$

根号の中の数の小数点の位置が2けたずれるごとに，その平方根の小数点の位置は，同じ向きに1けたずつずれる。

例5 $\sqrt{5} = 2.236$ として，$\sqrt{2000}$ の値を求めると 教科書 p.54

$\sqrt{2000} = \sqrt{20} \times 10 = 2\sqrt{5} \times 10 = 20\sqrt{5} = 20 \times 2.236 = 44.72$

問 5　$\sqrt{5} = 2.236$, $\sqrt{50} = 7.071$ として，次の値を求めなさい。

教科書 p.54

(1)　$\sqrt{500}$　　　　　　(2)　$\sqrt{5000}$　　　　　　(3)　$\sqrt{0.05}$

考え方　$\sqrt{5}$, $\sqrt{50}$ のどちらの値を使って求めればよいか考えよう。

解答　(1)　$\sqrt{500} = \sqrt{5 \times 100}$

$= \sqrt{5} \times \sqrt{10^2}$

$= \sqrt{5} \times 10$

$= 2.236 \times 10$

$= 22.36$

(2)　$\sqrt{5000} = \sqrt{50 \times 100}$

$= \sqrt{50} \times \sqrt{10^2}$

$= \sqrt{50} \times 10$

$= 7.071 \times 10$

$= 70.71$

(3)　$\sqrt{0.05} = \sqrt{\dfrac{5}{100}}$

$= \dfrac{\sqrt{5}}{\sqrt{100}}$

$= \dfrac{\sqrt{5}}{10}$

$= \dfrac{2.236}{10}$

$= 0.2236$

2章 平方根

問 6　$\sqrt{3} = 1.732$, $\sqrt{30} = 5.477$ として，次の値を求めなさい。

教科書 p.54

(1)　$\sqrt{0.3}$　　　　　　(2)　$\sqrt{12}$　　　　　　(3)　$\sqrt{0.75}$

❷ 教科書 p.242 ㉜
（ガイドp.269）

考え方　それぞれの数を，$a\sqrt{3}$ か $b\sqrt{30}$ の形で表せないか考えよう。

解答　(1)　$\sqrt{0.3} = \sqrt{\dfrac{3}{10}}$

$= \sqrt{\dfrac{30}{100}}$

$= \dfrac{\sqrt{30}}{\sqrt{100}}$

$= \dfrac{\sqrt{30}}{10}$

$= \dfrac{5.477}{10}$

$= 0.5477$

(2)　$\sqrt{12} = \sqrt{4 \times 3}$

$= \sqrt{4} \times \sqrt{3}$

$= 2 \times \sqrt{3}$

$= 2 \times 1.732$

$= 3.464$

(3)　$\sqrt{0.75} = \sqrt{\dfrac{75}{100}}$

$= \dfrac{\sqrt{75}}{\sqrt{100}}$

$= \dfrac{\sqrt{25} \times \sqrt{3}}{10}$

$= \dfrac{5 \times \sqrt{3}}{10}$

$= \dfrac{5 \times 1.732}{10}$

$= 0.866$

Q　$\sqrt{2} = 1.414$ として，$\dfrac{1}{\sqrt{2}}$ と $\dfrac{\sqrt{2}}{2}$ の値を比べてみましょう。

教科書 p.55

解答　$\dfrac{1}{\sqrt{2}} = \dfrac{1}{1.414} = 0.707\cdots$, $\dfrac{\sqrt{2}}{2} = \dfrac{1.414}{2} = 0.707$

$\dfrac{1}{\sqrt{2}}$ と $\dfrac{\sqrt{2}}{2}$ のおよその値は変わらない。

```
                0.707
      1.414)1000.0
             9898
            10200
             9898
              302
```

57

> **ことばの意味**
>
> ●**分母を有理化する**　分母に根号がない形に表すことを，分母を**有理化する**という。

問7

次の数の分母を有理化しなさい。

教科書 p.55

→ 教科書 p.243 ③③
（ガイドp.270）

(1) $\dfrac{\sqrt{3}}{\sqrt{2}}$　　　(2) $\dfrac{2}{\sqrt{5}}$　　　(3) $\dfrac{3}{\sqrt{3}}$

(4) $\dfrac{5}{2\sqrt{5}}$　　　(5) $\dfrac{10}{\sqrt{8}}$　　　(6) $\dfrac{2\sqrt{3}}{\sqrt{6}}$

考え方 分母に根号がある数は，分母と分子に同じ数をかけて，分母を有理化します。

約分できるときは，約分して答えよう。

解答

(1) $\dfrac{\sqrt{3}}{\sqrt{2}} = \dfrac{\sqrt{3} \times \sqrt{2}}{\sqrt{2} \times \sqrt{2}}$

$= \dfrac{\sqrt{6}}{2}$

(2) $\dfrac{2}{\sqrt{5}} = \dfrac{2 \times \sqrt{5}}{\sqrt{5} \times \sqrt{5}}$

$= \dfrac{2\sqrt{5}}{5}$

(3) $\dfrac{3}{\sqrt{3}} = \dfrac{3 \times \sqrt{3}}{\sqrt{3} \times \sqrt{3}}$

$= \dfrac{3 \times \sqrt{3}}{3}$

$= \sqrt{3}$

(4) $\dfrac{5}{2\sqrt{5}} = \dfrac{5 \times \sqrt{5}}{2\sqrt{5} \times \sqrt{5}}$

$= \dfrac{5 \times \sqrt{5}}{2 \times 5}$

$= \dfrac{\sqrt{5}}{2}$

(5) $\dfrac{10}{\sqrt{8}} = \dfrac{10}{2\sqrt{2}}$

$= \dfrac{5}{\sqrt{2}}$

$= \dfrac{5 \times \sqrt{2}}{\sqrt{2} \times \sqrt{2}}$

$= \dfrac{5\sqrt{2}}{2}$

(6) $\dfrac{2\sqrt{3}}{\sqrt{6}} = \dfrac{2\sqrt{3} \times \sqrt{6}}{\sqrt{6} \times \sqrt{6}}$

$= \dfrac{2\sqrt{3} \times \sqrt{3} \times \sqrt{2}}{6}$

$= \dfrac{6\sqrt{2}}{6}$

$= \sqrt{2}$

レベルアップ 次のようにして，分母を有理化することもできる。

(3) $\dfrac{3}{\sqrt{3}} = \dfrac{\overset{1}{\cancel{\sqrt{3}}} \times \sqrt{3}}{\underset{1}{\cancel{\sqrt{3}}}}$

$= \sqrt{3}$

(4) $\dfrac{5}{2\sqrt{5}} = \dfrac{\overset{1}{\cancel{\sqrt{5}}} \times \sqrt{5}}{2\underset{1}{\cancel{\sqrt{5}}}}$

$= \dfrac{\sqrt{5}}{2}$

(5) $\dfrac{10}{\sqrt{8}} = \dfrac{10 \times \sqrt{8}}{\sqrt{8} \times \sqrt{8}}$

$= \dfrac{10 \times 2\sqrt{2}}{8}$

$= \dfrac{5\sqrt{2}}{2}$

(6) $\dfrac{2\sqrt{3}}{\sqrt{6}} = \dfrac{\overset{1}{\cancel{\sqrt{2}}} \times \sqrt{2} \times \overset{1}{\cancel{\sqrt{3}}}}{\underset{1}{\cancel{\sqrt{2}}} \times \underset{1}{\cancel{\sqrt{3}}}}$

$= \sqrt{2}$

問8 次の計算をしなさい。

教科書 p.56

➡ 教科書 p.243 ⑭
（ガイドp.270）

(1) $\sqrt{18} \times \sqrt{12}$　　　(2) $\sqrt{8} \times \sqrt{18}$

(3) $\sqrt{14} \times \sqrt{21}$　　　(4) $\sqrt{6} \times \sqrt{30}$

(5) $3\sqrt{3} \times 2\sqrt{6}$　　　(6) $\sqrt{45} \times \sqrt{85}$

(7) $\sqrt{80} \times \sqrt{15}$　　　(8) $\sqrt{18} \times \sqrt{54}$

考え方 (1), (2) 根号の中の数は，なるべく小さい自然数にしてから計算しよう。

(1) $\sqrt{18} = \sqrt{3^2 \times 2} = 3\sqrt{2}$, $\sqrt{12} = \sqrt{2^2 \times 3} = 2\sqrt{3}$

(3), (4) 根号の中の数に共通な因数がないか考えよう。

(3) $14 = 2 \times ⑦$, $21 = 3 \times ⑦$

結果は，根号の中の数は，なるべく小さい自然数にして答えよう。

解答

(1) $\sqrt{18} \times \sqrt{12} = 3\sqrt{2} \times 2\sqrt{3}$
$= 3 \times 2 \times \sqrt{2} \times \sqrt{3}$
$= 6\sqrt{6}$

(2) $\sqrt{8} \times \sqrt{18} = 2\sqrt{2} \times 3\sqrt{2}$
$= 2 \times 3 \times (\sqrt{2})^2$
$= 12$

(3) $\sqrt{14} \times \sqrt{21} = \sqrt{7 \times 2} \times \sqrt{7 \times 3}$
$= \sqrt{7 \times 2 \times 7 \times 3}$
$= \sqrt{7^2 \times 2 \times 3}$
$= 7\sqrt{6}$

(4) $\sqrt{6} \times \sqrt{30} = \sqrt{2 \times 3} \times \sqrt{2 \times 3 \times 5}$
$= \sqrt{2 \times 3 \times 2 \times 3 \times 5}$
$= \sqrt{2^2 \times 3^2 \times 5}$
$= 6\sqrt{5}$

(5) $3\sqrt{3} \times 2\sqrt{6} = 3 \times \sqrt{3} \times 2 \times \sqrt{3} \times \sqrt{2}$
$= 3 \times 2 \times (\sqrt{3})^2 \times \sqrt{2}$
$= 6 \times 3 \times \sqrt{2}$
$= 18\sqrt{2}$

(6) $\sqrt{45} \times \sqrt{85} = 3\sqrt{5} \times \sqrt{5} \times \sqrt{17}$
$= 3 \times (\sqrt{5})^2 \times \sqrt{17}$
$= 3 \times 5 \times \sqrt{17}$
$= 15\sqrt{17}$

(7) $\sqrt{80} \times \sqrt{15} = 4\sqrt{5} \times \sqrt{5} \times \sqrt{3}$
$= 4 \times (\sqrt{5})^2 \times \sqrt{3}$
$= 4 \times 5 \times \sqrt{3}$
$= 20\sqrt{3}$

(8) $\sqrt{18} \times \sqrt{54} = 3\sqrt{2} \times 3\sqrt{6}$
$= 3 \times \sqrt{2} \times 3 \times \sqrt{2} \times \sqrt{3}$
$= 3 \times 3 \times (\sqrt{2})^2 \times \sqrt{3}$
$= 9 \times 2 \times \sqrt{3}$
$= 18\sqrt{3}$

別解

(3) $\sqrt{14} \times \sqrt{21} = \sqrt{7} \times \sqrt{2} \times \sqrt{7} \times \sqrt{3}$
$= (\sqrt{7})^2 \times \sqrt{2} \times \sqrt{3}$
$= 7\sqrt{6}$

(4) $\sqrt{6} \times \sqrt{30} = \sqrt{6} \times \sqrt{6} \times \sqrt{5}$
$= (\sqrt{6})^2 \times \sqrt{5}$
$= 6\sqrt{5}$

2章

平方根

問 9　次の計算をしなさい。

教科書 p.56

(1)　$\sqrt{3} \div \sqrt{5}$　　　　　　　(2)　$\sqrt{12} \div \sqrt{5}$

(3)　$7\sqrt{2} \div (-\sqrt{63})$　　　　(4)　$\sqrt{80} \div \sqrt{15}$

教科書 p.243 ③⑤
（ガイド p.270）

考え方　$\sqrt{a} \div \sqrt{b} = \dfrac{\sqrt{a}}{\sqrt{b}}$ と計算し，分母を有理化して答えます。

解答

(1)　$\sqrt{3} \div \sqrt{5} = \dfrac{\sqrt{3}}{\sqrt{5}}$

$= \dfrac{\sqrt{3} \times \sqrt{5}}{\sqrt{5} \times \sqrt{5}}$

$= \dfrac{\sqrt{15}}{5}$

(2)　$\sqrt{12} \div \sqrt{5} = \dfrac{\sqrt{12}}{\sqrt{5}}$

$= \dfrac{2\sqrt{3}}{\sqrt{5}}$

$= \dfrac{2\sqrt{3} \times \sqrt{5}}{\sqrt{5} \times \sqrt{5}}$

$= \dfrac{2\sqrt{15}}{5}$

(3)　$7\sqrt{2} \div (-\sqrt{63}) = -\dfrac{7\sqrt{2}}{\sqrt{63}}$

$= -\dfrac{7\sqrt{2}}{3\sqrt{7}}$

$= -\dfrac{7\sqrt{2} \times \sqrt{7}}{3\sqrt{7} \times \sqrt{7}}$

$= -\dfrac{7\sqrt{14}}{3 \times 7}$

$= -\dfrac{\sqrt{14}}{3}$

(4)　$\sqrt{80} \div \sqrt{15} = \dfrac{\sqrt{80}}{\sqrt{15}}$

$= \dfrac{4\sqrt{5}}{\sqrt{15}}$

$= \dfrac{4\sqrt{5}}{\sqrt{5} \times \sqrt{3}}$

$= \dfrac{4}{\sqrt{3}}$

$= \dfrac{4 \times \sqrt{3}}{\sqrt{3} \times \sqrt{3}}$

$= \dfrac{4\sqrt{3}}{3}$

別解　(4)　根号の中を先に約分して求めることもできる。

$$\sqrt{80} \div \sqrt{15} = \sqrt{\dfrac{80}{15}} = \sqrt{\dfrac{16}{3}} = \dfrac{4}{\sqrt{3}} = \dfrac{4 \times \sqrt{3}}{\sqrt{3} \times \sqrt{3}} = \dfrac{4\sqrt{3}}{3}$$

2　根号をふくむ式の加減

Q　a，b が正の数のとき，$\sqrt{a} + \sqrt{b}$ は $\sqrt{a+b}$ と計算してもよいでしょうか。

教科書 p.57

❶ a，b が次の値のとき，$\sqrt{a} + \sqrt{b}$ と $\sqrt{a+b}$ の値を比べてみましょう。

(1)　$a = 9$，$b = 16$　　　　　(2)　$a = 2$，$b = 3$

❷ ❶で調べたことから $\sqrt{a} + \sqrt{b}$ は $\sqrt{a+b}$ と計算してもよいといえるでしょうか。

❸ はるかさんは，正方形をかいて調べようとしています。この図を使って

$\sqrt{a} + \sqrt{b}$ を $\sqrt{a+b}$ と計算してもよいかどうか説明してみましょう。

解答 ❶(1) 　$\sqrt{a} + \sqrt{b} = \sqrt{9} + \sqrt{16}$ 　　　　　　$\sqrt{a+b} = \sqrt{9+16}$

　　　　　　　　　　　$= 3 + 4$ 　　　　　　　　　　　$= \sqrt{25}$

　　　　　　　　　　　$= 7$ 　　　　　　　　　　　　$= 5$

　　(2) 　$\sqrt{a} + \sqrt{b} = \sqrt{2} + \sqrt{3}$ 　　　　　　$\sqrt{a+b} = \sqrt{2+3}$

　　　　　　　　　　　$\fallingdotseq 1.414 + 1.732$ 　　　　　　$= \sqrt{5}$

　　　　　　　　　　　$= 3.146$ 　　　　　　　　　　　$= 2.236$

　(1)，(2)どちらも，$\sqrt{a} + \sqrt{b}$ と $\sqrt{a+b}$ の値は等しくない。

❷ $\sqrt{a} + \sqrt{b}$ は $\sqrt{a+b}$ と計算してよいとはいえない。

❸ $a = 2$，$b = 3$ として，$\sqrt{2} + \sqrt{3}$ と $\sqrt{2+3}$ を2乗して比べてみよう。

　$(\sqrt{2} + \sqrt{3})^2$ は1辺が $\sqrt{2} + \sqrt{3}$ の正方形の面積で，右の図
のように

　　　　$2 + \sqrt{6} + 3 + \sqrt{6} = 5 + 2\sqrt{6}$

となる。また

　　　　$(\sqrt{2+3})^2 = (\sqrt{5})^2 = 5 \leftarrow (\sqrt{a})^2 = a$

となる。2乗した値が等しくないから

　　　　$\sqrt{2} + \sqrt{3}$ と $\sqrt{2+3}$ は等しくない。

したがって，$\sqrt{2} + \sqrt{3}$ は $\sqrt{2+3}$ と計算してはいけない。

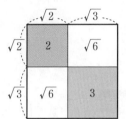

Q 右の図の正方形ABCDは，面積が2cm²の正方形
を4つ並べてできたものです。
正方形ABCDの1辺の長さをいろいろな考え方
で表してみましょう。どんなことがわかるでしょ
うか。

教科書 p.58

解答 **ひろとさん**

　　面積が2cm²の正方形の1辺は $\sqrt{2}$ cm となる。したがって，正方形ABCDの1辺ABは

　　AB = AE ＋ EB だから

　　　　AB = $\sqrt{2} + \sqrt{2}$ (cm)

はるかさん

　　正方形ABCDの面積は　　$2 \times 4 = 8$ (cm²)

　　したがって，ABは面積8cm²の正方形の1辺だから

　　　　AB = $\sqrt{8}$ cm

　$\sqrt{8} = 2\sqrt{2}$ だから

　　　　AB = $2\sqrt{2}$ (cm)

　$\sqrt{2} + \sqrt{2}$ も $2\sqrt{2}$ もどちらも正方形ABCDの面積を表しているから

　　　　$\sqrt{2} + \sqrt{2} = 2\sqrt{2}$

2章

平方根

問1

次の計算をしなさい。

（1） $6\sqrt{6} + 2\sqrt{6}$

（2） $2\sqrt{3} + 5\sqrt{3}$

（3） $6\sqrt{5} - 2\sqrt{5}$

（4） $4\sqrt{5} - \sqrt{5}$

（5） $5\sqrt{7} - 4\sqrt{7}$

（6） $2\sqrt{10} - 6\sqrt{10} + 7\sqrt{10}$

教科書 p.58

◉ 教科書 p.243 ㊱
（ガイドp.270）

考え方 同じ数の平方根を同類項とみて，同類項をまとめるのと同じようにして計算します。

解答

（1） $6\sqrt{6} + 2\sqrt{6} = (6+2)\sqrt{6}$
$= 8\sqrt{6}$

（2） $2\sqrt{3} + 5\sqrt{3} = (2+5)\sqrt{3}$
$= 7\sqrt{3}$

（3） $6\sqrt{5} - 2\sqrt{5} = (6-2)\sqrt{5}$
$= 4\sqrt{5}$

（4） $4\sqrt{5} - \sqrt{5} = (4-1)\sqrt{5}$
$= 3\sqrt{5}$

（5） $5\sqrt{7} - 4\sqrt{7} = (5-4)\sqrt{7}$
$= \sqrt{7}$

（6） $2\sqrt{10} - 6\sqrt{10} + 7\sqrt{10} = (2-6+7)\sqrt{10}$
$= 3\sqrt{10}$

問2

次の計算をしなさい。

（1） $7\sqrt{5} + 5\sqrt{3} - 2\sqrt{5} - 3\sqrt{3}$

（2） $2\sqrt{7} - 6\sqrt{5} + 3\sqrt{5} + 2\sqrt{7}$

（3） $2\sqrt{6} - \sqrt{3} - 8\sqrt{6}$

（4） $3\sqrt{7} - 3 - 2\sqrt{7} + 2$

教科書 p.59

◉ 教科書 p.243 ㊲
（ガイドp.271）

考え方 同じ数の平方根を同類項とみて，同類項をまとめるのと同じようにして計算します。

解答

（1） $7\sqrt{5} + 5\sqrt{3} - 2\sqrt{5} - 3\sqrt{3}$
$= 7\sqrt{5} - 2\sqrt{5} + 5\sqrt{3} - 3\sqrt{3}$
$= (7-2)\sqrt{5} + (5-3)\sqrt{3}$
$= 5\sqrt{5} + 2\sqrt{3}$

（2） $2\sqrt{7} - 6\sqrt{5} + 3\sqrt{5} + 2\sqrt{7}$
$= 2\sqrt{7} + 2\sqrt{7} - 6\sqrt{5} + 3\sqrt{5}$
$= (2+2)\sqrt{7} + (-6+3)\sqrt{5}$
$= 4\sqrt{7} - 3\sqrt{5}$

（3） $2\sqrt{6} - \sqrt{3} - 8\sqrt{6}$
$= 2\sqrt{6} - 8\sqrt{6} - \sqrt{3}$
$= (2-8)\sqrt{6} - \sqrt{3}$
$= -6\sqrt{6} - \sqrt{3}$

（4） $3\sqrt{7} - 3 - 2\sqrt{7} + 2$
$= 3\sqrt{7} - 2\sqrt{7} - 3 + 2$
$= (3-2)\sqrt{7} - 3 + 2$
$= \sqrt{7} - 1$

根号の中の数が異なるときは，これ以上まとめて簡単にすることはできません。

問 3 次の計算をしなさい。

教科書 p.59

● 教科書 p.243 38
（ガイドp.271）

(1) $\sqrt{12} + \sqrt{75}$ (2) $\sqrt{18} + \sqrt{50}$

(3) $\sqrt{108} - \sqrt{48}$ (4) $5\sqrt{12} - 3\sqrt{27}$

(5) $\sqrt{48} + \sqrt{18} - \sqrt{27}$ (6) $3\sqrt{5} - \sqrt{20} + \sqrt{45}$

考え方 根号の中ができるだけ小さい自然数になるように変形してから計算します。

解答

(1) $\sqrt{12} + \sqrt{75} = 2\sqrt{3} + 5\sqrt{3}$
$$= 7\sqrt{3}$$

(2) $\sqrt{18} + \sqrt{50} = 3\sqrt{2} + 5\sqrt{2}$
$$= 8\sqrt{2}$$

(3) $\sqrt{108} - \sqrt{48} = 6\sqrt{3} - 4\sqrt{3}$
$$= 2\sqrt{3}$$

(4) $5\sqrt{12} - 3\sqrt{27} = 5 \times 2\sqrt{3} - 3 \times 3\sqrt{3}$
$$= 10\sqrt{3} - 9\sqrt{3}$$
$$= \sqrt{3}$$

(5) $\sqrt{48} + \sqrt{18} - \sqrt{27}$
$$= 4\sqrt{3} + 3\sqrt{2} - 3\sqrt{3}$$
$$= 4\sqrt{3} - 3\sqrt{3} + 3\sqrt{2}$$
$$= \sqrt{3} + 3\sqrt{2}$$

(6) $3\sqrt{5} - \sqrt{20} + \sqrt{45}$
$$= 3\sqrt{5} - 2\sqrt{5} + 3\sqrt{5}$$
$$= (3 - 2 + 3)\sqrt{5}$$
$$= 4\sqrt{5}$$

問 4 次の計算をしなさい。

教科書 p.59

● 教科書 p.243 39
（ガイドp.271）

(1) $3\sqrt{5} - \dfrac{10}{\sqrt{5}}$ (2) $\sqrt{45} + \dfrac{1}{\sqrt{5}}$

(3) $2\sqrt{60} - \sqrt{\dfrac{5}{3}}$ (4) $\sqrt{3} + \sqrt{27} - \dfrac{12}{\sqrt{3}}$

考え方 分母を有理化してから計算します。

解答

(1) $3\sqrt{5} - \dfrac{10}{\sqrt{5}} = 3\sqrt{5} - \dfrac{10 \times \sqrt{5}}{\sqrt{5} \times \sqrt{5}}$
$$= 3\sqrt{5} - \dfrac{10\sqrt{5}}{5}$$
$$= 3\sqrt{5} - 2\sqrt{5}$$
$$= \sqrt{5}$$

(2) $\sqrt{45} + \dfrac{1}{\sqrt{5}} = 3\sqrt{5} + \dfrac{\sqrt{5}}{\sqrt{5} \times \sqrt{5}}$
$$= 3\sqrt{5} + \dfrac{\sqrt{5}}{5}$$
$$= \dfrac{15\sqrt{5}}{5} + \dfrac{\sqrt{5}}{5}$$
$$= \dfrac{16\sqrt{5}}{5}$$

(3) $2\sqrt{60} - \sqrt{\dfrac{5}{3}} = 2 \times 2\sqrt{15} - \dfrac{\sqrt{5} \times \sqrt{3}}{\sqrt{3} \times \sqrt{3}}$
$$= 4\sqrt{15} - \dfrac{\sqrt{15}}{3}$$
$$= \dfrac{12\sqrt{15}}{3} - \dfrac{\sqrt{15}}{3}$$
$$= \dfrac{11\sqrt{15}}{3}$$

(4) $\sqrt{3} + \sqrt{27} - \dfrac{12}{\sqrt{3}}$
$$= \sqrt{3} + 3\sqrt{3} - \dfrac{12 \times \sqrt{3}}{\sqrt{3} \times \sqrt{3}}$$
$$= \sqrt{3} + 3\sqrt{3} - \dfrac{12\sqrt{3}}{3}$$
$$= \sqrt{3} + 3\sqrt{3} - 4\sqrt{3}$$
$$= 0$$

2章

平方根

③ 根号をふくむ式のいろいろな計算

問1　次の計算をしなさい。

(1) $\sqrt{2}(1+\sqrt{10})$

(2) $2\sqrt{3}(\sqrt{12}-\sqrt{6})$

(3) $\sqrt{5}(2\sqrt{35}-\sqrt{15})$

(4) $\sqrt{2}(-\sqrt{10}+\sqrt{14})$

教科書 p.60

● 教科書 p.243 ⑩（ガイドp.271）

考え方　分配法則を使って計算します。

$$a(b+c)=ab+ac$$

解答

(1) $\sqrt{2}(1+\sqrt{10})$
$= \sqrt{2}\times1+\sqrt{2}\times\sqrt{10}$
$= \sqrt{2}+\sqrt{2}\times(\sqrt{2}\times\sqrt{5})$
$= \sqrt{2}+2\sqrt{5}$

(2) $2\sqrt{3}(\sqrt{12}-\sqrt{6})$
$= 2\sqrt{3}(2\sqrt{3}-\sqrt{6})$
$= (2\sqrt{3})^2-2\sqrt{3}\times\sqrt{6}$
$= 12-2\sqrt{3}\times\sqrt{2}\times\sqrt{3}$
$= 12-6\sqrt{2}$

(3) $\sqrt{5}(2\sqrt{35}-\sqrt{15})$
$= \sqrt{5}\times2\sqrt{35}-\sqrt{5}\times\sqrt{15}$
$= \sqrt{5}\times2\times\sqrt{5}\times\sqrt{7}-\sqrt{5}\times\sqrt{3}\times\sqrt{5}$
$= 10\sqrt{7}-5\sqrt{3}$

(4) $\sqrt{2}(-\sqrt{10}+\sqrt{14})$
$= -\sqrt{2}\times\sqrt{10}+\sqrt{2}\times\sqrt{14}$
$= -\sqrt{2}\times\sqrt{2}\times\sqrt{5}+\sqrt{2}\times\sqrt{2}\times\sqrt{7}$
$= -2\sqrt{5}+2\sqrt{7}$

レベルアップ　次のようにして計算することもできる。

(2) $2\sqrt{3}(\sqrt{12}-\sqrt{6})=2\sqrt{3}\times\sqrt{3}(2-\sqrt{2})=6(2-\sqrt{2})=12-6\sqrt{2}$

(3) $\sqrt{5}(2\sqrt{35}-\sqrt{15})=\sqrt{5}\times\sqrt{5}(2\sqrt{7}-\sqrt{3})=5(2\sqrt{7}-\sqrt{3})=10\sqrt{7}-5\sqrt{3}$

(4) $\sqrt{2}(-\sqrt{10}+\sqrt{14})=\sqrt{2}\times\sqrt{2}(-\sqrt{5}+\sqrt{7})=2(-\sqrt{5}+\sqrt{7})$
$= -2\sqrt{5}+2\sqrt{7}$

問2　次の計算をしなさい。

(1) $(2\sqrt{2}+1)(\sqrt{2}-2)$

(2) $(\sqrt{5}+2)(\sqrt{5}+1)$

(3) $(\sqrt{3}+\sqrt{2})^2$

(4) $(2\sqrt{2}-1)^2$

(5) $(\sqrt{7}+\sqrt{2})(\sqrt{7}-\sqrt{2})$

教科書 p.60

● 教科書 p.243 ⑪（ガイドp.271）

考え方　(1) 分配法則を使って計算します。
(2)～(5) 乗法公式を使って計算します。

乗法公式

①　$(x+a)(x+b)=x^2+(a+b)x+ab$

②　$(x+a)^2=x^2+2ax+a^2$

③　$(x-a)^2=x^2-2ax+a^2$

④　$(x+a)(x-a)=x^2-a^2$

解答 (1) $(2\sqrt{2}+1)(\sqrt{2}-2)$

$\quad = 2\sqrt{2}\times\sqrt{2}+2\sqrt{2}\times(-2)+1\times\sqrt{2}+1\times(-2)$

$\quad = 4-4\sqrt{2}+\sqrt{2}-2$

$\quad = 2-3\sqrt{2}$

(2) $(\sqrt{5}+2)(\sqrt{5}+1)$

$\quad = (\sqrt{5})^2+(2+1)\sqrt{5}+2\times1$　乗法公式①

$\quad = 5+3\sqrt{5}+2$

$\quad = 7+3\sqrt{5}$

(3) $(\sqrt{3}+\sqrt{2})^2$

$\quad = (\sqrt{3})^2+2\times\sqrt{2}\times\sqrt{3}+(\sqrt{2})^2$　乗法公式②

$\quad = 3+2\sqrt{6}+2$

$\quad = 5+2\sqrt{6}$

(4) $(2\sqrt{2}-1)^2$

$\quad = (2\sqrt{2})^2-2\times1\times2\sqrt{2}+1^2$　乗法公式③

$\quad = 8-4\sqrt{2}+1$

$\quad = 9-4\sqrt{2}$

(5) $(\sqrt{7}+\sqrt{2})(\sqrt{7}-\sqrt{2})$

$\quad = (\sqrt{7})^2-(\sqrt{2})^2$　乗法公式④

$\quad = 7-2$

$\quad = 5$

問3　右に示した計算はまちがっています。
どこがまちがっていますか。
また，正しく計算しなさい。

教科書 p.60

✕　まちがい例

$(\sqrt{5}-\sqrt{3})^2 = (\sqrt{5})^2-(\sqrt{3})^2$
$\qquad\qquad = 5-3$
$\qquad\qquad = 2$

解答 説明の例

$(x-a)^2$を展開すると，$x^2-2ax+a^2$となるが，x^2-a^2としている。

正しい計算の例

$(\sqrt{5}-\sqrt{3})^2 = (\sqrt{5})^2-2\times\sqrt{3}\times\sqrt{5}+(\sqrt{3})^2$
$\qquad\qquad = 5-2\sqrt{15}+3$
$\qquad\qquad = 8-2\sqrt{15}$

問4　次の計算をしなさい。

(1) $(\sqrt{2}+1)(\sqrt{2}-1)+\sqrt{2}(\sqrt{2}-1)$

(2) $(\sqrt{6}+\sqrt{3})^2-(\sqrt{6}-\sqrt{3})^2$

教科書 p.61

➡ 教科書 p.243 ㊷
（ガイドp.272）

考え方　乗法公式や分配法則を使って計算します。

2章

平方根

65

解答 (1) $(\sqrt{2}+1)(\sqrt{2}-1)+\sqrt{2}(\sqrt{2}-1)$

$= (\sqrt{2})^2-1^2+(\sqrt{2})^2+\sqrt{2}\times(-1)$

$= 2-1+2-\sqrt{2}$

$= 3-\sqrt{2}$

(2) $(\sqrt{6}+\sqrt{3})^2-(\sqrt{6}-\sqrt{3})^2$

$= \{(\sqrt{6})^2+2\times\sqrt{3}\times\sqrt{6}+(\sqrt{3})^2\}-\{(\sqrt{6})^2-2\times\sqrt{3}\times\sqrt{6}+(\sqrt{3})^2\}$

$= (6+2\sqrt{18}+3)-(6-2\sqrt{18}+3)$

$= 6+2\sqrt{18}+3-6+2\sqrt{18}-3$

$= 4\sqrt{18}$

$= 4\times3\sqrt{2}$

$= 12\sqrt{2}$

レベルアップ (2) 因数分解の公式 $\boxed{4}'$ を利用して，式を因数分解してから計算してもよい。

$(\sqrt{6}+\sqrt{3})^2-(\sqrt{6}-\sqrt{3})^2 \;\leftarrow x^2-a^2=(x+a)(x-a)$

$= \{(\sqrt{6}+\sqrt{3})+(\sqrt{6}-\sqrt{3})\}\{(\sqrt{6}+\sqrt{3})-(\sqrt{6}-\sqrt{3})\}$

$= 2\sqrt{6}\times2\sqrt{3}$

$= 2\sqrt{2}\times\sqrt{3}\times2\sqrt{3}$

$= 12\sqrt{2}$

例 3

⇒ $x=\sqrt{3}+2,\; y=\sqrt{3}-2$ のとき，x^2-xy を因数分解してから $x,\; y$ の 値を代入して，式の値を求めなさい。　　　　　　　　　　　 教科書 p.61

解答 $x^2-xy = x(x-y)$

$= (\sqrt{3}+2)\{(\sqrt{3}+2)-(\sqrt{3}-2)\}$

$= (\sqrt{3}+2)(\sqrt{3}+2-\sqrt{3}+2)$

$= (\sqrt{3}+2)\times4$

$= 4\sqrt{3}+8$

問 5

$x=\sqrt{2}+\sqrt{3},\; y=\sqrt{2}-\sqrt{3}$ のとき，次の式の値を求めなさい。　　 教科書 p.61

(1) $x^2+2xy+y^2$ 　　　　　　　　　 (2) x^2-y^2

考え方 式を因数分解してから，$x,\; y$ の値を代入します。

解答 (1) $x^2+2xy+y^2 = (x+y)^2$

$= \{(\sqrt{2}+\sqrt{3})+(\sqrt{2}-\sqrt{3})\}^2$

$= (2\sqrt{2})^2$

$= 8$

(2) $x^2 - y^2 = (x+y)(x-y)$
$= \{(\sqrt{2}+\sqrt{3})+(\sqrt{2}-\sqrt{3})\}\{(\sqrt{2}+\sqrt{3})-(\sqrt{2}-\sqrt{3})\}$
$= 2\sqrt{2} \times 2\sqrt{3}$
$= 4\sqrt{6}$

問6

$a = 3+\sqrt{5}$ のとき，次の式の値を求めなさい。

(1) $a^2 - 6a + 9$ (2) $a^2 - 4a + 3$

教科書 p.61

→ 教科書 p.243 43
（ガイドp.272）

2章

平方根

考え方 式を因数分解してから，aの値を代入します。

解答

(1) $a^2 - 6a + 9$
$= (a-3)^2$
$= \{(3+\sqrt{5})-3\}^2$
$= (\sqrt{5})^2$
$= 5$

(2) $a^2 - 4a + 3$
$= (a-1)(a-3)$
$= \{(3+\sqrt{5})-1\}\{(3+\sqrt{5})-3\}$
$= (2+\sqrt{5}) \times \sqrt{5}$
$= 2\sqrt{5} + 5$

数学のまど いろいろな数の分母の有理化

教科書 p.61

解答 $\dfrac{1}{\sqrt{3}+\sqrt{2}} = \dfrac{1\times(\sqrt{3}-\sqrt{2})}{(\sqrt{3}+\sqrt{2})(\sqrt{3}-\sqrt{2})}$

$= \dfrac{\sqrt{3}-\sqrt{2}}{(\sqrt{3})^2-(\sqrt{2})^2}$

$= \dfrac{\sqrt{3}-\sqrt{2}}{3-2}$

$= \sqrt{3}-\sqrt{2}$

そうたさん…乗法公式④ $(x+a)(x-a) = x^2 - a^2$ を利用して x^2，a^2 が根号のつかない
数になって有理化できるから。

上のような
分母の有理化は
高校で学習するよ。

基 本 の 問 題

教科書 ➡ p.62

1 次の数を $\sqrt{a}$ の形に表しなさい。

(1) $3\sqrt{2}$　　　　(2) $5\sqrt{7}$　　　　(3) $6\sqrt{5}$

考え方 $a\sqrt{b} = \sqrt{a^2 b}$ のようにして，根号の外の数を根号の中に入れます。

解答 (1) $3\sqrt{2} = \sqrt{9} \times \sqrt{2}$　　　(2) $5\sqrt{7} = \sqrt{25} \times \sqrt{7}$　　　(3) $6\sqrt{5} = \sqrt{36} \times \sqrt{5}$
$\quad = \sqrt{9 \times 2}$　　　　　　$\quad = \sqrt{25 \times 7}$　　　　　$\quad = \sqrt{36 \times 5}$
$\quad = \sqrt{18}$　　　　　　　$\quad = \sqrt{175}$　　　　　　$\quad = \sqrt{180}$

2 次の数を $a\sqrt{b}$ の形に表しなさい。

(1) $\sqrt{24}$　　　　(2) $\sqrt{48}$　　　　(3) $\sqrt{50}$

考え方 根号の中の数が，ある数の2乗との積になっているときは，$\sqrt{a^2 b} = a\sqrt{b}$ と変形できます。

解答 (1) $\sqrt{24} = \sqrt{4 \times 6}$　　　　(2) $\sqrt{48} = \sqrt{16 \times 3}$　　　　(3) $\sqrt{50} = \sqrt{25 \times 2}$
$\quad = \sqrt{4} \times \sqrt{6}$　　　　$\quad = \sqrt{16} \times \sqrt{3}$　　　　$\quad = \sqrt{25} \times \sqrt{2}$
$\quad = 2\sqrt{6}$　　　　　　$\quad = 4\sqrt{3}$　　　　　　$\quad = 5\sqrt{2}$

3 次の数の分母を有理化しなさい。

(1) $\dfrac{3}{\sqrt{2}}$　　　　(2) $\dfrac{\sqrt{5}}{\sqrt{7}}$　　　　(3) $\dfrac{9}{2\sqrt{3}}$

考え方 分母にある根号がついた数を，分母と分子にかけて分母を有理化します。

解答 (1) $\dfrac{3}{\sqrt{2}} = \dfrac{3 \times \sqrt{2}}{\sqrt{2} \times \sqrt{2}}$　　(2) $\dfrac{\sqrt{5}}{\sqrt{7}} = \dfrac{\sqrt{5} \times \sqrt{7}}{\sqrt{7} \times \sqrt{7}}$　　(3) $\dfrac{9}{2\sqrt{3}} = \dfrac{9 \times \sqrt{3}}{2\sqrt{3} \times \sqrt{3}}$

$\quad = \dfrac{3\sqrt{2}}{2}$　　　　　　$\quad = \dfrac{\sqrt{35}}{7}$　　　　　$\quad = \dfrac{9 \times \sqrt{3}}{2 \times 3}$

$\quad\quad\quad = \dfrac{3\sqrt{3}}{2}$

4 次の計算をしなさい。

(1) $\sqrt{32} \times \sqrt{20}$　　　　　　(2) $\sqrt{6} \times \sqrt{42}$

(3) $2\sqrt{15} \times 3\sqrt{3}$　　　　　(4) $\sqrt{3} \div \sqrt{10}$

(5) $3\sqrt{5} \div \sqrt{32}$　　　　　　(6) $\sqrt{50} \div \sqrt{6}$

考え方 次のように計算します。

　　①　$\sqrt{a} \times \sqrt{b} = \sqrt{ab}$　　②　$\sqrt{a} \div \sqrt{b} = \sqrt{\dfrac{a}{b}}$

根号の中の数は，できるだけ簡単にしてから計算します。

解答 (1) $\sqrt{32} \times \sqrt{20} = 4\sqrt{2} \times 2\sqrt{5}$
$\qquad = 4 \times 2 \times \sqrt{2} \times \sqrt{5}$
$\qquad = 8\sqrt{10}$

(2) $\sqrt{6} \times \sqrt{42} = \sqrt{6} \times \sqrt{6 \times 7}$
$\qquad = \sqrt{6} \times \sqrt{6} \times \sqrt{7}$
$\qquad = 6\sqrt{7}$

(3) $2\sqrt{15} \times 3\sqrt{3} = 2 \times 3 \times \sqrt{15} \times \sqrt{3}$
$\qquad = 6 \times \sqrt{5} \times \sqrt{3} \times \sqrt{3}$
$\qquad = 6 \times 3 \times \sqrt{5}$
$\qquad = 18\sqrt{5}$

(4) $\sqrt{3} \div \sqrt{10} = \dfrac{\sqrt{3}}{\sqrt{10}}$
$\qquad = \dfrac{\sqrt{3} \times \sqrt{10}}{\sqrt{10} \times \sqrt{10}}$
$\qquad = \dfrac{\sqrt{30}}{10}$

(5) $3\sqrt{5} \div \sqrt{32} = 3\sqrt{5} \div 4\sqrt{2}$
$\qquad = \dfrac{3\sqrt{5}}{4\sqrt{2}}$
$\qquad = \dfrac{3\sqrt{5} \times \sqrt{2}}{4\sqrt{2} \times \sqrt{2}}$
$\qquad = \dfrac{3\sqrt{10}}{8}$

(6) $\sqrt{50} \div \sqrt{6} = \sqrt{\dfrac{50}{6}}$
$\qquad = \sqrt{\dfrac{25}{3}}$
$\qquad = \dfrac{5}{\sqrt{3}}$
$\qquad = \dfrac{5 \times \sqrt{3}}{\sqrt{3} \times \sqrt{3}}$
$\qquad = \dfrac{5\sqrt{3}}{3}$

5 次の計算をしなさい。

(1) $8\sqrt{2} + 4\sqrt{2}$

(2) $8\sqrt{3} - 5\sqrt{3}$

(3) $4\sqrt{5} + 3\sqrt{7} - 2\sqrt{5} + \sqrt{7}$

(4) $4\sqrt{3} - 3\sqrt{6} - \sqrt{3} + 2\sqrt{6}$

(5) $\sqrt{32} + \sqrt{8}$

(6) $\sqrt{45} - \sqrt{80}$

(7) $-\sqrt{2} + 5\sqrt{8} + \sqrt{50}$

(8) $\sqrt{12} - \sqrt{27} + \dfrac{1}{\sqrt{3}}$

考え方 同じ数の平方根をふくんだ式は，同類項をまとめるのと同じようにして計算します。

解答 (1) $8\sqrt{2} + 4\sqrt{2}$
$= (8 + 4)\sqrt{2}$
$= 12\sqrt{2}$

(2) $8\sqrt{3} - 5\sqrt{3}$
$= (8 - 5)\sqrt{3}$
$= 3\sqrt{3}$

(3) $4\sqrt{5} + 3\sqrt{7} - 2\sqrt{5} + \sqrt{7}$
$= (4 - 2)\sqrt{5} + (3 + 1)\sqrt{7}$
$= 2\sqrt{5} + 4\sqrt{7}$

(4) $4\sqrt{3} - 3\sqrt{6} - \sqrt{3} + 2\sqrt{6}$
$= (4 - 1)\sqrt{3} + (-3 + 2)\sqrt{6}$
$= 3\sqrt{3} - \sqrt{6}$

(5) $\sqrt{32} + \sqrt{8}$
$= 4\sqrt{2} + 2\sqrt{2}$
$= (4 + 2)\sqrt{2}$
$= 6\sqrt{2}$

(6) $\sqrt{45} - \sqrt{80}$
$= 3\sqrt{5} - 4\sqrt{5}$
$= (3 - 4)\sqrt{5}$
$= -\sqrt{5}$

(7)　$-\sqrt{2}+5\sqrt{8}+\sqrt{50}$

$\quad =-\sqrt{2}+5\times 2\sqrt{2}+5\sqrt{2}$

$\quad =-\sqrt{2}+10\sqrt{2}+5\sqrt{2}$

$\quad =(-1+10+5)\sqrt{2}$

$\quad =14\sqrt{2}$

(8)　$\sqrt{12}-\sqrt{27}+\dfrac{1}{\sqrt{3}}$

$\quad =2\sqrt{3}-3\sqrt{3}+\dfrac{1\times\sqrt{3}}{\sqrt{3}\times\sqrt{3}}$

$\quad =2\sqrt{3}-3\sqrt{3}+\dfrac{\sqrt{3}}{3}$

$\quad =\left(2-3+\dfrac{1}{3}\right)\sqrt{3}$

$\quad =-\dfrac{2\sqrt{3}}{3}$

6　次の計算をしなさい。

(1)　$\sqrt{5}(\sqrt{10}-1)$

(2)　$(\sqrt{7}-\sqrt{3})^2$

(3)　$(\sqrt{5}+2)(\sqrt{5}-2)$

(4)　$(\sqrt{6}+\sqrt{2})(\sqrt{6}-\sqrt{2})$

考え方　分配法則や乗法公式を使って計算します。

解答　(1)　$\sqrt{5}(\sqrt{10}-1)$

$\qquad a(b+c)=ab+ac$

$\quad =\sqrt{5}\times\sqrt{10}-\sqrt{5}\times 1$

$\quad =\sqrt{5}\times\sqrt{5}\times\sqrt{2}-\sqrt{5}$

$\quad =5\sqrt{2}-\sqrt{5}$

(2)　$(\sqrt{7}-\sqrt{3})^2$

$\qquad (x-a)^2=x^2-2ax+a^2$

$\quad =(\sqrt{7})^2-2\times\sqrt{3}\times\sqrt{7}+(\sqrt{3})^2$

$\quad =7-2\sqrt{21}+3$

$\quad =10-2\sqrt{21}$

(3)　$(\sqrt{5}+2)(\sqrt{5}-2)$

$\qquad (x+a)(x-a)=x^2-a^2$

$\quad =(\sqrt{5})^2-2^2$

$\quad =5-4$

$\quad =1$

(4)　$(\sqrt{6}+\sqrt{2})(\sqrt{6}-\sqrt{2})$

$\qquad (x+a)(x-a)=x^2-a^2$

$\quad =(\sqrt{6})^2-(\sqrt{2})^2$

$\quad =6-2$

$\quad =4$

3節 平方根の利用

深い学び コピー用紙はどんな長方形？

教科書 ➡ p.63～65

Q B5判のコピー用紙の，短い辺と長い辺の長さの比を調べてみましょう。

❶ B5判の紙 ABCD を下のように折ってみましょう。

どんなことがわかるでしょうか。

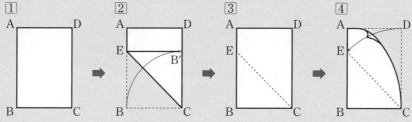

❷ ❶で調べたことから，B5判の紙の，短い辺と長い辺の長さの比 BC：CD を求めるにはどうしたらよいか，話し合ってみましょう。

❸ 右の図の正方形 EBCB′ で，BC ＝ 1 として，CE の長さを求めてみましょう。

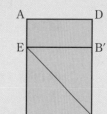

❹ B5判のコピー用紙の短い辺と長い辺の比はどうなりますか。

❺ 学習をふり返ってまとめをしましょう。

❻ B5判の紙を2等分するように半分に切ると，B6判の紙になります。

B6判の紙の，短い辺と長い辺の長さの比を求めてみましょう。

❼ 2枚のB5判の紙を，長い辺が重なるように合わせるとB4判の紙になります。

B4判の紙の短い辺と長い辺の比を求めてみましょう。

解答 ❶ ・CE と長方形の長いほうの辺 CD の長さが等しい。

・長方形の短いほうの辺を1辺とする正方形の対角線の長さと，長方形の長いほうの辺の長さが等しい。

❷ CE は正方形 EBCB′ の対角線になっているから，BC：CD は正方形の1辺の長さと対角線の長さの比を求めればよい。

❸ **ひろとさん**

CE を1辺とする正方形 EIJC をつくると，その面積は，直角二等辺三角形 EBC の4つ分である。

したがって，正方形 EIJC の面積は

$$\left(\frac{1}{2} \times 1 \times 1\right) \times 4 = 2$$

面積2の正方形の1辺は $\sqrt{2}$ だから

$$CE = \sqrt{2}$$

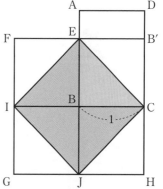

はるかさん

正方形をひし形とみると，その面積は

$$(対角線) \times (対角線) \div 2$$

で求められる。

正方形の対角線の長さは等しいから，$CE = x$ とすると，正方形 $EBCB'$ の面積は

$$x \times x \div 2 = \frac{x^2}{2}$$

正方形 $EBCB'$ の1辺は1だから，その面積は

$$1 \times 1 = 1$$

したがって

$$\frac{x^2}{2} = 1$$

$$x^2 = 2$$

これは，x が2の平方根であることを表しているから

$$x = \pm\sqrt{2}$$

$x > 0$ だから　　$x = \sqrt{2}$

したがって

$$CE = \sqrt{2}$$

❹ $BC = 1$ のとき，$CD = CE = \sqrt{2}$ だから，短い辺と長い辺の比は　$1 : \sqrt{2}$

❺ 省略

❻ B6版の紙の短い辺…$\dfrac{\sqrt{2}}{2}$，長い辺…1だから，B6版の紙では

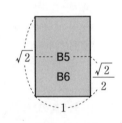

$$(短い辺) : (長い辺) = \frac{\sqrt{2}}{2} : 1$$

$$= \frac{\sqrt{2} \times \sqrt{2}}{2} : \sqrt{2}$$

$$= 1 : \sqrt{2}$$

❼ B4版の紙の短い辺…$\sqrt{2}$，長い辺…2だから，B4版の紙では

$$(短い辺) : (長い辺) = \sqrt{2} : 2$$

$$= 1 : \frac{2}{\sqrt{2}}$$

$$= 1 : \sqrt{2}$$

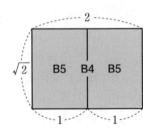

B5版をB4版に拡大するときを考える。

$$(B4版の紙の短い辺) : (B5版の紙の短い辺) = \sqrt{2} : 1$$

だから $\sqrt{2}$ 倍すればよい。$\sqrt{2} = 1.41\cdots$ だから，約1.41倍すなわち141％に拡大すればよい。

141％すなわち1.41は $\sqrt{2}$ の近似値である。

レベルアップ

紙の大きさにはB判のほか，A判がある。

A判の大きさは，次のように決められている。

　　① A0判の紙は，面積が1m²の長方形である。

　　② B判の紙と同じように，次々に長い辺を半分に切っていくと，A1判，A2判，A3判，…の紙になる。

したがって，A判の紙もB判の紙と同じように，短いほうの辺の長さと長いほうの辺の長さの比は$1 : \sqrt{2}$ となる。

また，上の①のことから

　　・B4判の紙の面積はA4判の紙の面積の1.5倍である。

したがって

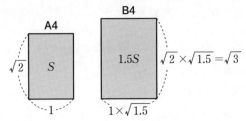

となる。このことから，コピーの倍率を考えてみよう。

短いほうの辺の比を考えると

　　A3版→B4版　　$(B4):(A3) = \sqrt{1.5} : \sqrt{2} = \sqrt{\dfrac{1.5}{2}} : 1 = \sqrt{0.75} : 1$

　　B4版→A3版　　$(A3):(B4) = \sqrt{2} : \sqrt{1.5} = \sqrt{\dfrac{2}{1.5}} : 1 = \sqrt{1.33} : 1$

　　A4版→B4版　　$(B4):(A4) = \sqrt{1.5} : 1$

　　B4版→A4版　　$(A4):(B4) = 1 : \sqrt{1.5} = \sqrt{\dfrac{1}{1.5}} : 1 = \sqrt{0.66} : 1$

　　※$(B4):(A3)$は，B4版の短いほうの辺の長さとA3版の短いほうの辺の長さの比を表す。A3版の短いほうの辺の長さは，A4版の長いほうの辺の長さと等しい。

それぞれの平方根の値を電卓を使って求めると

　　$\sqrt{0.75} = 0.86\cdots,$　$\sqrt{1.33} = 1.15\cdots,$　$\sqrt{1.5} = 1.22\cdots,$　$\sqrt{0.66} = 0.81\cdots$

となり，コピー機に示された倍率と等しくなる。

また，A4版の紙の対角線の長さとB4版の紙の長いほうの辺の長さが等しくなる。

（その長さは，A4版の短いほうの辺の長さを1とすると$\sqrt{3}$ となる。）

身近なところに，$\sqrt{2}$ や$\sqrt{3}$ があるね。

要点チェック

☐平方根	ある数xを2乗するとaになるとき，すなわち，$x^2 = a$であるとき，xをaの**平方根**という。 ① 正の数には平方根が2つあって，絶対値が等しく，符号が異なる。 ② 0の平方根は0だけである。 ・どんな数を2乗しても負の数にはならないから，負の数には平方根はない。
☐平方根の大小	a，bが正の数で，$a < b$ならば，次のことが成り立つ。 $$\sqrt{a} < \sqrt{b}$$
☐有理数と無理数	aを整数，bを0でない整数としたとき，$\dfrac{a}{b}$の形で表すことができる数を**有理数**という。 分数で表すことのできない数を**無理数**という。
☐平方根の積	a，bを正の数とするとき $$\sqrt{a} \times \sqrt{b} = \sqrt{ab}$$
☐平方根の商	a，bを正の数とするとき $$\frac{\sqrt{a}}{\sqrt{b}} = \sqrt{\frac{a}{b}}$$
☐根号の外の数を 　根号の中に入れる	$a\sqrt{b} = \sqrt{a^2 b}$
☐根号の中の数を 　根号の外に出す	$\sqrt{a^2 b} = a\sqrt{b}$
☐分母の有理化	分母に根号がある数は，分母と分子に同じ数をかけて，分母に根号がない形に表すことができる。分母に根号がない形に表すことを，分母を**有理化**するという。
☐根号をふくむ式の 　加減	同じ数の平方根をふくんだ式は，同じ数の平方根を同類項とみて，同類項をまとめるのと同じようにして簡単にすることができる。

✓を入れて，
理解を確認しよう。

章 の 問 題 A

教科書 ➡ p.66

1 次のことは正しいですか。誤りがあれば＿＿の部分を正しくなおしなさい。

(1) 64の平方根は$\underline{8}$である。　　　　　(2) $\sqrt{(-6)^2}$ は$\underline{-6}$に等しい。

(3) $\sqrt{16}$ は$\underline{\pm 4}$である。　　　　　(4) $\sqrt{7} \times \sqrt{7}$ は$\underline{7}$に等しい。

(5) $\sqrt{16} - \sqrt{9}$ は$\underline{\sqrt{7}}$ に等しい。

考え方 (1) 正の数の平方根は，正，負の2つあります。

(2)，(3) aが正の数のとき，$\sqrt{a}$ はaの平方根のうち正のほうです。

(4) aが正の数のとき　　$\sqrt{a} \times \sqrt{a} = (\sqrt{a})^2 = a$

解答 (1) 正しくない　± 8　　　　　(2) 正しくない　6

(3) 正しくない　4　　　　　　　(4) 正しい

(5) 正しくない　1　$(\sqrt{16} - \sqrt{9} = 4 - 3 = 1)$

2 nは0から4までの整数とします。$\sqrt{n}$ が無理数になるときのnの値をすべていいなさい。

考え方 nが自然数のときの$\sqrt{n}$ は，nが自然数の2乗になっているとき以外は無理数です。

$0 = 0^2$，$1 = 1^2$，$4 = 2^2$です。

解答　　　　$n = 0$のとき　$\sqrt{n} = \sqrt{0} = 0$

　　　　　　$n = 1$のとき　$\sqrt{n} = \sqrt{1} = 1$

　　　　　　$n = 2$のとき　$\sqrt{n} = \sqrt{2}$

　　　　　　$n = 3$のとき　$\sqrt{n} = \sqrt{3}$

　　　　　　$n = 4$のとき　$\sqrt{n} = \sqrt{4} = 2$

したがって，$\sqrt{n}$ が無理数になるときのnの値は

　　2，3

3 次の各組の数の大小を，不等号を使って表しなさい。

(1) 3，$\sqrt{11}$　　　　　　　　(2) -6，$-\sqrt{38}$，$-\sqrt{35}$

考え方 それぞれの数を2乗して考えよう。

負の数では，絶対値が大きいほど小さくなります。

解答 (1) $3^2 = 9$，$(\sqrt{11})^2 = 11$で，$9 < 11$だから

　　　　　　$\sqrt{9} < \sqrt{11}$

　　　すなわち　　$3 < \sqrt{11}$

(2) $6^2 = 36$，$(\sqrt{38})^2 = 38$，$(\sqrt{35})^2 = 35$で，$35 < 36 < 38$だから

　　　　　　$\sqrt{35} < \sqrt{36} < \sqrt{38}$

　　　すなわち　$\sqrt{35} < 6 < \sqrt{38}$

　　　したがって　　$-\sqrt{38} < -6 < -\sqrt{35}$

2章

平方根

4 次の計算をしなさい。

(1) $\sqrt{7} \times \sqrt{56}$

(2) $\sqrt{80} \times \sqrt{12}$

(3) $\sqrt{42} \div \sqrt{14}$

(4) $10 \div \sqrt{15}$

(5) $2\sqrt{7} + 5\sqrt{7}$

(6) $5\sqrt{5} + \sqrt{3} - 3\sqrt{5} + 4\sqrt{3}$

(7) $\sqrt{18} - \sqrt{2}$

(8) $\sqrt{112} - \sqrt{28} + \sqrt{7}$

(9) $\dfrac{15}{\sqrt{5}} - \dfrac{\sqrt{20}}{4}$

(10) $\sqrt{3}(\sqrt{12} + 2\sqrt{18})$

(11) $(\sqrt{5} + 1)(\sqrt{5} + 4)$

(12) $(\sqrt{6} - \sqrt{2})^2$

考え方 (1), (2) 根号の中の数は，なるべく小さい自然数にしてから計算しよう。

(3), (4) $\sqrt{a} \div \sqrt{b} = \dfrac{\sqrt{a}}{\sqrt{b}} = \sqrt{\dfrac{a}{b}}$

(4) 分母を有理化して答えよう。

(5)〜(9) 同じ数の平方根を同類項とみて，同類項をまとめるのと同じようにして計算します。

(10)〜(12) 分配法則や乗法公式を使って計算します。

解答 (1) $\sqrt{7} \times \sqrt{56} = \sqrt{7} \times \sqrt{7} \times \sqrt{8}$
$= (\sqrt{7})^2 \times 2\sqrt{2}$
$= 7 \times 2\sqrt{2}$
$= 14\sqrt{2}$

(2) $\sqrt{80} \times \sqrt{12} = 4\sqrt{5} \times 2\sqrt{3}$
$= 4 \times 2 \times \sqrt{5} \times \sqrt{3}$
$= 8\sqrt{15}$

(3) $\sqrt{42} \div \sqrt{14} = \dfrac{\sqrt{42}}{\sqrt{14}}$
$= \sqrt{\dfrac{42}{14}}$
$= \sqrt{3}$

(4) $10 \div \sqrt{15} = \dfrac{10}{\sqrt{15}}$
$= \dfrac{10 \times \sqrt{15}}{\sqrt{15} \times \sqrt{15}}$
$= \dfrac{10\sqrt{15}}{15}$
$= \dfrac{2\sqrt{15}}{3}$

(5) $2\sqrt{7} + 5\sqrt{7} = (2+5)\sqrt{7}$
$= 7\sqrt{7}$

(6) $5\sqrt{5} + \sqrt{3} - 3\sqrt{5} + 4\sqrt{3}$
$= (5-3)\sqrt{5} + (1+4)\sqrt{3}$
$= 2\sqrt{5} + 5\sqrt{3}$

(7) $\sqrt{18} - \sqrt{2} = 3\sqrt{2} - \sqrt{2}$
$= (3-1)\sqrt{2}$
$= 2\sqrt{2}$

(8) $\sqrt{112} - \sqrt{28} + \sqrt{7} = 4\sqrt{7} - 2\sqrt{7} + \sqrt{7}$
$= (4-2+1)\sqrt{7}$
$= 3\sqrt{7}$

(9)
$$\frac{15}{\sqrt{5}} - \frac{\sqrt{20}}{4} = \frac{15 \times \sqrt{5}}{\sqrt{5} \times \sqrt{5}} - \frac{2\sqrt{5}}{4}$$
$$= \frac{15\sqrt{5}}{5} - \frac{\sqrt{5}}{2}$$
$$= 3\sqrt{5} - \frac{\sqrt{5}}{2}$$
$$= \frac{5\sqrt{5}}{2}$$

(10)
$$\sqrt{3}\,(\sqrt{12} + 2\sqrt{18})$$
$$= \sqrt{3}\,(2\sqrt{3} + 2 \times 3\sqrt{2}\,)$$
$$= \sqrt{3}\,(2\sqrt{3} + 6\sqrt{2}\,)$$
$$= \sqrt{3} \times 2\sqrt{3} + \sqrt{3} \times 6\sqrt{2}$$
$$= 6 + 6\sqrt{6}$$

(11)
$$(\sqrt{5} + 1)(\sqrt{5} + 4)$$
$$= (\sqrt{5}\,)^2 + (1+4)\sqrt{5} + 1 \times 4$$
$$= 5 + 5\sqrt{5} + 4$$
$$= 9 + 5\sqrt{5}$$

(12)
$$(\sqrt{6} - \sqrt{2}\,)^2$$
$$= (\sqrt{6}\,)^2 - 2 \times \sqrt{2} \times \sqrt{6} + (\sqrt{2}\,)^2$$
$$= 6 - 2 \times \sqrt{2} \times \sqrt{2} \times \sqrt{3} + 2$$
$$= 6 - 4\sqrt{3} + 2$$
$$= 8 - 4\sqrt{3}$$

2章 平方根

---

5 $\sqrt{63n}$ が自然数になるような自然数 n のうちで，もっとも小さい値を求めなさい。

また，そのときの $\sqrt{63n}$ の値を求めなさい。

考え方 $63n$ がある数の2乗になればよい。63を素因数分解して考えよう。

解答 $63 = 3^2 \times 7$ だから，$n = 7$ であれば
$$63n = (3^2 \times 7) \times 7 = 3^2 \times 7^2 = (3 \times 7)^2 = 21^2$$
となり
$$\sqrt{63n} = \sqrt{21^2} = 21$$
となる。

答　n の値　7，$\sqrt{63n}$ の値　21

---

6 体積が600cm³，高さが10cmの正四角柱があります。

この正四角柱の底面の1辺の長さを a cm とします。

$n < a < n+1$ とするとき，n にあてはまる整数を求めなさい。

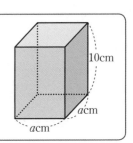

考え方 (角柱の体積) ＝ (底面積) × (高さ) を使って，a の値を求めます。

解答 この正四角柱の底面の1辺の長さが a cm，高さが10cmだから，体積は
$$a^2 \times 10 = 10a^2 \,(\text{cm}^3)$$
$10a^2 = 600$ より
$$a^2 = 60$$
a は60の平方根のうち正のほうだから　$a = \sqrt{60}$
$49 < 60 < 64$ より　$\sqrt{49} < \sqrt{60} < \sqrt{64}$
すなわち　$7 < \sqrt{60} < 8$
よって，$n < a < n+1$ とするとき，n にあてはまる整数は　7

章 の 問 題 B

教科書 ➡ p.67〜68

1 次の計算をしなさい。

(1) $\sqrt{75} \div 5\sqrt{2} \times \sqrt{6}$

(2) $2\sqrt{5} - \sqrt{15} \times \sqrt{3}$

(3) $\dfrac{8}{\sqrt{2}} - 2\sqrt{6} \times \sqrt{12}$

(4) $(\sqrt{5}+1)^2 - \dfrac{10}{\sqrt{5}}$

(5) $(\sqrt{3}-\sqrt{2})^2 - (\sqrt{7}-\sqrt{3})(\sqrt{7}+\sqrt{3})$

考え方 (4), (5) 乗法公式を使って計算します。

解答 (1) $\sqrt{75} \div 5\sqrt{2} \times \sqrt{6}$

$= 5\sqrt{3} \div 5\sqrt{2} \times \sqrt{6}$

$= \dfrac{5\sqrt{3} \times \sqrt{6}}{5\sqrt{2}}$

$= \dfrac{5 \times \sqrt{3} \times \sqrt{2} \times \sqrt{3}}{5 \times \sqrt{2}}$

$= \sqrt{3} \times \sqrt{3}$

$= 3$

(2) $2\sqrt{5} - \sqrt{15} \times \sqrt{3}$

$= 2\sqrt{5} - \sqrt{3} \times \sqrt{5} \times \sqrt{3}$

$= 2\sqrt{5} - 3\sqrt{5}$

$= -\sqrt{5}$

(3) $\dfrac{8}{\sqrt{2}} - 2\sqrt{6} \times \sqrt{12}$

$= \dfrac{8\sqrt{2}}{2} - 2\sqrt{6} \times \sqrt{6} \times \sqrt{2}$

$= 4\sqrt{2} - 2 \times (\sqrt{6})^2 \times \sqrt{2}$

$= 4\sqrt{2} - 12\sqrt{2}$

$= -8\sqrt{2}$

(4) $(\sqrt{5}+1)^2 - \dfrac{10}{\sqrt{5}}$

$= (\sqrt{5})^2 + 2 \times 1 \times \sqrt{5} + 1^2 - \dfrac{10 \times \sqrt{5}}{\sqrt{5} \times \sqrt{5}}$

$= 5 + 2\sqrt{5} + 1 - \dfrac{10\sqrt{5}}{5}$

$= 5 + 2\sqrt{5} + 1 - 2\sqrt{5}$

$= 5 + 1 + 2\sqrt{5} - 2\sqrt{5}$

$= 6$

(5) $(\sqrt{3}-\sqrt{2})^2 - (\sqrt{7}-\sqrt{3})(\sqrt{7}+\sqrt{3})$

$= \{(\sqrt{3})^2 - 2 \times \sqrt{2} \times \sqrt{3} + (\sqrt{2})^2\} - \{(\sqrt{7})^2 - (\sqrt{3})^2\}$

$= (3 - 2\sqrt{6} + 2) - (7 - 3)$

$= 5 - 2\sqrt{6} - 4$

$= 1 - 2\sqrt{6}$

別解 (1) $\sqrt{75} \div 5\sqrt{2} \times \sqrt{6}$

$= \sqrt{75} \div \sqrt{50} \times \sqrt{6}$

$= \sqrt{\dfrac{75 \times 6}{50}} \qquad \dfrac{\overset{3}{\cancel{75}} \times \overset{3}{\cancel{6}}}{\underset{1}{\cancel{\cancel{50}}}}$

$= \sqrt{9}$

$= 3$

2 次の数の分母を有理化しなさい。

(1) $\dfrac{\sqrt{15}}{\sqrt{7}\times\sqrt{5}}$　　　　(2) $\dfrac{\sqrt{6}+\sqrt{10}}{\sqrt{2}}$

考え方 簡単に計算する方法を考えよう。

解答 (1) $\dfrac{\sqrt{15}}{\sqrt{7}\times\sqrt{5}}=\dfrac{\sqrt{5}\times\sqrt{3}}{\sqrt{7}\times\sqrt{5}}$

$=\dfrac{\sqrt{3}}{\sqrt{7}}$

$=\dfrac{\sqrt{3}\times\sqrt{7}}{\sqrt{7}\times\sqrt{7}}$

$=\dfrac{\sqrt{21}}{7}$

(2) $\dfrac{\sqrt{6}+\sqrt{10}}{\sqrt{2}}=\dfrac{\sqrt{2}(\sqrt{6}+\sqrt{10})}{\sqrt{2}\times\sqrt{2}}$

$=\dfrac{\sqrt{12}+\sqrt{20}}{2}$

$=\dfrac{2\sqrt{3}+2\sqrt{5}}{2}$

$=\sqrt{3}+\sqrt{5}$

別解 (2) $\dfrac{\sqrt{6}+\sqrt{10}}{\sqrt{2}}=\dfrac{\sqrt{6}}{\sqrt{2}}+\dfrac{\sqrt{10}}{\sqrt{2}}$

$=\sqrt{\dfrac{6}{2}}+\sqrt{\dfrac{10}{2}}$

$=\sqrt{3}+\sqrt{5}$

$\dfrac{\sqrt{6}+\sqrt{10}}{\sqrt{2}}=\dfrac{\sqrt{2}\times\sqrt{3}+\sqrt{2}\times\sqrt{5}}{\sqrt{2}}$

$=\dfrac{\sqrt{2}(\sqrt{3}+\sqrt{5})}{\sqrt{2}}$

$=\sqrt{3}+\sqrt{5}$

3 aを自然数とするとき，次の問に答えなさい。

(1) $3.7<\sqrt{a}<4$をみたすaの値をすべて求めなさい。

(2) $\sqrt{14-a}$の値が整数となるようなaの値をすべて求めなさい。

考え方 (1) 3.7，$\sqrt{a}$，4をそれぞれ2乗して考えよう。

(2) $\sqrt{14-a}$の値が整数となるには，$14-a$が整数の2乗になればよい。

解答 (1) $3.7<\sqrt{a}<4$より

$3.7^2<(\sqrt{a})^2<4^2$

$3.7^2=13.69$，$4^2=16$だから

$13.69<a<16$

これをみたす自然数aの値は　14，15　　　　答　14，15

(2) $\sqrt{14-a}$が整数となるには，$14-a$が0以上の整数の2乗になればよい。

$14-a<14$だから，$14-a$の値は0，1，4，9のときである。

$14-a=9$のとき　$a=5$

$14-a=4$のとき　$a=10$

$14-a=1$のとき　$a=13$

$14-a=0$のとき　$a=14$

したがって，求めるaの値は　5，10，13，14　　　　答　5，10，13，14

2章 平方根

79

4　$\sqrt{7}$ の小数部分を a とするとき，$a(a+4)$ の値を求めなさい。

考え方　$\sqrt{7}=$（整数部分）＋（小数部分）と表されます。

　　　$4<7<9$ より，$2<\sqrt{7}<3$ だから，$\sqrt{7}$ の整数部分は2となります。

解答　$4<7<9$ より，$\sqrt{4}<\sqrt{7}<\sqrt{9}$　すなわち　$2<\sqrt{7}<3$

　　　$\sqrt{7}$ の整数部分は2で，小数部分が a だから

$$\sqrt{7}=2+a$$

したがって

$$a=\sqrt{7}-2$$

したがって

$$\begin{aligned}
a(a+4)&=(\sqrt{7}-2)\{(\sqrt{7}-2)+4\}\\
&=(\sqrt{7}-2)(\sqrt{7}+2)\\
&=(\sqrt{7})^2-2^2\\
&=7-4\\
&=3
\end{aligned}$$

　　　　　　　　　　　　　　　　　　　　　　　　　　　　答　3

5　活用の問題　金沢駅には鼓門とよばれる建物があり，柱は右の写真（省略）のように，日本の伝統的な楽器の鼓をイメージして作られています。

　　　柱は，底面が1辺33cmの正方形の角材を組み合わせてできています。その角材を，1つの丸太から切り出して作るとしたら，丸太の直径は，少なくとも何cm以上であればよいですか。

考え方　丸太の直径は，1辺が33cmの正方形の対角線の長さ以上であればよい。

解答　右の図で，正方形をひし形とみて，その対角線の長さを x cm とすると

　　　（ひし形の面積）＝（対角線）×（対角線）÷2

　　また，正方形の1辺の長さが33cmだから，面積は

$$33^2\,\text{cm}^2$$

したがって，次の式が成り立つ。

$$x\times x\div 2=33^2$$
$$x^2=33^2\times 2$$

$x>0$ だから

$$x=\sqrt{33^2\times 2}=33\sqrt{2}$$

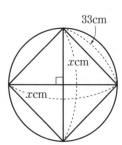

　　　　　　　　　　　　　　　　答　$33\sqrt{2}$ cm以上

6

活用の問題

右の写真（省略）は，小さな布をぬい合わせて作ったパッチワークの作品で，このような模様は，レモンスターとよばれています。

(1) ひし形の1辺の長さを1とするとき，この模様全体の正方形の1辺の長さを求めなさい。

(2) この模様が1辺27cmの正方形になるような鍋しきを作ろうと思います。このとき，ひし形の布の1辺を何cmにすればよいですか。小数第1位まで求めなさい。
ただし，ぬいしろは考えないこととします。

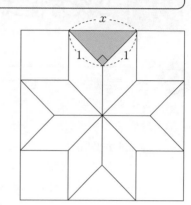

考え方 (1) 小さい正方形の1辺はひし形の1辺と等しいから1となります。また，右の図の色をつけた部分は，直角二等辺三角形です。
斜辺をxとして，その値を求め，このxの値を使って，模様全体の正方形の1辺の長さを求めよう。

(2) （(1)で求めた長さ）$: 1 = 27 :$（ひし形の布の1辺の長さ）
という比例式が成り立ちます。

解答 (1) 考え方 で，色をつけた部分は直角二等辺三角形である。
この直角二等辺三角形を2つ組み合わせると，右の図のような正方形ができ，その面積は1である。

この正方形をひし形とみると
（ひし形の面積）$= x \times x \div 2$
したがって，面積について次の式が成り立つ。
$$x \times x \div 2 = 1^2$$
$$x^2 = 2$$
$x > 0$だから $x = \sqrt{2}$
したがって，模様全体の正方形の1辺の長さは
$$1 + \sqrt{2} + 1 = 2 + \sqrt{2}$$

答 $2 + \sqrt{2}$

(2) 求めるひし形の布の1辺を$y$cmとすると
$$(2 + \sqrt{2}) : 1 = 27 : y$$
$$(2 + \sqrt{2})y = 27$$
$$y = \frac{27}{2 + \sqrt{2}}$$
$\sqrt{2} = 1.414$とすると，$2 + \sqrt{2} = 3.414$だから
$$y = \frac{27}{3.414} = 7.908\cdots$$
したがって，小数第1位まで求めると，7.9cmとなる。

答 7.9cm

レベルアップ (2) $\dfrac{27}{2 + \sqrt{2}}$ を，教科書61ページの「数学のまど」の方法で，分母を有理化してみよう。

$$\frac{27(2 - \sqrt{2})}{(2 + \sqrt{2})(2 - \sqrt{2})} = \frac{27(2 - \sqrt{2})}{2^2 - (\sqrt{2})^2} = \frac{27(2 - \sqrt{2})}{2} = \frac{27 \times 0.586}{2} = 7.911$$

2章

平方根

81

3章 [2次方程式] 方程式を利用して問題を解決しよう

1節 2次方程式とその解き方

Q 周の長さが24mの長方形をいろいろかいてみましょう。
それらの面積はどうなるでしょうか。

教科書 p.70〜71

❶ 周の長さが24mの長方形をかいてみましょう。

❷ 面積が20m²や32m²の長方形はかけるでしょうか。

また，それらの縦と横の長さはどうなるでしょうか。

❸ 面積が34m²の長方形はかけるでしょうか。

考え方 ❶ 長方形の縦をxm，横をymとすると

$$2(x+y) = 24 \quad より \quad x+y = 12$$

となるから，縦の長さと横の長さの和が12mになる長方形をかけばよい。

解答 ❶ 長方形の縦をxm，横をymとして，下の表のような長方形をかけばよい。

また，その長方形の面積は，下の表のようになる。

x(m)	1	2	3	4	5	6
y(m)	11	10	9	8	7	6
面積(m²)	11	20	27	32	35	36

（図は省略）

❷ ❶の表から

面積20m²の長方形…縦と横の長さは2mと10m

面積32m²の長方形…縦と横の長さは4mと8m

❸ 面積が32m²の長方形と面積が35m²の長方形はかけるから，縦の長さが4mと5mの間の値で，面積が34m²の長方形はかけると考えられる。

1 2次方程式とその解

Q 周の長さが24mで，面積が34m²の長方形の縦と横の長さを求めるための
方程式をつくってみましょう。 | 教科書 p.72

$$x(12-x) = 34 \quad \cdots\cdots(1)$$

❶ (1)の左辺を展開し，移項して整理しましょう。

❷ (1)の方程式には，どんな特徴があるでしょうか。

解答 ❶ $x(12-x) = 34$ | $-x^2 + 12x - 34 = 0$

$\quad\quad 12x - x^2 = 34$ | $x^2 - 12x + 34 = 0$

❷ **はるかさん**

右辺が0の形に整理したとき

・1年の1次方程式とちがって，xの2次の項がある。

・1次方程式は(1次式) ＝ 0の形に変形できたが，この方程式は(2次式) ＝ 0の形
に変形できる。

・2年の2元1次方程式や連立方程式とちがって，文字が1種類である。

ことばの意味

● **2次方程式**

移項して整理することによって

$\quad$(2次式) ＝ 0

の形に変形できる方程式を**2次方程式**という。

問 1 次の方程式のうち，2次方程式はどれですか。 | 教科書 p.72

㋐ $x^2 + 4x - 4 = 0$ $\quad\quad$ ㋑ $x^2 - 4x = x^2 + 5$

㋒ $x^2 - 6 = 0$ $\quad\quad\quad\quad$ ㋓ $(x-3)^2 - 5 = 0$

考え方 (2次式) ＝ 0の形に変形できる方程式が2次方程式です。

㋑ 移項して整理してみよう。

解答 ㋐ $x^2 + 4x - 4 = 0$ (2次式) ＝ 0の形になっているから，2次方程式

㋑ $x^2 - 4x = x^2 + 5$を移項して整理すると $-4x - 5 = 0$

$\quad$となり，(1次式) ＝ 0の形になるから，1次方程式

㋒ $x^2 - 6 = 0$ (2次式) ＝ 0の形になっているから，2次方程式

㋓ $(x-3)^2 - 5 = 0$を展開して整理すると $x^2 - 6x + 4 = 0$

$\quad$となり，(2次式) ＝ 0の形に変形できるから，2次方程式

したがって，2次方程式は ㋐，㋒，㋓

右辺が0になるように
変形してから考えよう。

問2　次の2次方程式について，$ax^2 + bx + c = 0$のa，b，cにあたる数を，　　教科書 p.72
それぞれいいなさい。

(1)　$3x^2 - 8x + 5 = 0$　　　　　　(2)　$x^2 - 6x - 7 = 0$

考え方　x^2の係数がa，xの係数がb，数の項がcです。

係数と項は，方程式の左辺を項の和の形になおして
考えよう。

$$3x^2 - 8x + 5 = 3x^2 + (-8x) + 5$$

x^2の係数 $\underset{\underset{a}{=}}{}$　　xの係数 $\underset{\underset{b}{=}}{}$　　$\underset{c}{}$

教科書79ページで
学習する解の公式で
使うよ。

解答　(1)　$3x^2 - 8x + 5 = 3x^2 + (-8x) + 5$だから　　$a = 3$，$b = -8$，$c = 5$

(2)　$x^2 - 6x - 7 = 1x^2 + (-6x) + (-7)$だから　　$a = 1$，$b = -6$，$c = -7$

レベルアップ　式をみて，a，b，cがいえるようにしておこう。

(1)　$3x^2 - 8x + 5 = 0$　　　　　(2)　$1x^2 - 6x - 7 = 0$
　　　a　　b　　c　　　　　　　　　a　　b　　c

Q　2次方程式$x^2 - 12x + 32 = 0$の左辺のxに，1から10までの整数を代入して，　　教科書 p.73
方程式が成り立つかどうか調べてみましょう。

❶ xに1から10までの整数を代入したときの，$x^2 - 12x + 32$の値を求めて
みましょう。

❷ $x^2 - 12x + 32 = 0$を成り立たせるxの値をいってみましょう。

解答　❶

x	1	2	3	4	5	6	7	8	9	10
$x^2 - 12x + 32$	21	12	5	0	-3	-4	-3	0	5	12

❷ $x = 4$，$x = 8$

ことばの意味

● **解**　　2次方程式を成り立たせる文字の値を，その方程式の解（かい）という。

● **解く**　2次方程式の解をすべて求めることを，2次方程式を解く（とく）という。

問3　-2，-1，0，1，2のうち，2次方程式$x^2 - x - 2 = 0$の解を，すべていいな　　教科書 p.73
さい。

考え方　方程式の解は，代入すると等式が成り立つ値だから，xの値をひとつひとつ代入して，等式が
成り立つかどうか，すなわち，（左辺）$= 0$になるかどうか確かめてみよう。

解答
左辺に$x = -2$を代入 $\Rightarrow (-2)^2 - (-2) - 2 = 4 + 2 - 2 = 4 \cdots \times$
左辺に$x = -1$を代入 $\Rightarrow (-1)^2 - (-1) - 2 = 1 + 1 - 2 = 0 \cdots \bigcirc$
左辺に$x = 0$を代入 $\Rightarrow 0^2 - 0 - 2 = -2 \cdots \times$
左辺に$x = 1$を代入 $\Rightarrow 1^2 - 1 - 2 = 1 - 1 - 2 = -2 \cdots \times$
左辺に$x = 2$を代入 $\Rightarrow 2^2 - 2 - 2 = 4 - 2 - 2 = 0 \cdots \bigcirc$
2次方程式が成り立つのは$x = -1$，$x = 2$のときだから，この2次方程式の解は　　-1と2

2 平方根の考えを使った解き方

Q 2次方程式$x^2 - 9 = 0$の解き方を考えてみましょう。 　教科書 p.74

そうたさん…-9を移項すると$x^2 = 9$になる。
これは，xが9の平方根であることを示している。
したがって，xの平方根を求めて　　$x = \pm 3$

問1 次の方程式を解きなさい。 　教科書 p.74
(1) $x^2 - 36 = 0$　　　　(2) $x^2 - 6 = 0$
(3) $2x^2 - 40 = 0$　　　(4) $5x^2 - 80 = 0$
(5) $4x^2 - 3 = 0$　　　　(6) $25x^2 = 7$

○ 教科書 p.244 ④④
（ガイドp.272）

考え方 次のような手順で解きます。
① 移項して$ax^2 = b$の形にする。　　　$ax^2 = b$
② 両辺をx^2の係数でわる。　　　$x^2 = \dfrac{b}{a}$
③ 右辺の値の平方根を求める。　　　$x = \pm\sqrt{\dfrac{b}{a}}$

解答
(1) $x^2 - 36 = 0$
$\quad x^2 = 36$
$\quad x = \pm 6$

(2) $x^2 - 6 = 0$
$\quad x^2 = 6$
$\quad x = \pm\sqrt{6}$

(3) $2x^2 - 40 = 0$
$\quad 2x^2 = 40$ ⟩両辺を2でわる
$\quad x^2 = 20$ ⟩$\sqrt{20} = \sqrt{2^2 \times 5}$
$\quad x = \pm 2\sqrt{5}$

(4) $5x^2 - 80 = 0$
$\quad 5x^2 = 80$ ⟩両辺を5でわる
$\quad x^2 = 16$
$\quad x = \pm 4$

(5) $4x^2 - 3 = 0$
$\quad 4x^2 = 3$
$\quad x^2 = \dfrac{3}{4}$
$\quad x = \pm\dfrac{\sqrt{3}}{2}$ ⟩$\sqrt{\dfrac{3}{4}} = \dfrac{\sqrt{3}}{\sqrt{4}} = \dfrac{\sqrt{3}}{2}$

(6) $25x^2 = 7$
$\quad x^2 = \dfrac{7}{25}$
$\quad x = \pm\dfrac{\sqrt{7}}{5}$ ⟩$\sqrt{\dfrac{7}{25}} = \dfrac{\sqrt{7}}{\sqrt{25}} = \dfrac{\sqrt{7}}{5}$

Q 2次方程式$(x+2)^2 = 9$の解き方を考えてみましょう。 | 教科書 p.75

ゆうなさん…$x+2=A$とすると$A^2 = 9$と表される。

$A^2 = 9$は，Aが9の平方根であることを示しているから

$A = \pm 3$

Aをもとにもどすと

$x+2 = \pm 3$

すなわち

$x+2 = 3,\ x+2 = -3$

したがって

$x = 3-2 = 1,\ x = -3-2 = -5$

よって　　$x = 1,\ x = -5$

問 2 次の方程式を解きなさい。

| 教科書 p.75
→ 教科書 p.244 ⑮
（ガイドp.272）

(1) $(x+2)^2 = 49$

(2) $(x+7)^2 - 6 = 0$

(3) $(x-5)^2 - 4 = 0$

(4) $(x+6)^2 = 18$

考え方 $(x+▲)^2 = ●$の形をした2次方程式は，かっこの中をひとまとまりとみて，平方根の考えを使って解くことができます。

(2)，(3)　まず，左辺の数の項を移項して$(x+▲)^2 = ●$の形にします。

解答

(1) $(x+2)^2 = 49$

$x+2 = \pm 7$

すなわち

$x+2 = 7,\ x+2 = -7$

したがって

$x = 5,\ x = -9$

(2) $(x+7)^2 - 6 = 0$

$(x+7)^2 = 6$

$x+7 = \pm\sqrt{6}$

$x = -7 \pm\sqrt{6}$

(3) $(x-5)^2 - 4 = 0$

$(x-5)^2 = 4$

$x-5 = \pm 2$

すなわち

$x-5 = 2,\ x-5 = -2$

したがって

$x = 7,\ x = 3$

(4) $(x+6)^2 = 18$

$x+6 = \pm 3\sqrt{2}$ ⟩ $\sqrt{18} = \sqrt{3^2 \times 2} = 3\sqrt{2}$

$x = -6 \pm 3\sqrt{2}$

2次方程式 $x^2+6x-1=0$ の解き方を考えてみましょう。　　教科書 p.76

$$x^2+6x=1 \quad \cdots\cdots(1)$$

❶ (1)の左辺を $(x+▲)^2$ の形にするには，(1)の両辺にどんな数を加えればよいでしょうか。

❷ $x^2+6x=1$ を $(x+▲)^2=●$ の形に変形して，解いてみましょう。

考え方 ❶ x^2+6x を $(x+▲)^2$ の形にするので，$(x+▲)^2$ を展開して，係数を比べてみよう。

解答 ❶ $(x+▲)^2=x^2+2▲x+▲^2$ だから，これと，x^2+6x の x の係数を比べると，$2▲=6$ より　　$▲=\dfrac{6}{2}=3$

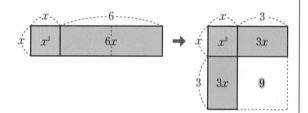

$▲^2=9$ だから，x^2+6x に9を加えると，$x^2+6x+9=(x+3)^2$ となる。

つまり，x の係数6の $\dfrac{1}{2}$ を2乗した数を加えればよい。

はるかさん

矢印の右側の図のように変形し，この図に，1辺が3の正方形をかき加えると，全体の形が1辺 $x+3$ の正方形になる。1辺が3の正方形の面積は9だから

$$x^2+6x+9=(x+3)^2$$

となる。

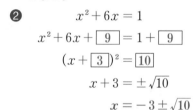

❷
$$x^2+6x=1$$
$$x^2+6x+\boxed{9}=1+\boxed{9}$$
$$(x+\boxed{3})^2=\boxed{10}$$
$$x+3=\pm\sqrt{10}$$
$$x=-3\pm\sqrt{10}$$

問3 次の □ にあてはまる数を入れて，方程式を変形して解きなさい。　　教科書 p.76

(1) $\quad x^2+10x=6$

$$x^2+10x+\boxed{}=6+\boxed{}$$
$$(x+\boxed{})^2=\boxed{}$$

(2) $\quad x^2-2x=2$

$$x^2-2x+\boxed{}=2+\boxed{}$$
$$(x-\boxed{})^2=\boxed{}$$

● 教科書 p.244 46（ガイドp.272）

考え方 x の係数の絶対値の $\dfrac{1}{2}$ の2乗を両辺に加えます。

$$x^2+px+\left(\dfrac{p}{2}\right)^2=\left(x+\dfrac{p}{2}\right)^2, \quad x^2-px+\left(\dfrac{p}{2}\right)^2=\left(x-\dfrac{p}{2}\right)^2$$

解答	(1)	(2)

(1)
$$x^2 + 10x = 6$$
$$x^2 + 10x + \boxed{5^2} = 6 + \boxed{5^2}$$
$$(x + \boxed{5})^2 = \boxed{31}$$
$$x + 5 = \pm\sqrt{31}$$
$$x = -5 \pm \sqrt{31}$$

(2)
$$x^2 - 2x = 2$$
$$x^2 - 2x + \boxed{1^2} = 2 + \boxed{1^2}$$
$$(x - \boxed{1})^2 = \boxed{3}$$
$$x - 1 = \pm\sqrt{3}$$
$$x = 1 \pm \sqrt{3}$$

問 4

次の方程式を解きなさい。

教科書 p.77

(1) $x^2 + 4x = 5$　　　　(2) $x^2 - 10x + 25 = 0$

考え方 左辺を平方の形にするために，両辺に x の係数の絶対値の $\dfrac{1}{2}$ の2乗を加えます。

解答

(1)
$$x^2 + 4x = 5$$
$$x^2 + 4x + 2^2 = 5 + 2^2$$
$$(x + 2)^2 = 9$$
$$x + 2 = \pm 3$$
$$x = -2 \pm 3$$
$$x = -2 + 3, \ x = -2 - 3$$
$$x = 1, \ x = -5$$

(2)
$$x^2 - 10x + 25 = 0$$
$$x^2 - 10x = -25$$
$$x^2 - 10x + 5^2 = -25 + 5^2$$
$$(x - 5)^2 = 0$$
$$x - 5 = 0$$
$$x = 5$$

問 5

教科書72ページの(1)の方程式を移項して整理した $x^2 - 12x + 34 = 0$ を解きなさい。

教科書 p.77

➡ 教科書 p.244 ㊼ （ガイドp.273）

解答

$$x^2 - 12x + 34 = 0$$
$$x^2 - 12x = -34$$
$$x^2 - 12x + 6^2 = -34 + 6^2$$

$$(x - 6)^2 = 2$$
$$x - 6 = \pm\sqrt{2}$$
$$x = 6 \pm \sqrt{2}$$

問 6

$x^2 - 5x + 2 = 0$ を解きなさい。

教科書 p.77

➡ 教科書 p.244 ㊽ （ガイドp.273）

考え方 2を右辺に移項してから，両辺に x の係数の絶対値5の $\dfrac{1}{2}$ の2乗 $\left(\dfrac{5}{2}\right)^2$ を加えます。

解答

$$x^2 - 5x + 2 = 0$$
$$x^2 - 5x = -2$$
$$x^2 - 5x + \left(\frac{5}{2}\right)^2 = -2 + \left(\frac{5}{2}\right)^2$$
$$\left(x - \frac{5}{2}\right)^2 = \frac{17}{4}$$

$$x - \frac{5}{2} = \pm\frac{\sqrt{17}}{2}$$
$$x = \frac{5}{2} \pm \frac{\sqrt{17}}{2}$$

したがって　　$x = \dfrac{5 \pm \sqrt{17}}{2}$

3　2次方程式の解の公式

ポイント

2次方程式の解の公式

2次方程式 $ax^2 + bx + c = 0$ の解は

$$x = \frac{-b \pm \sqrt{b^2 - 4ac}}{2a}$$

問 1

$3x^2 + 7x + 1 = 0$ について，次の問に答えなさい。

(1) 解の公式を使って解くとき，a，b，cのそれぞれに，どんな値を代入すればよいですか。

(2) この方程式を解きなさい。

教科書 p.79

◯ 教科書 p.244 ④⑨
（ガイドp.273）

考え方　x^2の係数がa，xの係数がb，数の項がcです。

解答　(1)　$a = 3$，$b = 7$，$c = 1$

(2)　解の公式に，$a = 3$，$b = 7$，$c = 1$を代入すると

$$x = \frac{-7 \pm \sqrt{7^2 - 4 \times 3 \times 1}}{2 \times 3}$$

$$= \frac{-7 \pm \sqrt{49 - 12}}{6}$$

$$= \frac{-7 \pm \sqrt{37}}{6}$$

したがって　　$x = \dfrac{-7 \pm \sqrt{37}}{6}$

問 2

次の方程式を解きなさい。

(1)　$2x^2 - 7x + 4 = 0$

(2)　$4x^2 + x - 2 = 0$

(3)　$x^2 - 11x - 1 = 0$

(4)　$5x^2 - 5x - 1 = 0$

教科書 p.79

◯ 教科書 p.244 ⑤⓪
（ガイドp.273）

考え方　それぞれの2次方程式で，a，b，cにあてはまる数が何かを考えよう。

解答　(1)　解の公式に，$a = 2$，$b = -7$，$c = 4$を代入すると

$$x = \frac{-(-7) \pm \sqrt{(-7)^2 - 4 \times 2 \times 4}}{2 \times 2}$$

$$= \frac{7 \pm \sqrt{49 - 32}}{4}$$

$$= \frac{7 \pm \sqrt{17}}{4}$$

したがって　　$x = \dfrac{7 \pm \sqrt{17}}{4}$

$\underset{a}{2x^2} \underset{b}{-7x} \underset{c}{+4} = 0$

(2)　解の公式に，$a=4$，$b=1$，$c=-2$ を代入すると

$4x^2 + 1x - 2 = 0$
$\quad a \quad\ b \quad\ c$

$$x = \frac{-1 \pm \sqrt{1^2 - 4 \times 4 \times (-2)}}{2 \times 4}$$

$$= \frac{-1 \pm \sqrt{1 + 32}}{8}$$

$$= \frac{-1 \pm \sqrt{33}}{8}$$

したがって　　$x = \dfrac{-1 \pm \sqrt{33}}{8}$

(3)　解の公式に，$a=1$，$b=-11$，$c=-1$ を代入すると

$1x^2 - 11x - 1 = 0$
$\quad a \quad\ b \quad\ c$

$$x = \frac{-(-11) \pm \sqrt{(-11)^2 - 4 \times 1 \times (-1)}}{2 \times 1}$$

$$= \frac{11 \pm \sqrt{121 + 4}}{2}$$

$$= \frac{11 \pm \sqrt{125}}{2}$$

$$= \frac{11 \pm 5\sqrt{5}}{2}$$

$\sqrt{125} = \sqrt{5^2 \times 5} = 5\sqrt{5}$

したがって　　$x = \dfrac{11 \pm 5\sqrt{5}}{2}$

(4)　解の公式に，$a=5$，$b=-5$，$c=-1$ を代入すると

$5x^2 - 5x - 1 = 0$
$\quad a \quad\ b \quad\ c$

$$x = \frac{-(-5) \pm \sqrt{(-5)^2 - 4 \times 5 \times (-1)}}{2 \times 5}$$

$$= \frac{5 \pm \sqrt{25 + 20}}{10}$$

$$= \frac{5 \pm \sqrt{45}}{10}$$

$$= \frac{5 \pm 3\sqrt{5}}{10}$$

$\sqrt{45} = \sqrt{3^2 \times 5} = 3\sqrt{5}$

したがって　　$x = \dfrac{5 \pm 3\sqrt{5}}{10}$

根号の中の数は，できるだけ小さい自然数で答えよう。

例 2 **そうたさん**…約分ができるのは，xの係数が偶数（2の倍数）のときである。 教科書 p.80

問 3

次の方程式を解きなさい。 教科書 p.80

(1) $3x^2+4x-2=0$　　(2) $2x^2-4x-5=0$

➔ 教科書 p.244 51
(ガイドp.274)

解答 (1) 解の公式に，$a=3$，$b=4$，$c=-2$を代入すると

$$x=\frac{-4\pm\sqrt{4^2-4\times3\times(-2)}}{2\times3}$$
$$=\frac{-4\pm\sqrt{16+24}}{6}$$
$$=\frac{-4\pm\sqrt{40}}{6}$$
$$=\frac{-4\pm2\sqrt{10}}{6}$$
$$=\frac{-2\pm\sqrt{10}}{3}$$

$\sqrt{40}=\sqrt{2^2\times10}=2\sqrt{10}$

$\frac{\overset{-2}{\cancel{-4}}\pm\overset{1}{\cancel{2}}\sqrt{10}}{\underset{3}{\cancel{6}}}$

したがって　$x=\dfrac{-2\pm\sqrt{10}}{3}$

(2) 解の公式に，$a=2$，$b=-4$，$c=-5$を代入すると

$$x=\frac{-(-4)\pm\sqrt{(-4)^2-4\times2\times(-5)}}{2\times2}$$
$$=\frac{4\pm\sqrt{16+40}}{4}$$
$$=\frac{4\pm\sqrt{56}}{4}$$
$$=\frac{4\pm2\sqrt{14}}{4}$$
$$=\frac{2\pm\sqrt{14}}{2}$$

$\sqrt{56}=\sqrt{2^2\times14}=2\sqrt{14}$

$\frac{\overset{2}{\cancel{4}}\pm\overset{1}{\cancel{2}}\sqrt{14}}{\underset{2}{\cancel{4}}}$

したがって　$x=\dfrac{2\pm\sqrt{14}}{2}$

例 3 **ゆうなさん**…解が有理数になるのは，解の公式の根号の中が平方数（ある数の2乗）になるときである。 教科書 p.80

問 **4**

次の方程式を解きなさい。

教科書 p.80

(1) $2x^2 - 7x + 3 = 0$　　　　　(2) $3x^2 + 2x - 8 = 0$

(3) $x^2 + 5x - 6 = 0$　　　　　(4) $9x^2 + 6x + 1 = 0$

● 教科書 p.244 52
（ガイド p.274）

解答

(1) 解の公式に，$a = 2$, $b = -7$, $c = 3$
を代入すると

$$x = \frac{-(-7) \pm \sqrt{(-7)^2 - 4 \times 2 \times 3}}{2 \times 2}$$

$$= \frac{7 \pm \sqrt{49 - 24}}{4}$$

$$= \frac{7 \pm \sqrt{25}}{4}$$

$$= \frac{7 \pm 5}{4} \qquad \sqrt{25} = \sqrt{5^2} = 5$$

$$x = \frac{7 + 5}{4}, \quad x = \frac{7 - 5}{4}$$

$$x = 3, \quad x = \frac{1}{2}$$

(2) 解の公式に，$a = 3$, $b = 2$, $c = -8$
を代入すると

$$x = \frac{-2 \pm \sqrt{2^2 - 4 \times 3 \times (-8)}}{2 \times 3}$$

$$= \frac{-2 \pm \sqrt{4 + 96}}{6}$$

$$= \frac{-2 \pm \sqrt{100}}{6}$$

$$= \frac{-2 \pm 10}{6} \qquad \sqrt{100} = \sqrt{10^2} = 10$$

$$x = \frac{-2 + 10}{6}, \quad x = \frac{-2 - 10}{6}$$

$$x = \frac{4}{3}, \quad x = -2$$

(3) 解の公式に，$a = 1$, $b = 5$, $c = -6$
を代入すると

$$x = \frac{-5 \pm \sqrt{5^2 - 4 \times 1 \times (-6)}}{2 \times 1}$$

$$= \frac{-5 \pm \sqrt{25 + 24}}{2}$$

$$= \frac{-5 \pm \sqrt{49}}{2}$$

$$= \frac{-5 \pm 7}{2} \qquad \sqrt{49} = \sqrt{7^2} = 7$$

$$x = \frac{-5 + 7}{2}, \quad x = \frac{-5 - 7}{2}$$

$$x = 1, \quad x = -6$$

(4) 解の公式に，$a = 9$, $b = 6$, $c = 1$
を代入すると

$$x = \frac{-6 \pm \sqrt{6^2 - 4 \times 9 \times 1}}{2 \times 9}$$

$$= \frac{-6 \pm \sqrt{36 - 36}}{18}$$

$$= \frac{-6 \pm \sqrt{0}}{18}$$

$$= -\frac{6}{18} \qquad \sqrt{0} = 0$$

$$= -\frac{1}{3}$$

したがって　$x = -\frac{1}{3}$

レベルアップ　2次方程式 $ax^2 + bx + c = 0$ を解の公式 $x = \dfrac{-b \pm \sqrt{b^2 - 4ac}}{2a}$ を使って解くとき

1　xの係数bが偶数（2の倍数）のときは，途中で約分できる。

2　解の公式の根号の中の数が平方数（ある数の2乗）になるときは，解は有理数（整数か分数）になる。

3　解の公式の根号の中の数が0のときは，解は1つである。

4 因数分解を使った解き方

Q 2次方程式$(x-1)(x+6)=0$の解は，どのように考えれば求められるでしょうか。　［教科書 p.81］

考え方 ▷ 2つの数の積が0になるのはどんなときか考えてみよう。

解答 ▷ AとBのどちらか一方が0のとき$AB=0$となる。このことを利用すると

$(x-1)(x+6)=0$となるのは

$x-1=0$　または　$x+6=0$

のときである。したがって，方程式の解は

$x-1=0$より　　$x=1$

$x+6=0$より　　$x=-6$

3章 2次方程式

ポイント

因数分解を利用した解き方

xについての2次方程式が

$(x-a)(x-b)=0$

のように，左辺が因数分解できれば，この2次方程式の解は

$x=a,\ x=b$

である。

問 1 次の方程式を解きなさい。　［教科書 p.81］

(1) $(x-2)(x+4)=0$ 　　(2) $(x+5)(x+3)=0$

(3) $x(x-5)=0$ 　　(4) $(x+1)(2x-1)=0$

○ 教科書 p.245 53
（ガイドp.274）

解答 ▷

(1) $(x-2)(x+4)=0$
$x-2=0$　または　$x+4=0$
$x=2,\ x=-4$

(2) $(x+5)(x+3)=0$
$x+5=0$　または　$x+3=0$
$x=-5,\ x=-3$

(3) $x(x-5)=0$
$x=0$　または　$x-5=0$
$x=0,\ x=5$

(4) $(x+1)(2x-1)=0$
$x+1=0$　または　$2x-1=0$
$x=-1,\ x=\dfrac{1}{2}$

問2　次の方程式を解きなさい。

教科書 p.82

(1) $x^2 - 6x + 8 = 0$　　　　　　　　(2) $x^2 + 5x + 6 = 0$

考え方　左辺を因数分解して，$(x-a)(x-b)=0$ の形にして解きます。

解答
(1)　　$x^2 - 6x + 8 = 0$
　　$(x-2)(x-4) = 0$
　　$x-2 = 0$　または　$x-4 = 0$
　　$x = 2,\ x = 4$

(2)　　$x^2 + 5x + 6 = 0$
　　$(x+2)(x+3) = 0$
　　$x+2 = 0$　または　$x+3 = 0$
　　$x = -2,\ x = -3$

問3　次の方程式を解きなさい。

教科書 p.82

(1) $x^2 + 14x + 49 = 0$　　　　　　(2) $x^2 - 4x + 4 = 0$

解答
(1)　$x^2 + 14x + 49 = 0$
　　$(x+7)^2 = 0$
　　　$x+7 = 0$
　　　　$x = -7$

(2)　$x^2 - 4x + 4 = 0$
　　$(x-2)^2 = 0$
　　　$x-2 = 0$
　　　　$x = 2$

注意　2次方程式が $(x-a)^2 = 0$ となるとき，解は1つで $x = a$ である。

問4　次の方程式を解きなさい。

教科書 p.82

(1) $x^2 + 7x - 18 = 0$　　　　(2) $x^2 + 2x + 1 = 0$
(3) $x^2 - 13x + 36 = 0$　　　(4) $x^2 - x - 56 = 0$
(5) $x^2 - 24x + 144 = 0$　　(6) $x^2 - 25 = 0$

● 教科書 p.245 54
（ガイドp.274）

解答
(1)　　$x^2 + 7x - 18 = 0$
　　$(x-2)(x+9) = 0$
　　$x-2 = 0$　または　$x+9 = 0$
　　$x = 2,\ x = -9$

(2)　$x^2 + 2x + 1 = 0$
　　$(x+1)^2 = 0$
　　　$x+1 = 0$
　　　　$x = -1$

(3)　$x^2 - 13x + 36 = 0$
　　$(x-4)(x-9) = 0$
　　$x-4 = 0$　または　$x-9 = 0$
　　$x = 4,\ x = 9$

(4)　　$x^2 - x - 56 = 0$
　　$(x+7)(x-8) = 0$
　　$x+7 = 0$　または　$x-8 = 0$
　　$x = -7,\ x = 8$

(5)　$x^2 - 24x + 144 = 0$
　　　$(x-12)^2 = 0$
　　　　$x-12 = 0$
　　　　　$x = 12$

(6)　　　$x^2 - 25 = 0$
　　$(x+5)(x-5) = 0$
　　$x+5 = 0$　または　$x-5 = 0$
　　$x = -5,\ x = 5$

Q 2次方程式 $x^2 = 4x$ の解の求め方を考えてみましょう。 ✕ まちがい例 | 教科書 p.82

❶ 右の計算はどこがまちがっていますか。

❷ 2次方程式 $x^2 = 4x$ の解を求めましょう。

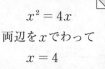
$$x^2 = 4x$$
両辺を x でわって
$$x = 4$$

考え方 0でわるわり算は考えないから，両辺を文字でわるときは，文字が0でないことを確認しなければいけません。

解答 ❶ $x^2 = 4x$ の両辺を x でわっているが，x が0の場合もあり，その場合は両辺を0でわってしまうことになり，まちがいである。

❷
$$x^2 = 4x$$
$$x^2 - 4x = 0$$
$$x(x-4) = 0$$

$x = 0$ または $x - 4 = 0$
$x = 0, \ x = 4$

3章

2次方程式

問5 次の方程式を解きなさい。 | 教科書 p.82

(1) $x^2 = 18x$ (2) $x^2 - x = 0$

➡ 教科書 p.245 55
（ガイドp.275）

解答 (1)
$$x^2 = 18x$$
$$x^2 - 18x = 0$$
$$x(x-18) = 0$$
$x = 0$ または $x - 18 = 0$
$x = 0, \ x = 18$

(2)
$$x^2 - x = 0$$
$$x(x-1) = 0$$
$x = 0$ または $x - 1 = 0$
$x = 0, \ x = 1$

x でわって解いてはいけません。

---

5 いろいろな2次方程式

Q 2次方程式 $x^2 + 10x - 75 = 0$ を，いろいろな解き方で解いてみましょう。 | 教科書 p.83

解答 ひろとさん

$$x^2 + 10x - 75 = 0$$
$$(x-5)(x+15) = 0$$
$x - 5 = 0$ または $x + 15 = 0$
$x = 5, \ x = -15$

はるかさん

$$x^2 + 10x - 75 = 0$$
$$x^2 + 10x = 75$$
$$x^2 + 10x + 25 = 75 + 25$$
$$(x+5)^2 = 100$$
$$x + 5 = \pm 10$$
$$x = -5 \pm 10$$
$$x = -5 + 10, \ x = -5 - 10$$
$$x = 5, \ x = -15$$

ゆうなさん

解の公式に $a = 1$，$b = 10$，$c = -75$を代入すると

$$x = \frac{-10 \pm \sqrt{10^2 - 4 \times 1 \times (-75)}}{2 \times 1}$$

$$= \frac{-10 \pm \sqrt{400}}{2}$$

$$= \frac{-10 \pm 20}{2}$$

$$= -5 \pm 10$$

$$x = -5 + 10, \quad x = -5 - 10$$

$$x = 5, \quad x = -15$$

問 1 次の方程式を，適当な方法で解きなさい。また，その解き方を選んだ理由も説明しなさい。 | 教科書 p.83

(1) $3x^2 + 8x + 2 = 0$　　　　(2) $x^2 + 4x - 12 = 0$

(3) $x^2 + 12x + 30 = 0$　　　　(4) $x^2 - 49 = 0$

考え方 まず，左辺が因数分解できるかどうかを調べよう。左辺が因数分解できないものは，解の公式か平方根の考えを使って解きます。

解答 (1) $x = \dfrac{-8 \pm \sqrt{8^2 - 4 \times 3 \times 2}}{2 \times 3}$

$$= \frac{-8 \pm \sqrt{40}}{6}$$

$$= \frac{-8 \pm 2\sqrt{10}}{6}$$

$$= \frac{-4 \pm \sqrt{10}}{3}$$

したがって　$x = \dfrac{-4 \pm \sqrt{10}}{3}$

(2) $x^2 + 4x - 12 = 0$

$(x - 2)(x + 6) = 0$

$x - 2 = 0$　または　$x + 6 = 0$

$x = 2, \quad x = -6$

(3) $x = \dfrac{-12 \pm \sqrt{12^2 - 4 \times 1 \times 30}}{2 \times 1}$

$$= \frac{-12 \pm \sqrt{24}}{2}$$

$$= \frac{-12 \pm 2\sqrt{6}}{2}$$

$$= -6 \pm \sqrt{6}$$

したがって　$x = -6 \pm \sqrt{6}$

別解 $x^2 + 12x + 30 = 0$

$x^2 + 12x = -30$

$x^2 + 12x + 6^2 = -30 + 6^2$

$(x + 6)^2 = 6$

$x + 6 = \pm\sqrt{6}$

$x = -6 \pm \sqrt{6}$

(4) $x^2 - 49 = 0$

$(x+7)(x-7) = 0$

$x + 7 = 0$　または　$x - 7 = 0$

$x = -7,\ x = 7$

別解／ -49 を移項すると

$$x^2 = 49$$

$x^2 = 49$ は x が 49 の平方根であることを示しているから

$$x = \pm 7$$

その解き方を選んだ理由

(1) x^2 の係数が1ではなく，左辺が因数分解できないから，解の公式を使った。

(2) x^2 の係数が1で，左辺が因数分解できるから，因数分解を使った。

(3) 左辺が因数分解できないから，解の公式を使った。

別解／ 左辺が因数分解できないが，解の公式を使うと，x の係数や数の項の値が大きく，計算が面倒になるから，$(x+▲)^2 = ●$ の形に変形する方法を使った。

(4) x^2 の係数が1で，左辺が因数分解できるから，因数分解を使った。

別解／ x の1次の項がなく，$x^2 = a$ の形に変形できるから，平方根の考えを使った。

問2 次の方程式を解きなさい。

教科書 p.83

(1) $3x^2 - 2x = 4x + 24$

(2) $(x-3)^2 = 6x - 2$

→ 教科書 p.245 56
（ガイドp.275）

考え方 式を整理し，$ax^2 + bx + c = 0$ の形に整理します。

解答 (1)

$$3x^2 - 2x = 4x + 24$$
移項して整理する
$$3x^2 - 2x - 4x - 24 = 0$$
$$3x^2 - 6x - 24 = 0$$
両辺を共通な因数の3でわる
$$x^2 - 2x - 8 = 0$$
左辺を因数分解する
$$(x+2)(x-4) = 0$$
$x + 2 = 0$　または　$x - 4 = 0$
$x = -2,\ x = 4$

(2)

$$(x-3)^2 = 6x - 2$$
左辺を展開する
$$x^2 - 6x + 9 = 6x - 2$$
移項して整理する
$$x^2 - 6x - 6x + 9 + 2 = 0$$
$$x^2 - 12x + 11 = 0$$
左辺を因数分解する
$$(x-1)(x-11) = 0$$
$x - 1 = 0$　または　$x - 11 = 0$
$x = 1,\ x = 11$

基 本 の 問 題

教科書 ➔ p.84

1 次の⑦〜㋓のうち，2次方程式はどれですか。

また，2次方程式のうち，3が解であるものはどれですか。すべて選びなさい。

⑦　$x^2 + 2x - 8 = 0$　　　　　　　㋑　$2x^2 + 5x = 5x + 1$

㋒　$x^2 - 9 = 0$　　　　　　　　　㋓　$(x + 6)(x - 3) = x^2 - 1$

考え方　(2次式)＝0の形に変形できるものが，2次方程式です。

　　㋑，㋓は移項して整理し，(式)＝0の形にして，左辺の式の次数を調べよう。

3が解であるかどうかは，xに3を代入して等式が成り立つかどうか調べよう。

解答　⑦　(2次式)＝0の形になっているから，2次方程式である。

　　㋑　移項して整理すると，$2x^2 - 1 = 0$となり，(2次式)＝0の形になっているから，2次方程式である。

　　㋒　(2次式)＝0の形になっているから，2次方程式である。

　　㋓　展開すると，$x^2 + 3x - 18 = x^2 - 1$

　　　　移項して整理すると，$3x - 17 = 0$となり，(1次式)＝0の形になるから，1次方程式であり，2次方程式ではない。

したがって，2次方程式は　⑦，㋑，㋒

2次方程式⑦，㋑，㋒に，$x = 3$をそれぞれ代入すると

　　⑦　(左辺)＝$3^2 + 2 \times 3 - 8 = 7$

　　　　(右辺)＝0　　　　　　　　　⎫×

　　㋑　(左辺)＝$2 \times 3^2 + 5 \times 3 = 33$

　　　　(右辺)＝$5 \times 3 + 1 = 16$　　⎫×

　　㋒　(左辺)＝$3^2 - 9 = 0$

　　　　(右辺)＝0　　　　　　　　　⎫○

したがって，$x = 3$のとき，(左辺)＝(右辺)となり，等式が成り立つのは㋒だから，3が解である2次方程式は　㋒

2 次の方程式を解きなさい。

(1)　$x^2 - 5 = 0$　　　　　　　　　(2)　$7x^2 = 28$

(3)　$(x - 5)^2 = 9$　　　　　　　　(4)　$(x - 1)^2 - 7 = 0$

考え方　(1), (2)　平方根の考えを使って解きます。

$$x^2 = a \Rightarrow x = \pm\sqrt{a}$$

(3), (4)　方程式を$(x - a)^2 = b$の形に変形して，$x - a$がbの平方根であると考えて

$$(x - a)^2 = b \Rightarrow x - a = \pm\sqrt{b} \Rightarrow x = a \pm\sqrt{b}$$

解答　(1)　$x^2 - 5 = 0$　　　　　　　　(2)　$7x^2 = 28$

　　　　　　　$x^2 = 5$　　　　　　　　　　　$x^2 = 4$

　　　　　　　$x = \pm\sqrt{5}$　　　　　　　　　$x = \pm 2$

(3) $(x-5)^2 = 9$

$\qquad x-5 = \pm 3$

$\qquad\quad x = 5 \pm 3$

すなわち

$\qquad x = 5+3, \ x = 5-3$

したがって

$\qquad x = 8, \ x = 2$

(4) $(x-1)^2 - 7 = 0$

$\qquad (x-1)^2 = 7$

$\qquad\ x-1 = \pm\sqrt{7}$

$\qquad\qquad x = 1 \pm\sqrt{7}$

---

3 次の方程式を解きなさい。

(1) $3x^2 + x - 1 = 0$

(2) $x^2 - 6x - 1 = 0$

(3) $3x^2 - 6x + 2 = 0$

(4) $x^2 - 8x + 4 = 0$

(5) $5x^2 + x - 4 = 0$

(6) $9x^2 - 30x + 25 = 0$

考え方 x^2 の係数が1ではないもの，因数分解できないものは，解の公式を利用します。このとき

・x の係数が偶数のときは約分できる

・解の公式の根号の中が平方数（ある数の2乗）になるとき，解は有理数（整数か分数）になる

ことに注意しよう。

解答 (1) 解の公式に，$a=3$，$b=1$，$c=-1$ を代入すると

$$x = \frac{-1 \pm \sqrt{1^2 - 4 \times 3 \times (-1)}}{2 \times 3}$$

$$= \frac{-1 \pm \sqrt{13}}{6}$$

したがって $\quad x = \dfrac{-1 \pm \sqrt{13}}{6}$

(2) 解の公式に，$a=1$，$b=-6$，$c=-1$ を代入すると

$$x = \frac{-(-6) \pm \sqrt{(-6)^2 - 4 \times 1 \times (-1)}}{2 \times 1}$$

$$= \frac{6 \pm \sqrt{40}}{2}$$

$$= \frac{6 \pm 2\sqrt{10}}{2}$$

$$= 3 \pm \sqrt{10}$$

したがって $\quad x = 3 \pm \sqrt{10}$

(3) 解の公式に，$a=3$，$b=-6$，$c=2$ を代入すると

$$x = \frac{-(-6) \pm \sqrt{(-6)^2 - 4 \times 3 \times 2}}{2 \times 3}$$

$$= \frac{6 \pm \sqrt{12}}{6}$$

$$= \frac{6 \pm 2\sqrt{3}}{6}$$

$$= \frac{3 \pm \sqrt{3}}{3}$$

したがって $\quad x = \dfrac{3 \pm \sqrt{3}}{3}$

(4) 解の公式に，$a=1$，$b=-8$，$c=4$ を代入すると

$$x = \frac{-(-8) \pm \sqrt{(-8)^2 - 4 \times 1 \times 4}}{2 \times 1}$$

$$= \frac{8 \pm \sqrt{48}}{2}$$

$$= \frac{8 \pm 4\sqrt{3}}{2}$$

$$= 4 \pm 2\sqrt{3}$$

したがって $\quad x = 4 \pm 2\sqrt{3}$

3章 2次方程式

(5) 解の公式に，$a=5$，$b=1$，$c=-4$を
代入すると

$$x=\dfrac{-1\pm\sqrt{1^2-4\times5\times(-4)}}{2\times5}$$

$$=\dfrac{-1\pm\sqrt{81}}{10}$$

$$=\dfrac{-1\pm9}{10}$$

$$x=\dfrac{-1+9}{10},\ x=\dfrac{-1-9}{10}$$

したがって　$x=\dfrac{4}{5}$，$x=-1$

(6) 解の公式に，$a=9$，$b=-30$，$c=25$
を代入すると

$$x=\dfrac{-(-30)\pm\sqrt{(-30)^2-4\times9\times25}}{2\times9}$$

$$=\dfrac{30\pm\sqrt{0}}{18}$$

$$=\dfrac{30}{18}$$

$$=\dfrac{5}{3}$$

したがって　$x=\dfrac{5}{3}$

---

4 次の方程式を解きなさい。

(1) $(x+7)(x-2)=0$

(2) $x^2+2x-24=0$

(3) $x^2+3x+2=0$

(4) $x^2+8x=0$

(5) $x^2-9x+18=0$

(6) $x^2+12x=-36$

考え方 方程式の左辺を因数分解して，$(x-a)(x-b)$の形に変形し

$$(x-a)(x-b)=0 \Rightarrow x-a=0 \quad または \quad x-b=0 \Rightarrow x=a, x=b$$

のように解きます。

解答 (1) $(x+7)(x-2)=0$

$x+7=0$　または　$x-2=0$

$x=-7$，$x=2$

(2) $x^2+2x-24=0$

$(x-4)(x+6)=0$

$x-4=0$　または　$x+6=0$

$x=4$，$x=-6$

(3) $x^2+3x+2=0$

$(x+1)(x+2)=0$

$x+1=0$　または　$x+2=0$

$x=-1$，$x=-2$

(4) $x^2+8x=0$

$x(x+8)=0$

$x=0$　または　$x+8=0$

$x=0$，$x=-8$

(5) $x^2-9x+18=0$

$(x-3)(x-6)=0$

$x-3=0$　または　$x-6=0$

$x=3$，$x=6$

(6) $x^2+12x=-36$

$x^2+12x+36=0$

$(x+6)^2=0$

$x+6=0$

$x=-6$

2節 2次方程式の利用

深い学び　畑に道路をつくろう

教科書 ➡ p.85〜86

 縦が11m，横が10mの長方形の土地に，右の図のように縦と
横に同じ幅の通路をつくり，残りを畑にします。

畑の面積を90m²にするには，通路の幅を何mにすればよいで
しょうか。

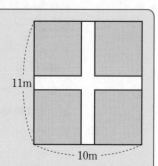

11m

10m

❶ 通路の幅をxmとして，方程式をつくって解いてみましょう。

❷ はるかさんは，次のように考えて（省略）方程式をつくろう
としています。

このように考えてよい理由を説明してみましょう。

また，方程式をつくってみましょう。

❸ ひろとさんは，どのように考えて2次方程式をつくったのかを話し合ってみましょう。

❹ つくった方程式を解いてみましょう。

また，その解は問題に適しているかを確かめましょう。

❺ 方程式をつくって問題を解く手順をふり返ってみましょう。

❻ もとの問題で，畑の面積や通路の数などを変えて，問題をつくってみましょう。

また，つくった問題を解いてみましょう。

解答 ❶ 省略（❷，❸参照）

❷ **理由**

通路の位置はどこにあっても，4つの畑を合わせた面
積は変わらないから

方程式

$(11-x)(10-x) = 90$

$(10-x)$m　xm

$(11-x)$m

xm

❸ 長方形の土地の面積から，畑の面積をひいたものが通路の面積となる。　……(1)

縦の通路の面積は

$11x$m²

横の通路の面積は

$10x$m²

11m

10m

通路は，右の図の　の部分が重なっているから，この部分の
面積（x^2）をひいて

$(11x + 10x - x^2)$m²

したがって，(1)のことから

$11x + 10x - x^2 = 11 \times 10 - 90$

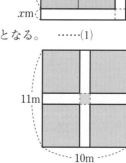

❹ **はるかさん**

$$(11-x)(10-x) = 90$$
$$110 - 21x + x^2 = 90$$
$$x^2 - 21x + 20 = 0$$
$$(x-1)(x-20) = 0$$
$$x = 1, \ x = 20$$

ひろとさん

$$11x + 10x - x^2 = 11 \times 10 - 90$$
$$-x^2 + 21x = 20$$
$$x^2 - 21x + 20 = 0$$
$$(x-1)(x-20) = 0$$
$$x = 1, \ x = 20$$

解の確かめ

・$x = 20$ を答えとすると，通路の幅が土地の大きさをこえてしまうので，$x = 20$ は問題に適していない。

　$x = 1$ は問題に適している。

・土地の1辺の長さより通路の幅は短くなければならないので，x は $0 < x < 10$ の範囲となる。$x = 20$ はこの範囲の中にはないので，問題に適していない。

　$x = 1$ は問題に適している。

❺ 方程式をつくって解く手順は，1次方程式，連立方程式と同じだが，2次方程式には解が2つあり，方程式の解が問題に適さない場合もあるので，問題に適するかどうかを調べる必要がある。

❻ **はるかさん**

縦が11m，横が10mの長方形の土地に，右の図のように<u>縦2本，横1本</u>の同じ幅の通路をつくり，残りを畑にします。

畑の面積を<u>80m²</u>にするには，通路の幅を何mにすればよいでしょうか。

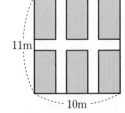

　　解答　右の図のように考えると

$$(11-x)(10-2x) = 80$$
$$110 - 32x + 2x^2 = 80$$
$$2x^2 - 32x + 30 = 0$$

　　両辺を2でわると

$$x^2 - 16x + 15 = 0$$
$$(x-1)(x-15) = 0$$
$$x = 1, \ x = 15$$

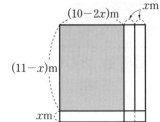

　　$0 < x < 10$ でなければならないから，$x = 15$ は問題に適していない。

　　$x = 1$ は問題に適している。　　　　　　　　　　　答　1m

ひろとさん

縦が<u>13m</u>，横が<u>11m</u>の長方形の土地に，右の図のように縦と横に同じ幅の通路をつくり，残りを畑にします。

畑の面積を<u>120m²</u>にするには，通路の幅を何mにすればよいでしょうか。

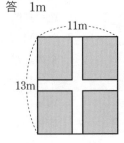

解答　$(13-x)(11-x)=120$

$143-24x+x^2=120$

$x^2-24x+23=0$

$(x-1)(x-23)=0$

$x=1,\ x=23$

$0<x<11$でなければならないから，$x=23$は問題に適していない。

$x=1$は問題に適している。　　　　　　　　　　　　答　1m

1　2次方程式の利用

ポイント

2次方程式を使って問題を解く手順

① 何を文字で表すかを決める。

② 数量の間の関係を見つけて，方程式をつくる。

③ つくった方程式を解く。

④ 方程式の解が問題に適しているか確かめる。

問1

3つの続いた自然数があります。それぞれの2乗の和は365です。この3つの続いた自然数を求めなさい。

教科書 p.87

→ 教科書 p.245 57（ガイドp.275）

考え方　3つの続いた自然数を文字xを使って表してみよう。このとき，3つの続いた整数のうちどの自然数をxとしてもよいが，真ん中の自然数をxとすると計算が簡単になります。

解答　3つの続いた自然数のうち，真ん中の自然数をxとすると，3つの続いた自然数は

$x-1,\ x,\ x+1$

と表される。それぞれの自然数を2乗したものの和が365だから

$(x-1)^2+x^2+(x+1)^2=365$

$x^2-2x+1+x^2+x^2+2x+1=365$

$3x^2+2=365$

$3x^2=363$

$x^2=121$

$x=\pm11$

xは自然数だから，$x=-11$は問題に適していない。

$x=11$は問題に適している。

$x=11$のとき，3つの続いた自然数は　　10, 11, 12　　　　　　答　10, 11, 12

<table>
<tr><td>数学の
まど</td><td>続いた自然数の2乗の和</td><td>教科書 p.87</td></tr>
</table>

(1) $\boxed{}^2 + \boxed{}^2 = 365$

(2) $\boxed{}^2 + \boxed{}^2 + \boxed{}^2 = 365$

(3) $\boxed{}^2 + \boxed{}^2 + \boxed{}^2 + \boxed{}^2 = 366$

解答 続いた自然数のうち，もっとも小さい数をxとする。

(1) 2つの続いた自然数はx，$x+1$と表される。

それらの2乗の和が365だから

$$x^2 + (x+1)^2 = 365$$
$$x^2 + (x^2 + 2x + 1) = 365$$
$$2x^2 + 2x - 364 = 0$$
$$x^2 + x - 182 = 0$$
$$(x-13)(x+14) = 0$$

したがって $x = 13$，$x = -14$

xは自然数だから，$x = -14$は問題に適していない。

$x = 13$は問題に適している。

$x = 13$のとき，2つの続いた自然数は 13，14

(2) 問1より 10，11，12

(3) 4つの続いた自然数はx，$x+1$，$x+2$，$x+3$と表される。

それらの2乗の和が366だから

$$x^2 + (x+1)^2 + (x+2)^2 + (x+3)^2 = 366$$
$$x^2 + (x^2 + 2x + 1) + (x^2 + 4x + 4) + (x^2 + 6x + 9) = 366$$
$$4x^2 + 12x - 352 = 0$$
$$x^2 + 3x - 88 = 0$$
$$(x-8)(x+11) = 0$$

したがって $x = 8$，$x = -11$

xは自然数だから，$x = -11$は問題に適していない。

> 366はうるう年の1年間の日数だね。

$x = 8$は問題に適している。

$x = 8$のとき，4つの続いた自然数は 8，9，10，11

例2

⊝ $x > 6$でなければならないのはなぜですか。

教科書 p.88

解答 4すみから1辺が3cmの正方形を切り取ると，容器の縦，横は，もとの紙の縦，横よりそれぞれ6cm短くなる。

もとの紙では，縦のほうが横より短いから，容器を作るには，縦が6cmより長くなければならない。

したがって，$x > 6$でなければならない。

問2
1辺の長さが20cmの正方形の紙を，図1のように切り取って，図2のような，ふたのついた直方体の箱を作りました。
この箱の底面積が72cm²であるとき，箱の高さを求めなさい。

教科書 p.88

● 教科書 p.245 ⑤⑧
（ガイドp.275）

図1 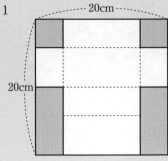　図2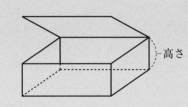

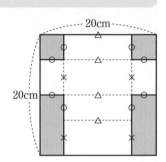

考え方 右の図を組み立てたとき，○は高さ，△は横，×は縦にあたります。
高さを$x$cmとして，縦，横の長さをそれぞれxを使って表してみよう。

解答 高さを$x$cmとすると

箱の横の長さ　　$(20-2x)$cm

箱の縦の長さ　　$(20-2x)\times\dfrac{1}{2}=10-x\,(cm)$

となる。底面積が72cm²だから

$$(10-x)(20-2x)=72$$
$$200-40x+2x^2=72$$
$$2x^2-40x+128=0$$

両辺を2でわると

$$x^2-20x+64=0$$
$$(x-4)(x-16)=0$$

したがって　　$x=4,\ x=16$
縦の長さが$(10-x)$cmだから，$0<x<10$でなければならないから，
$x=16$は問題に適していない。
$x=4$は問題に適している。　　　　　　　　　　　　　　**答　4cm**

別解 方程式は次のようにして解くこともできる。

$$(10-x)(20-2x)=72$$
$$(10-x)\{2(10-x)\}=72$$
$$2(10-x)^2=72$$
$$(10-x)^2=36$$
$$10-x=\pm6$$

$10-x=6$　より　　$x=4$
$10-x=-6$　より　　$x=16$

105

問3

長さが8cmの線分AB上を、点PがAを
出発してBまで動きます。
AP，PBをそれぞれ1辺とする正方形の面
積の和が36cm²になるのは、点PがAか
ら何cm動いたときですか。

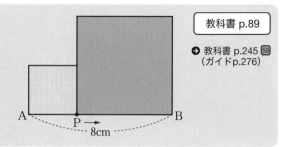

教科書 p.89

→ 教科書 p.245 59
（ガイドp.276）

考え方 点PがAから$x$cm動いたとして、AP，PBの長さをそれぞれxを使って表してみよう。

解答 点PがAから$x$cm動いたとすると

$$AP = x\,\text{cm}$$
$$PB = (8-x)\,\text{cm}$$

となる。

AP，PBをそれぞれ1辺とする正方形の面積の和が36cm²となることから

$$x^2 + (8-x)^2 = 36$$
$$x^2 + (64 - 16x + x^2) = 36$$
$$2x^2 - 16x + 28 = 0$$

両辺を2でわると

$$x^2 - 8x + 14 = 0$$
$$x = \frac{-(-8) \pm \sqrt{(-8)^2 - 4 \times 1 \times 14}}{2 \times 1}$$
$$= \frac{8 \pm \sqrt{64 - 56}}{2}$$
$$= \frac{8 \pm \sqrt{8}}{2}$$
$$= \frac{8 \pm 2\sqrt{2}}{2}$$
$$= 4 \pm \sqrt{2}$$

$$\frac{\overset{4}{\cancel{8}} \pm \overset{1}{\cancel{2}}\sqrt{2}}{\underset{1}{\cancel{2}}} = 4 \pm \sqrt{2}$$

$\underset{※}{\underline{0 \leqq x \leqq 8}}$だから、$\underset{※※}{\underline{これらは問題に適している。}}$

答　$(4+\sqrt{2})$cm，$(4-\sqrt{2})$cm

注意 ※点Pは点Aから点Bまで動くから、xの変域は

$$0 \leqq x \leqq 8$$

となる。

※※$\sqrt{2} = 1.414$とすると

$$4 + \sqrt{2} = 5.414, \quad 4 - \sqrt{2} = 2.586$$

となり、問題に適している。

要点チェック

☐2次方程式	移項して整理することによって，（2次式）＝0の形に変形できる方程式を2次方程式という。
☐平方根の考えを使った2次方程式の解き方	xについての2次方程式が $$(x+a)^2=b$$ のように変形できれば，この2次方程式の解は $$x=-a\pm\sqrt{b}$$
☐2次方程式の解の公式	2次方程式$ax^2+bx+c=0$の解は $$x=\frac{-b\pm\sqrt{b^2-4ac}}{2a}$$ この式を，2次方程式の解の公式という。
☐因数分解を利用した2次方程式の解き方	xについての2次方程式が $$(x-a)(x-b)=0 \quad (a, \ b は定数)$$ のように，左辺が因数分解できれば，この2次方程式の解は $$x=a, \ x=b$$
☐2次方程式の文章題の解き方	次の手順で解く。 ① 何を文字で表すかを決める。 ② 数量の間の関係を見つけて，方程式をつくる。 ③ つくった方程式を解く。 ④ 方程式の解が問題に適しているか確かめる。

3章

2次方程式

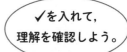

✓を入れて，理解を確認しよう。

章 の 問 題 Ａ

教科書 ➡ p.90

1 次の方程式のうち，−2が解であるものはどれですか。

㋐ $x^2-2=0$

㋑ $(x+2)(x-5)=8$

㋒ $x^2-7x=18$

㋓ $(x+4)^2=4$

考え方 ㋐〜㋓の方程式の左辺に $x=-2$ を代入して，等式が成り立つかどうか調べよう。

解答 それぞれの方程式の左辺に $x=-2$ を代入すると

㋐ （左辺）$=(-2)^2-2=2$，（右辺）$=0$ ×

㋑ （左辺）$=(-2+2)\times(-2-5)=0$，（右辺）$=8$ ×

㋒ （左辺）$=(-2)^2-7\times(-2)=18$，（右辺）$=18$ ○

㋓ （左辺）$=(-2+4)^2=4$，（右辺）$=4$ ○

したがって，$x=-2$ のとき（左辺）＝（右辺）となり，等式が成り立つのは㋒，㋓だから，

−2が解であるのは　　㋒，㋓

2 次の方程式の解をいいなさい。

(1) $x^2 = 8$　　　　(2) $(x-2)(x+5) = 0$

解答 (1) $x^2 = 8$

$x = \pm\sqrt{8}$

$x = \pm 2\sqrt{2}$

(2) $(x-2)(x+5) = 0$

$x-2 = 0$　または　$x+5 = 0$

$x = 2,\ x = -5$

3 次の方程式を解きなさい。

(1) $2x^2 = 24$　　　　(2) $16x^2 = 5$

(3) $(x-3)^2 - 7 = 0$　　　　(4) $(x+2)^2 = 9$

(5) $x^2 - 5x + 5 = 0$　　　　(6) $2x^2 - 5x + 3 = 0$

(7) $x^2 + 4x + 2 = 0$　　　　(8) $3x^2 + 2x - 1 = 0$

考え方 方程式の形から，どの方法で解けばよいか考えよう。

(1)～(4)　平方根の考え方を使って解く。

(5)～(8)　解の公式を使って解く。

解答 (1) $2x^2 = 24$ 〉両辺を2でわる

$x^2 = 12$

$x = \pm\sqrt{12}$　←　$\sqrt{12} = \sqrt{2^2 \times 3} = 2\sqrt{3}$

$x = \pm 2\sqrt{3}$

(2) $16x^2 = 5$ 〉両辺を16でわる

$x^2 = \dfrac{5}{16}$

$x = \pm\sqrt{\dfrac{5}{16}}$

$x = \pm\dfrac{\sqrt{5}}{4}$

(3) $(x-3)^2 - 7 = 0$

$(x-3)^2 = 7$

$x-3 = \pm\sqrt{7}$

$x = 3 \pm\sqrt{7}$

(4) $(x+2)^2 = 9$

$x+2 = \pm 3$

$x = -2 \pm 3$

すなわち

$x = -2+3,\ x = -2-3$

$x = 1,\ x = -5$

(5) 解の公式に，$a=1$，$b=-5$，$c=5$を代入すると

$x = \dfrac{-(-5) \pm\sqrt{(-5)^2 - 4\times 1\times 5}}{2\times 1}$

$= \dfrac{5 \pm\sqrt{25-20}}{2}$

$= \dfrac{5 \pm\sqrt{5}}{2}$

したがって　　$x = \dfrac{5 \pm\sqrt{5}}{2}$

(6) 解の公式に，$a=2$，$b=-5$，$c=3$を代入すると

$x = \dfrac{-(-5) \pm\sqrt{(-5)^2 - 4\times 2\times 3}}{2\times 2}$

$= \dfrac{5 \pm\sqrt{25-24}}{4}$

$= \dfrac{5 \pm\sqrt{1}}{4}$

$= \dfrac{5 \pm 1}{4}$

$x = \dfrac{5+1}{4},\ x = \dfrac{5-1}{4}$

したがって　　$x = \dfrac{3}{2},\ x = 1$

(7) 解の公式に，$a=1$，$b=4$，$c=2$ を代入すると

$$x = \frac{-4 \pm \sqrt{4^2 - 4 \times 1 \times 2}}{2 \times 1}$$

$$= \frac{-4 \pm \sqrt{16 - 8}}{2}$$

$$= \frac{-4 \pm \sqrt{8}}{2}$$

$$= \frac{-4 \pm 2\sqrt{2}}{2}$$

$$= -2 \pm \sqrt{2}$$

したがって　　$x = -2 \pm \sqrt{2}$

(8) 解の公式に，$a=3$，$b=2$，$c=-1$ を代入すると

$$x = \frac{-2 \pm \sqrt{2^2 - 4 \times 3 \times (-1)}}{2 \times 3}$$

$$= \frac{-2 \pm \sqrt{16}}{6}$$

$$= \frac{-2 \pm 4}{6}$$

$$x = \frac{-2 + 4}{6}, \ x = \frac{-2 - 4}{6}$$

したがって　　$x = \dfrac{1}{3}$，$x = -1$

4 次の方程式を解きなさい。

(1) $(x-8)(2x+5) = 0$

(2) $x^2 = 15x$

(3) $x^2 - 4x - 5 = 0$

(4) $x^2 - 12x + 36 = 0$

(5) $x^2 + 6x - 27 = 0$

(6) $x^2 + 15x + 26 = 0$

考え方 (2) 右辺の $15x$ を移項して左辺を因数分解します。両辺を x でわって $x = 15$ としてはいけません。

解答
(1) $(x-8)(2x+5) = 0$

$x - 8 = 0$　または　$2x + 5 = 0$

$x = 8$，$x = -\dfrac{5}{2}$

(2) 　　　　$x^2 = 15x$

$x^2 - 15x = 0$

$x(x - 15) = 0$

$x = 0$　または　$x - 15 = 0$

$x = 0$，$x = 15$

(3) 　　$x^2 - 4x - 5 = 0$

$(x+1)(x-5) = 0$

$x + 1 = 0$　または　$x - 5 = 0$

$x = -1$，$x = 5$

(4) 　$x^2 - 12x + 36 = 0$

$(x-6)^2 = 0$

$x - 6 = 0$

$x = 6$

(5) 　$x^2 + 6x - 27 = 0$

$(x-3)(x+9) = 0$

$x - 3 = 0$　または　$x + 9 = 0$

$x = 3$，$x = -9$

(6) 　$x^2 + 15x + 26 = 0$

$(x+2)(x+13) = 0$

$x + 2 = 0$　または　$x + 13 = 0$

$x = -2$，$x = -13$

5 n 角形の対角線は全部で $\dfrac{n(n-3)}{2}$ 本ひくことができます。

対角線が27本ある多角形は何角形ですか。

| 考え方 | 方程式 $\dfrac{n(n-3)}{2}=27$ を解けばよい。 |

| 解答 |

$$\dfrac{n(n-3)}{2}=27$$

両辺に2をかける

$$n(n-3)=54$$

$$n^2-3n-54=0$$

$$(n+6)(n-9)=0$$

$$n=-6,\ n=9$$

$n>3$ でなければならないから，

$n=-6$ は問題に適していない。

$n=9$ は問題に適している。

答　九角形

---

6 右の図のような直角二等辺三角形ABCで，点Pは，Aを出発して
辺AB上をBまで動きます。また，点Qは，点PがAを出発する
のと同時にCを出発し，Pと同じ速さで辺BC上をBまで動きます。
点PがAから何cm動いたとき，台形APQCの面積が28cm²にな
りますか。

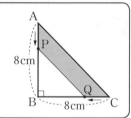

8cm

B　　　8cm　　　C

| 考え方 | (台形APQCの面積) $=\triangle ABC-\triangle PBQ$ と考えます。

APの長さを x cmとして，$\triangle PBQ$ の面積を x を使って表し，方程式をつくります。

| 解答 | $AP=x$ cmとすると

$$AP=CQ=x\text{cm}$$

$$PB=QB=(8-x)\text{cm}$$

となる。

(台形APQCの面積) $=\triangle ABC-\triangle PBQ$

だから

$$\dfrac{1}{2}\times8\times8-\dfrac{1}{2}\times(8-x)\times(8-x)=28$$

$$32-\dfrac{1}{2}(64-16x+x^2)=28$$

$$-\dfrac{1}{2}x^2+8x-28=0$$

両辺に -2 をかける

$$x^2-16x+56=0$$

$$x=\dfrac{-(-16)\pm\sqrt{(-16)^2-4\times1\times56}}{2\times1}$$

$$=\dfrac{16\pm\sqrt{32}}{2}$$

$$=\dfrac{16\pm4\sqrt{2}}{2}$$

$$=8\pm2\sqrt{2}$$

$0\leqq x\leqq8$ でなければならないから，

$x=8+2\sqrt{2}$ は問題に適していない。

$x=8-2\sqrt{2}$ は問題に適している。

答　$(8-2\sqrt{2})$cm

| 注意 | 点PはAからBまで動くから，x の変域は $0\leqq x\leqq8$ となる。

$\sqrt{2}=1.414$ とすると

$8+2\sqrt{2}=10.828$ となり，$x=8+2\sqrt{2}$ は問題に適していない。

$8-2\sqrt{2}=5.172$ となり，$x=8-2\sqrt{2}$ は問題に適している。

章 の 問 題 B

教科書 ➔ p.91〜92

1 次の方程式を解きなさい。

(1) $(x+2)^2 = 5x+6$

(2) $3x^2 - 15x - 75 = 0$

(3) $\dfrac{1}{2}x^2 = x + 4$

(4) $(x+1)^2 + 2(x+1) = 0$

考え方 (1) 展開し，移項して整理してから因数分解します。

(4) $x+1 = A$ とおいて因数分解してみよう。

解答 (1)

$$(x+2)^2 = 5x+6$$
$$x^2 + 4x + 4 = 5x + 6$$
$$x^2 - x - 2 = 0$$
$$(x+1)(x-2) = 0$$
$$x+1 = 0 \quad または \quad x-2 = 0$$
$$x = -1, \ x = 2$$

(2) $3x^2 - 15x - 75 = 0$

$$x^2 - 5x - 25 = 0 \quad \text{両辺を3でわる}$$

解の公式に，$a = 1$, $b = -5$, $c = -25$
を代入すると

$$x = \frac{-(-5) \pm \sqrt{(-5)^2 - 4 \times 1 \times (-25)}}{2 \times 1}$$
$$= \frac{5 \pm \sqrt{125}}{2}$$
$$= \frac{5 \pm 5\sqrt{5}}{2}$$

したがって $x = \dfrac{5 \pm 5\sqrt{5}}{2}$

(3)

$$\frac{1}{2}x^2 = x + 4 \quad \text{両辺に2をかける}$$
$$x^2 = 2x + 8$$
$$x^2 - 2x - 8 = 0$$
$$(x+2)(x-4) = 0$$
$$x+2 = 0 \quad または \quad x-4 = 0$$
$$x = -2, \ x = 4$$

(4) $x+1 = A$ とおくと

$$A^2 + 2A = 0$$
$$A(A+2) = 0 \quad \text{Aを$x+1$にもどす}$$
$$(x+1)(x+1+2) = 0$$
$$(x+1)(x+3) = 0$$
$$x+1 = 0 \quad または \quad x+3 = 0$$
$$x = -1, \ x = -3$$

2 次の問に答えなさい。

(1) 2次方程式 $x^2 + ax - 15 = 0$ の解の1つが5であるとき，a の値ともう1つの解を求めなさい。

(2) 2次方程式 $x^2 + ax + b = 0$ の解が -5 と6のとき，a と b の値をそれぞれ求めなさい。

考え方 2次方程式の x に解の値を代入するとき，2次方程式は成り立ちます。

(1) a の値は，$x^2 + ax - 15 = 0$ に $x = 5$ を代入して，a についての1次方程式をつくり，それを解きます。

(2) $x^2 + ax + b = 0$ に，$x = -5$, $x = 6$ をそれぞれ代入して，a, b についての連立方程式をつくります。

解答 (1)　$x^2 + ax - 15 = 0$に$x = 5$を代入すると

$$5^2 + 5a - 15 = 0$$
$$5a = -25 + 15$$
$$5a = -10$$
$$a = -2$$

$x^2 + ax - 15 = 0$に$a = -2$を代入すると

$$x^2 - 2x - 15 = 0$$
$$(x-5)(x+3) = 0$$

$x - 5 = 0$　または　$x + 3 = 0$

$x = 5,\ x = -3$　　　　　　　　　　　　　　**答**　$a = -2$, もう1つの解　$x = -3$

(2)　$x^2 + ax + b = 0$に$x = -5$を代入すると

$$25 - 5a + b = 0$$
$$-5a + b = -25 \quad \cdots ①$$

$x^2 + ax + b = 0$に$x = 6$を代入すると

$$36 + 6a + b = 0$$
$$6a + b = -36 \quad \cdots ②$$

したがって，①，②を連立方程式として解けばよい。

$$\begin{cases} -5a + b = -25 & \cdots ① \\ 6a + b = -36 & \cdots ② \end{cases}$$

①$-$②より

$$-11a = 11$$
$$a = -1$$

$a = -1$を①に代入すると

$$-5 \times (-1) + b = -25 \quad b = -30$$

したがって　　$a = -1,\ b = -30$　　　　　　　　　　　**答**　$a = -1,\ b = -30$

レベルアップ　　$(x-a)(x-b) = 0$の解は$x = a,\ x = b$であり

$$(x-a)(x-b) = x^2 - (a+b)x + ab$$

となることから，この問題を考えてみよう。

$$\boxed{x^2 - \underbrace{(a+b)}_{\text{解の和}}x + \underbrace{ab}_{\text{解の積}}}$$

(1)　解の1つが5で，2つの解の積が-15だから

もう1つの解は　$(-15) \div 5 = -3$

解の和は$5 + (-3) = 2$となるから

$$x^2 - 2x - 15 = 0 より \qquad x^2 + (-2)x - 15 = 0$$

したがって　　$a = -2$

(2)　2つの解が，-5と6だから，この2次方程式は

$$(x+5)(x-6) = 0$$

と表すことができる。左辺を展開すると

$$x^2 - x - 30 = 0$$

となり，$x^2 + ax + b = 0$と，xの係数と数の項をそれぞれ比べて

$$a = -1,\ b = -30$$

3 右の図で，点Pは$y = x + 2$のグラフ上の点で，点AはPO＝PAと
なるx軸上の点です。点Pのx座標をaとして，次の座標を求めなさい。
ただし，$a > 0$とし，座標の1目もりは1cmとします。

(1) 点Pのy座標

(2) 点Aの座標

(3) △POAの面積が15cm²のときの点Pの座標

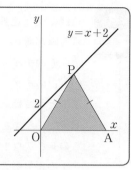

考え方 (1) 点Pは$y = x + 2$のグラフ上の点であることから，y座標をaを使って表します。

(2) PO＝PAより，△POAは二等辺三角形だから，Pからx軸に垂線をひき，x軸との交点
をHとするとOH＝HAとなります。

(3) △POAを，底辺OA，高さPHの三角形と考えます。

解答 (1) 点Pのx座標がaで，点Pは$y = x + 2$のグラフ上にあるので，
点Pのy座標は$y = x + 2$に$x = a$を代入して

$$y = a + 2$$ 　　　　　　　　答　$a + 2$

(2) △POAはPO＝PAの二等辺三角形である。

したがって，点Pから辺OAに垂線をひくと，OAを
2等分するから，OAとの交点をHとすると

　　OH＝HA

Hの座標は$(a, 0)$だから，OA＝2OHより，

Aの座標は　　$(2a, 0)$ 　　　　　答　A$(2a, 0)$

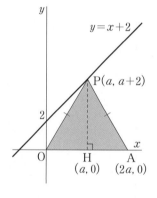

(3) $\triangle POA = \dfrac{1}{2} \times OA \times PH$だから

$$15 = \dfrac{1}{2} \times 2a \times (a + 2)$$

$$15 = a(a + 2)$$

展開し，移項して整理すると

$$a^2 + 2a - 15 = 0$$

$$(a - 3)(a + 5) = 0$$

$$a = 3, \ a = -5$$

$a > 0$だから，

$a = -5$は問題に適していない。

$a = 3$は問題に適している。

Pのx座標は3だから，Pのy座標は(1)より　　$3 + 2 = 5$ 　　　　　　答　P$(3, 5)$

4 地域の美化運動で，1辺が6mの正方形の花だんに赤白2種類のチューリップの球根を植える計画があり，次の条件で，花だんのレイアウトを募集しています。

活用の問題

　・赤のチューリップを植える面積は26m²
　・白のチューリップを植える面積は10m²

ひろとさんは，右のようなレイアウトの案を考えています。

このレイアウトで上の条件をみたすには，①〜④の正方形の1辺を何mにすればよいですか。

また，その求め方も書きなさい。

〈レイアウトの案〉
　　■は赤のチューリップ
　　①〜⑤はすべて正方形で，
　　①〜④は合同とする。

考え方 ①〜④の正方形の1辺を x m として，赤のチューリップを植える面積が26m²であることから方程式をつくります。

解答 ①〜④の正方形の1辺を x m とすると，⑤の正方形の1辺は $(6-2x)$ m と表される。

赤のチューリップを植える面積は26m²だから

$$4x^2+(6-2x)^2=26$$
$$4x^2+(36-24x+4x^2)=26$$
$$8x^2-24x+10=0$$
$$4x^2-12x+5=0 \quad \text{両辺を2でわる}$$

$$x=\frac{-(-12)\pm\sqrt{(-12)^2-4\times4\times5}}{2\times4} \quad \leftarrow\text{解の公式に，}a=4, b=-12, c=5\text{を代入する}$$

$$=\frac{12\pm\sqrt{64}}{8}$$
$$=\frac{12\pm8}{8}$$
$$x=\frac{12+8}{8},\ x=\frac{12-8}{8}$$
$$x=\frac{5}{2},\ x=\frac{1}{2}$$

これらは問題に適している。

答　$\frac{5}{2}$ m か $\frac{1}{2}$ m にすればよい。

別解 白のチューリップを植える面積が10m²であることから方程式をつくってもよい。

$$x(6-2x)\times4=10$$
$$4x(6-2x)=10$$
$$24x-8x^2=10$$
$$8x^2-24x+10=0$$
$$4x^2-12x+5=0$$

5 江戸時代に書かれた数学書「塵劫記」には，俵杉算とよばれる
問題が紹介されています。

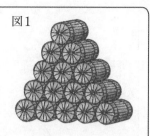

図1

図1のように，1段上がるごとに，米俵を1つずつ少なくして
積み上げるときの俵の数を数える問題です。

(1) いちばん下の段に俵がx個あるとき，図1のような三角形

の形に積み上げると，俵の数は全部で$\dfrac{x(x+1)}{2}$個となり

ます。

この式で求められる理由を，はるかさんの考えに続けて説明しなさい。

(2) 俵が45個あるとき，図1のような三角形の形に積み上げることができます。

そのとき，いちばん下の段の俵を何個にすればよいですか。

(3) 図2のように，俵を台形の形に積み上

げます。いちばん下の段に俵がx個あ

るとき，全部の俵の数をxを使って表

しなさい。

また，その求め方を説明しなさい。

図2

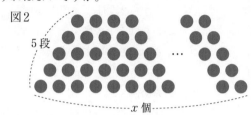

5段

x個

(4) 俵が45個あるとき，図2のような台

形の形に積み上げることができます。

そのとき，いちばん下の段の俵を何個にすればよいですか。

解答

(1) (例) 俵を●とする。いちばん下の段の●がx個のとき，
右の図のように同じものを逆向きにして組み合わせる
と，平行四辺形の形になる。

平行四辺形の形に並んだ●の数は，いちばん下の段が
$(x+1)$個で，それがx段あるから，平行四辺形の形の
ときの●の数は$x(x+1)$個となる。

三角形の形の●の数はその$\dfrac{1}{2}$だから，$\dfrac{x(x+1)}{2}$個である。

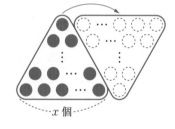

x個

(2) (1)で求めた式から

$$\frac{x(x+1)}{2}=45$$

$$x(x+1)=90$$

$$x^2+x-90=0$$

$$(x-9)(x+10)=0$$

$x=9, \ \ x=-10$

$x>0$でなければならないから，

$x=-10$は問題に適していない。

$x=9$は問題に適している。

答 9個

(3) **全部の俵の数** $(5x-10)$個

求め方の例1

右の図のように，いちばん下の段の●の数が5個の
三角形の形と，いちばん下の段の●の数が$(x-5)$
個の平行四辺形の形に分けて考える。

三角形の形に並んだ●の数は，(1)で求めたことから

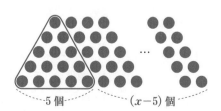

5個　　　$(x-5)$個

3章

2次方程式

$$\frac{5 \times (5+1)}{2} = 15 \, (\text{個})$$

平行四辺形の形に並んだ●の数は

$$(x-5) \times 5 = 5x - 25 \, (\text{個})$$

したがって，全部の●の数は

$$15 + (5x - 25) = 5x - 10 \, (\text{個})$$

である。

求め方の例2

いちばん下の段（上から5段目）の●の数がx個だから，それぞれ段の●の数は

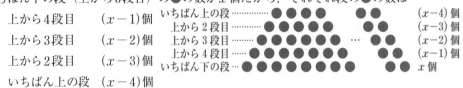

上から4段目	$(x-1)$個
上から3段目	$(x-2)$個
上から2段目	$(x-3)$個
いちばん上の段	$(x-4)$個

いちばん上の段 ……………… ●●●●　　●● $(x-4)$個
上から2段目 ………… ●●●●●　　●● $(x-3)$個
上から3段目 …… ●●●●●●　…　●● $(x-2)$個
上から4段目 … ●●●●●●●　　●● $(x-1)$個
いちばん下の段… ●●●●●●●●　　●● x個

となる。したがって，全部の個数は

$$x + (x-1) + (x-2) + (x-3) + (x-4) = 5x - 10 \, (\text{個})$$

求め方の例3

右の図のように三角形の形に積み上げたと考えると，求める●の個数は

三角形の形にx段積み上げたときの●の数 …①

から

三角形の形に$(x-5)$段積み上げたときの●の数 …②

をひけばよい。①，②はそれぞれ(1)で求めたことから

①は　　$\dfrac{x(x+1)}{2}$

②は(1)のxに$x-5$を代入して

$$\frac{(x-5)\{(x-5)+1\}}{2} = \frac{(x-5)(x-4)}{2}$$

となるから，求める●の個数は

$$\frac{x(x+1)}{2} - \frac{(x-5)(x-4)}{2} = \frac{x^2 + x - (x^2 - 9x + 20)}{2}$$
$$= \frac{10x - 20}{2}$$
$$= 5x - 10 \, (\text{個})$$

(4)　(3)で求めた式から

$$5x - 10 = 45 \qquad\qquad 5x = 55$$
$$5x = 45 + 10 \qquad\qquad x = 11$$

これは問題に適している。

答　11個

4章 [関数 $y = ax^2$] 関数の世界をひろげよう

1節 関数 $y = ax^2$

Q ジェットコースターが斜面①を上る場合と，斜面②を下りる場合について，時間と進んだ距離を調べたら，表のようになりました。時間にともなって，進んだ距離はどのように変化しているでしょうか。

教科書 p.95

解答 **はるかさん**

斜面①を上る場合

1秒ごとに進んだ距離の増え方は一定で，2mずつ増えている。

斜面②を下りる場合

1秒ごとに進んだ距離の増え方は一定ではなく，どんどん大きくなっている。

ひろとさん

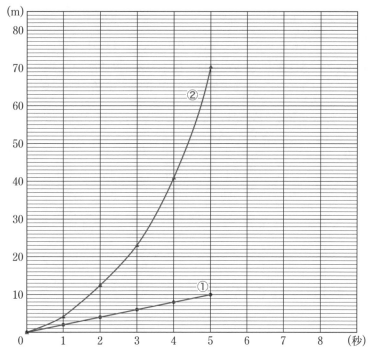

時間に対応する進んだ距離をグラフに表すと上のようになる。

斜面①を上る場合…原点を通る直線になる。

斜面②を下りる場合…原点を通る曲線になる。

1 関数 $y = ax^2$

Q 斜面で球を転がすとき，球が転がり始めてから x 秒間に転がる距離を ym として，x と y の関係を調べてみましょう。

教科書 p.96〜97

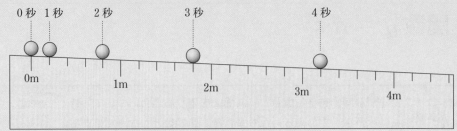

❶ 表の x の値に対応する y の値を，上の図から読みとりましょう。

❷ 上の x，y で，x の値が2倍，3倍，4倍になったとき，対応する y の値はそれぞれ何倍になっているでしょうか。

❸ 表の空らんをうめて，x^2 と y の関係を調べてみましょう。

❹ 表の x，y について，y を x の式で表してみましょう。

考え方 ❹ ❸のように，表に x^2 のらんを加えて考えてみよう。

解答 ❶

x	0	1	2	3	4
y	0	0.2	0.8	1.8	3.2

❷ x の値が2倍の $x = 2$ になると，y の値は $0.8 \div 0.2 = 4$（倍）→ 2^2 倍

x の値が3倍の $x = 3$ になると，y の値は $1.8 \div 0.2 = 9$（倍）→ 3^2 倍

x の値が4倍の $x = 4$ になると，y の値は $3.2 \div 0.2 = 16$（倍）→ 4^2 倍

比例では，x の値が2倍，3倍，4倍になると，y の値は2倍，3倍，4倍になる。

❸

x	0	1	2	3	4
x^2	0	1	4	9	16
y	0	0.2	0.8	1.8	3.2

$\Big\}\times 0.2$

❹

x	0	1	2	3	4
x^2	0	1	4	9	16
y	0	1	4	9	16

$\Big\}\times 1$（等しい）

となり，y の値は x^2 になっているから

$$y = x^2$$

ことばの意味

● 2乗に比例する関数 　　y が x の関数で，$y = ax^2$ と表されるとき，y は x の2乗に比例するという。

● 比例定数 　　　　　　$y = ax^2$ のなかの文字 a は定数であり，**比例定数**という。

問 1

立方体の1辺を x cm とするとき，次の(1)〜(3)の
それぞれについて，y を x の式で表しなさい。
また，y が x の2乗に比例するものをいいなさい。

(1)　すべての辺の長さの和を y cm とする。

(2)　表面積を y cm² とする。

(3)　体積を y cm³ とする。

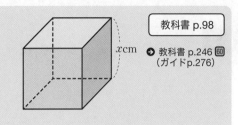

教科書 p.98

➡ 教科書 p.246 **60**
（ガイドp.276）

考え方 y が x の2乗に比例する場合，$y = ax^2$ の式で表せます。

解答 (1)　立方体の辺は全部で12本あって，その長さはすべて等しいから 　　$y = x \times 12 = 12x$

(2)　立方体の面は全部で6つあり，すべて合同な正方形だから 　　$y = x \times x \times 6 = 6x^2$

(3)　(立方体の体積) $=$ (1辺)$\times$(1辺)$\times$(1辺) で求められるから 　　$y = x \times x \times x = x^3$

　　　　　　　　答 (1)　$y = 12x$ 　　(2)　$y = 6x^2$ 　　(3)　$y = x^3$

y が x の2乗に比例しているのは　(2)

問 2

半径が x cm の円の面積を y cm² とします。

(1)　y を x の式で表しなさい。

(2)　半径が2倍になると，面積は何倍になりますか。

(3)　面積を2倍にするには，半径を何倍にすればよいです
か。

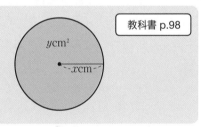

教科書 p.98

考え方 (円の面積) $=$ (半径)$^2 \times$ (円周率)

解答 (1)　$y = \pi x^2$

(2)　半径が2倍，すなわち $2x$ になると，面積は
$$y = \pi \times (2x)^2 = 4x^2 \pi$$
だから 　　$4\pi x^2 \div \pi x^2 = 4$（倍）

　　　　　　　　　　　　　　　　　　　　　答 4倍

(3)　半径が a 倍のとき面積が2倍になるとすると
$$\pi \times (ax)^2 = \pi x^2 \times 2$$
$$a^2 = 2$$
$a > 0$ だから 　　$a = \sqrt{2}$

　　　　　　　　　　　　　　　　　　答 $\sqrt{2}$ 倍

例2

$\ominus$ $x = -3$のときのyの値を求めなさい。

教科書 p.98

考え方 $y = 3x^2$のxに-3を代入して求めます。

解答 $y = 3x^2$に$x = -3$を代入すると
$$y = 3 \times (-3)^2 = 3 \times 9 = 27$$

問3

yはxの2乗に比例し，次の条件をみたすとき，yをxの式で表しなさい。

(1) $x = 3$のとき$y = 27$

(2) $x = 1$のとき$y = -5$

(3) $x = -2$のとき$y = 8$

(4) $x = 2$のとき$y = 2$

教科書 p.98

◎ 教科書 p.246 61
（ガイドp.276）

解答 yはxの2乗に比例するから，比例定数をaとすると$y = ax^2$と書くことができる。

(1) $x = 3$のとき$y = 27$だから
$$27 = a \times 3^2$$
$$9a = 27$$
$$a = 3$$
答 $y = 3x^2$

(2) $x = 1$のとき$y = -5$だから
$$-5 = a \times 1^2$$
$$a = -5$$
答 $y = -5x^2$

(3) $x = -2$のとき$y = 8$だから
$$8 = a \times (-2)^2$$
$$4a = 8$$
$$a = 2$$
答 $y = 2x^2$

(4) $x = 2$のとき$y = 2$だから
$$2 = a \times 2^2$$
$$4a = 2$$
$$a = \frac{1}{2}$$
答 $y = \frac{1}{2}x^2$

レベルアップ yがxの2乗に比例し，$x \neq 0$のとき，$\frac{y}{x^2}$の値は一定で，比例定数に等しいから，

比例定数aの値は$\frac{y}{x^2}$として求めることもできる。

(1) $a = \frac{27}{3^2} = \frac{27}{9} = 3$

(2) $a = \frac{-5}{1^2} = -5$

(3) $a = \frac{8}{(-2)^2} = \frac{8}{4} = 2$

(4) $a = \frac{2}{2^2} = \frac{2}{4} = \frac{1}{2}$

2節 関数 $y = ax^2$ の性質と調べ方

1 関数 $y = ax^2$ のグラフ

 関数 $y = x^2$ のグラフは，どのようになるでしょうか。

❶ 表1を完成させて，x，y の値の組を座標とする点を，図1にかき入れてみましょう。

❷ 表2を完成させて，x，y の値の組を座標とする点を，図2にかき入れてみましょう。

❸ これまで調べたことから，関数 $y = x^2$ のグラフにはどのような特徴があるといえるでしょうか。

教科書
p.100〜101

解答 ❶ 表1

x	…	-3	-2	-1	0	1	2	3	…
y	…	9	4	1	0	1	4	9	…

これらの x，y の値の組を座標とする点をとると，右の図のようになる。

図1
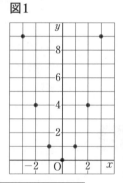

❷ 表2

x	-1	-0.9	-0.8	-0.7	-0.6	-0.5	-0.4	-0.3	-0.2	-0.1
y	1	0.81	0.64	0.49	0.36	0.25	0.16	0.09	0.04	0.01

0	0.1	0.2	0.3	0.4	0.5	0.6	0.7	0.8	0.9	1
0	0.01	0.04	0.09	0.16	0.25	0.36	0.49	0.64	0.81	1

❸ ・原点を通る曲線になる。

・y 軸について対称である。

図2
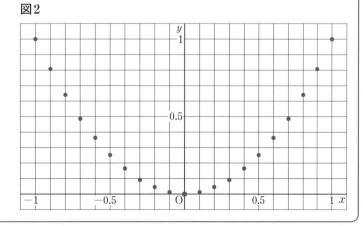

問1　$y = x^2$ のグラフは，x軸の下側には出ません。このことから，yの変域を 　　　　　　　　　　　　教科書 p.101
求めなさい。

考え方　グラフがx軸の下側には出ないということは，yは負の値をとらない，すなわち，0以上の値
をとる，ということです。このことを不等号を使って表してみよう。

解答　$y \geqq 0$

Q　関数 $y = 2x^2$ のグラフは，どのようになるでしょうか。　　　　　　　　　　　教科書 p.103

❶ 表を完成させて，$y = x^2$ のグラフをもとにして，$y = 2x^2$ のグラフを
かく方法を考えてみましょう。

❷ $y = 2x^2$ のグラフをかいてみましょう。

解答　❶

x	-2	-1.5	-1	-0.5	0	0.5	1	1.5	2
x^2	4	2.25	1	0.25	0	0.25	1	2.25	4
$2x^2$	8	4.5	2	0.5	0	0.5	2	4.5	8

}2倍

上の表から，$y = 2x^2$ では，xのどの値についても，yの値はx^2の値の2倍になってい
ることがわかる。したがって，$y = 2x^2$ のグラフをかくときは，$y = x^2$ のグラフ上の
各点について，y座標を2倍にした点をとればよい。

❷ 省略（教科書103ページの図の点線をなぞってかいてみよう。）

問2　教科書102ページの図に，　　　　　　教科書 p.103
$y = \dfrac{1}{2}x^2$ のグラフをかき入れ
なさい。

考え方　$y = \dfrac{1}{2}x^2$ のグラフ上の点は，$y = x^2$ のグラフ

上の各点について，y座標を$\dfrac{1}{2}$にした点になっ

ています。
そのような点をいくつかとり，なめらかな曲線
で結んでみよう。

解答　右の図

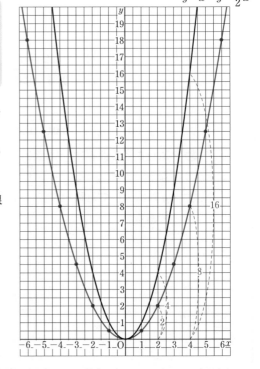

問 3　教科書101ページでまとめた $y = x^2$ のグラフの特徴は，$y = 2x^2$ や $y = \dfrac{1}{2}x^2$ の場合でも，同じようにいえますか。

教科書 p.103

解答　どちらも，原点を通り，y 軸について対称な曲線となっているので，同じようにいえる。

 Q　関数 $y = -2x^2$ のグラフは，どのようになるでしょうか。

教科書 p.104

❶ 表を完成させて，$y = 2x^2$ のグラフと $y = -2x^2$ のグラフには，どのような関係があるか調べてみましょう。

❷ $y = -2x^2$ のグラフをかいてみましょう。

解答 ❶

x	-2	-1.5	-1	-0.5	0	0.5	1	1.5	2
$2x^2$	8	4.5	2	0.5	0	0.5	2	4.5	8
$-2x^2$	-8	-4.5	-2	-0.5	0	-0.5	-2	-4.5	-8

$$y = 2x^2 \quad と \quad y = -2x^2$$

を上の表で比べると，x のどの値についても，それに対応する y の値は，絶対値が等しく符号が反対である。

したがって，$y = 2x^2$ のグラフと $y = -2x^2$ のグラフは，x 軸について対称である。

❷ 省略（教科書104ページの図の点線をなぞってかいてみよう。）

問 4　教科書105ページの図に，$y = -\dfrac{1}{2}x^2$ のグラフをかき入れなさい。

教科書 p.104

考え方　$y = \dfrac{1}{2}x^2$ のグラフ上のいくつかの点について，x 軸について対称な点をとり，それらの点をなめらかな曲線で結んでみよう。

解答　右の図

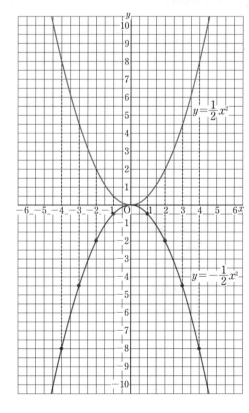

問5

教科書101ページでまとめた $y = x^2$ のグラフの特徴は，$y = -2x^2$ や $y = -\dfrac{1}{2}x^2$ の場合でも，同じようにいえますか。

教科書 p.104

➔ 教科書 p.246 62
（ガイド p.277）

解答　どちらも，原点を通り，y軸について対称な曲線となっているので，グラフの特徴は同じようにいえる。

はるかさん…$y = -2x^2$，$y = -\dfrac{1}{2}x^2$ のグラフは，どちらも x 軸の上側には出ない。

　　　　したがって，y の変域は　　$y \leqq 0$

問6

関数 $y = ax^2$ で，a の値が大きくなると，グラフの開き方はどうなりますか。$a > 0$ と $a < 0$ の場合に分けて答えなさい。

教科書 p.106

➔ 教科書 p.246 63
（ガイド p.277）

考え方　負の数では，絶対値が大きい数ほど小さくなります。

　　　　a の絶対値で考えると，グラフの開き方はどうなるかまとめてみよう。

解答　・$a > 0$ の場合は，a の値が大きくなると，グラフの開き方は小さくなる。

　　　　・$a < 0$ の場合は，a の値が大きくなると，グラフの開き方は大きくなる。

　　　　・a の値の絶対値が大きくなると，グラフの開き方は小さくなる。

ポイント

$y = ax^2$ のグラフの特徴

1　原点を通る。

2　y 軸について対称な曲線である。

3　　$a > 0$ のときは，上に開いた形

　　　$a < 0$ のときは，下に開いた形

　　になる。

4　a の値の絶対値が大きいほど，

　　グラフの開き方は小さい。

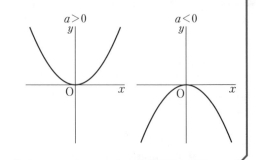

ことばの意味

● **放物線**

　$y = ax^2$ のグラフは**放物線**（ほうぶつせん）とよばれる。

● **放物線の頂点**

　放物線は対称の軸をもち，対称の軸と放物線の交点を放物線の頂点という。

2 関数 $y = ax^2$ の値の変化

Q 関数 $y = ax^2$ では，x の値が増加するとき，それにともなって y の値はどのように変化するでしょうか。

教科書 p.107〜108

❶ $a = 2$，$a = -2$ のそれぞれの場合について，x の値が1ずつ増加するとき，y の値はどのように変化するか調べてみましょう。

❷ 1次関数 $y = 2x + 1$ と関数 $y = 2x^2$ を例にして，x の値が0から1ずつ増加するときの y の増加量を比べてみましょう。

解答 ❶ $a = 2$ のとき，x の値が1ずつ増加すると

$x < 0$ の範囲では，y の値は減少する。

$x = 0$ のとき，y は最小値0をとる。

$x > 0$ の範囲では，y の値は増加する。

$a = -2$ のとき，x の値が1ずつ増加すると

$x < 0$ の範囲では，y の値は増加する。

$x = 0$ のとき，y は最大値0をとる。

$x > 0$ の範囲では，y の値は減少する。

❷ 〈1次関数 $y = 2x + 1$〉　　　　　〈関数 $y = 2x^2$〉

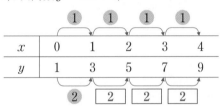

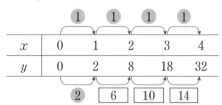

x の値が1ずつ増加するときの y の増加量は，1次関数 $y = 2x + 1$ では一定で2に等しいが，関数 $y = 2x^2$ では一定ではなく，しだいに大きくなっていく。

例 1

⇨ 上で求めた変化の割合は，グラフで何を表していますか。

教科書 p.109

考え方 1次関数では，変化の割合はグラフの傾きを表します。

解答 $x = 1$ のとき $y = 2$，$x = 3$ のとき $y = 18$ だから，関数 $y = 2x^2$ は2点 A$(1,\ 2)$，B$(3,\ 18)$ を通る。この2点を通る直線の傾きは

$$\frac{18 - 2}{3 - 1}$$

と求めることができるから，例1で求めた変化の割合は，$y = 2x^2$ のグラフ上の2点 A$(1,\ 2)$，B$(3,\ 18)$ を通る直線 AB の傾きを表している。

問 1　関数 $y = 2x^2$ について，x の値が3から5まで増加するときの変化の割合を求めなさい。

教科書 p.109

考え方　(変化の割合) $= \dfrac{(y \text{の増加量})}{(x \text{の増加量})}$ で求めます。

解答　$x = 3$ のとき　$y = 2 \times 3^2 = 18$

$x = 5$ のとき　$y = 2 \times 5^2 = 50$

したがって，変化の割合は　$\dfrac{50 - 18}{5 - 3} = \dfrac{32}{2} = 16$

問 2　関数 $y = \dfrac{1}{2}x^2$ について，x の値が次のように増加するときの変化の割合を求めなさい。

教科書 p.109

➡ 教科書 p.247 64（ガイド p.277）

(1)　2から4まで　　　　　(2)　-6 から -2 まで

解答　(1)　$x = 2$ のとき　$y = \dfrac{1}{2} \times 2^2 = 2$

$x = 4$ のとき　$y = \dfrac{1}{2} \times 4^2 = 8$

したがって，変化の割合は　$\dfrac{8 - 2}{4 - 2} = \dfrac{6}{2} = 3$

(2)　$x = -6$ のとき　$y = \dfrac{1}{2} \times (-6)^2 = 18$

$x = -2$ のとき　$y = \dfrac{1}{2} \times (-2)^2 = 2$

したがって，変化の割合は　$\dfrac{2 - 18}{(-2) - (-6)} = \dfrac{-16}{4} = -4$

レベルアップ　関数 $y = ax^2$ で，x の値が p から q まで増加するときの変化の割合を求めてみよう。

$x = p$ のとき　$y = ap^2$

$x = q$ のとき　$y = aq^2$

だから，変化の割合は

$$\frac{(y \text{の増加量})}{(x \text{の増加量})} = \frac{aq^2 - ap^2}{q - p} = \frac{a(q^2 - p^2)}{q - p} = \frac{a(q+p)\cancel{(q-p)}}{\cancel{q-p}} = a(q+p) \quad \cdots ①$$

となるから，変化の割合は，$a(p+q)$ となる。

注意　上の①の変形で，分母と分子を1次式 $q - p$ でわる内容は高校で学習する内容である。中学校では，変化の割合は，教科書にあるような方法で求め，答えを確認するときなどに変化の割合が $a(p+q)$ となることを利用するようにしよう。

問3 関数 $y = 3x^2$ について，x の変域が $-2 \leqq x \leqq 1$ のときの y の変域を求めなさい。 教科書 p.110

考え方 グラフを利用して考えよう。関数 $y = ax^2$ で $a > 0$ の場合だから，グラフは原点を通り，y 軸について対称な上に開いた放物線となります。また，x の変域に $x = 0$ をふくむので，$x = 0$ のとき y は最小値 0 をとることに注意しよう。

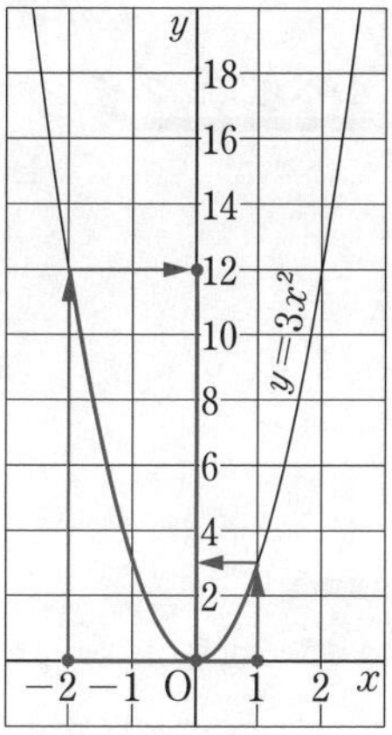

解答 関数 $y = 3x^2$ のグラフは，右の図のようになり，x の変域に $x = 0$ をふくむから

$x = 0$ のとき，最小値　0

$x = -2$ のとき，最大値

$\qquad 3 \times (-2)^2 = 3 \times 4 = 12$

をとることがわかる。

したがって，求める y の変域は

$\qquad 0 \leqq y \leqq 12$

問4 関数 $y = -2x^2$ について，x の変域が次のときの y の変域を求めなさい。 教科書 p.110

(1)　$2 \leqq x \leqq 4$　　　　　　(2)　$-2 \leqq x \leqq 1$

(3)　$-4 \leqq x \leqq -2$

● 教科書 p.247 ⑥⑤
（ガイド p.277）

考え方 x の変域に 0 がふくまれているかどうかに着目しよう。

x の変域に 0 がふくまれていないとき

x の変域の両端の値が，y の変域の両端の値に対応する。

x の変域に 0 がふくまれていて，グラフが下に開いているとき（$a < 0$ のとき）

$x = 0$ のとき，最大値 0 をとる。また，x の変域の両端の値のうち，0 からよりはなれているほうの y の値が，最小値となる。

x の変域に 0 がふくまれていて，グラフが上に開いているとき（$a > 0$ のとき）

$x = 0$ のとき，最小値 0 をとる。また，x の変域の両端の値のうち，0 からよりはなれているほうの y の値が，最大値となる。

解答 (1)　x の変域に 0 がふくまれていない。

$\qquad x = 2$ のとき $y = -8$

$\qquad x = 4$ のとき $y = -32$

だから，y の変域は　　$-32 \leqq y \leqq -8$

(2)　x の変域に 0 がふくまれているから

$\qquad x = 0$ のとき，最大値　0

$\qquad x = -2$ のとき，最小値　-8

をとることがわかる。

したがって，y の変域は　　$-8 \leqq y \leqq 0$

4章

関数 $y = ax^2$

(3) x の変域に0がふくまれていない。

$$x = -4 \text{ のとき } y = -32$$

$$x = -2 \text{ のとき } y = -8$$

だから，y の変域は $\quad -32 \leqq y \leqq -8$

レベルアップ グラフのおおよその形をかいて考えるとまちがいが少ない。

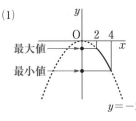

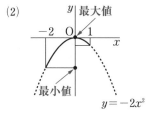

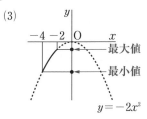

問5

関数 $y = 2x^2$ について，x の変域が $-1 \leqq x \leqq 3$ のときの y の変域を，
Aさんは次のように求めました。
どこがまちがっているか説明しなさい。

教科書 p.110

✗ まちがい例

$x = -1$，$x = 3$ のときの y の値を求めると

$\quad x = -1$ のとき $\quad y = 2$

$\quad x = 3 \quad$ のとき $\quad y = 18$

したがって，y の変域は $\quad 2 \leqq y \leqq 18$

解答 $y = 2x^2$ のグラフは上に開いた形をしている。

x の変域が $-1 \leqq x \leqq 3$ だから，x の変域に0がふくまれている。

したがって，$x = 0$ のとき，最小値0をとるから，y の変域は $0 \leqq y \leqq 18$ である。

Aさんの解答は，x の変域に0がふくまれていることを考えずに，x の変域の両端の値に対応
する y の値を y の変域として答えているところがまちがっている。

（正しい答えは $\quad 0 \leqq y \leqq 18$）

x の変域に0が
ふくまれているときは，y の
変域に注意しよう。

問6

次の表の□□□に，あてはまることばを入れなさい。

教科書 p.111

解答

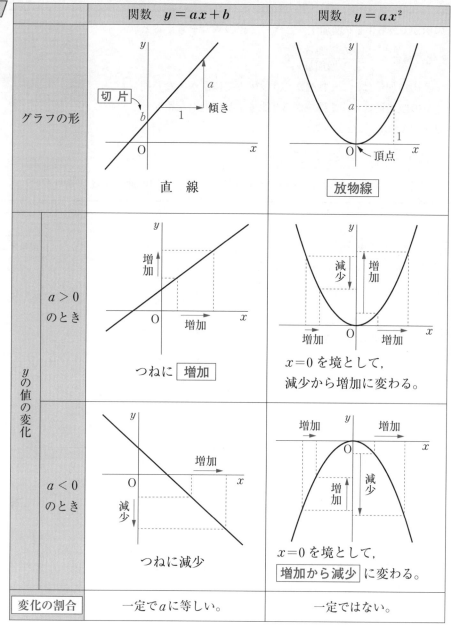

		関数 $y = ax + b$	関数 $y = ax^2$
グラフの形		直 線	放物線
yの値の変化	$a > 0$ のとき	つねに 増加	$x = 0$ を境として，減少から増加に変わる。
	$a < 0$ のとき	つねに減少	$x = 0$ を境として，増加から減少 に変わる。
変化の割合		一定でaに等しい。	一定ではない。

このジェットコースターで，関数 $y = 2x^2$ の変化の割合は，何を表している
でしょうか。　教科書 p.112

解答 x の値が1から3まで増加するときの変化の割合を考えると

$$(変化の割合) = \frac{(y の増加量)}{(x の増加量)} で$$

x の増加量は　　1秒後から3秒後までにかかった時間

y の増加量は　　1秒後から3秒後までに進んだ距離

を表している。したがって

$$(変化の割合) = \frac{(進んだ距離)}{(進んだ時間)} (m/s)$$

となるから，変化の割合は，1秒後から3秒後までの平均の速さを表している。

問7 上の Q で，次の平均の速さを求めなさい。　教科書 p.112

(1)　斜面を下り始めて1秒後から5秒後までの間

(2)　斜面を下り始めてから4秒後までの間

考え方 平均の速さは $\frac{(進んだ距離)}{(進んだ時間)} (m/s)$ で求められます。

ジェットコースターが斜面を下り始めてから x 秒間に進む距離を y m とすると，$y = 2x^2$ の関
係が成り立っていることを利用して，進んだ距離を求めます。

解答 (1)　　　$x = 1$ のとき　$y = 2 \times 1^2 = 2 (m)$

　　　　　$x = 5$ のとき　$y = 2 \times 5^2 = 50 (m)$

したがって，1秒後から5秒後までの間の平均の速さは

$$\frac{(進んだ距離)}{(進んだ時間)} = \frac{50 - 2}{5 - 1} = \frac{48}{4} = 12 (m/s)$$

答　12m/s

(2)　　　$x = 0$ のとき　$y = 2 \times 0^2 = 0$

　　　　　$x = 4$ のとき　$y = 2 \times 4^2 = 32$

したがって，下り始めてから4秒後までの間の平均の速さは

$$\frac{(進んだ距離)}{(進んだ時間)} = \frac{32 - 0}{4 - 0} = \frac{32}{4} = 8 (m/s)$$

答　8m/s

問8

このジェットコースターが斜面を下りるとき，だんだん速くなることを，下り始めてから1秒間ごとの平均の速さを求めて示しなさい。

教科書 p.112

x	0	1	2	3	4	5
y	0	2	8	18	32	50

解答

0秒後から1秒後までの間の平均の速さ　$\dfrac{2-0}{1-0} = \dfrac{2}{1} = 2 \,(\text{m/s})$

1秒後から2秒後までの間の平均の速さ　$\dfrac{8-2}{2-1} = \dfrac{6}{1} = 6 \,(\text{m/s})$

2秒後から3秒後までの間の平均の速さ　$\dfrac{18-8}{3-2} = \dfrac{10}{1} = 10 \,(\text{m/s})$

3秒後から4秒後までの間の平均の速さ　$\dfrac{32-18}{4-3} = 14 \,(\text{m/s})$

4秒後から5秒後までの間の平均の速さ　$\dfrac{50-32}{5-4} = 18 \,(\text{m/s})$

これらのことからわかるように，斜面を下りるジェットコースターの平均の速さはだんだん速くなる。

基 本 の 問 題

教科書 ➡ p.113

1

底面の半径が x cm，高さが3cmの円柱の体積を y cm³ とします。
このとき，y を x の式で表しなさい。

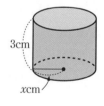

3cm

x cm

考え方　(円柱の体積) = (底面積) × (高さ) で求められます。

解答　$y = \pi x^2 \times 3 = 3\pi x^2$

答　$y = 3\pi x^2$

2

y は x の2乗に比例し，$x = 3$ のとき $y = 18$ です。

(1)　y を x の式で表しなさい。

(2)　$x = -2$ のときの y の値を求めなさい。

解答　(1)　y は x の2乗に比例するから，比例定数を a とすると $y = ax^2$ と書くことができる。

$x = 3$ のとき $y = 18$ だから

$18 = a \times 3^2$

$a = 2$

答　$y = 2x^2$

(2)　$y = 2x^2$ に $x = -2$ を代入すると

$y = 2 \times (-2)^2 = 2 \times 4 = 8$

答　$y = 8$

3 右の図の(1)〜(3)は，下の⑦〜⑨の関数のグラフを示したものです。
(1)〜(3)はそれぞれどの関数のグラフですか。

⑦　$y = 2x^2$　　　　⑧　$y = -x^2$

⑨　$y = \dfrac{1}{2}x^2$

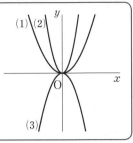

考え方 $y = ax^2$ のグラフは $a > 0$ のとき上に開いた形で，$a < 0$ のとき下に開いた形です。
また，a の絶対値が大きいほど，グラフの開き方は小さくなります。

(1)，(2)　上に開いたグラフで $(a > 0)$，比例定数は，(1)のほうが小さい。

(3)　下に開いたグラフ $(a < 0)$

解答 (1)　⑨　(2)　⑦　(3)　⑧

---

4 次の(1)，(2)の関数について，x の値が1から3まで増加するときの変化の割合をそれぞれ求めなさい。

(1)　$y = 3x^2$　　　　　　　　　　　(2)　$y = -3x^2$

考え方　$(変化の割合) = \dfrac{(y の増加量)}{(x の増加量)}$

だから，$\dfrac{(x = 3 のときの y の値) - (x = 1 のときの y の値)}{3 - 1}$

で求めます。

解答 (1)　　$x = 1$ のとき　$y = 3 \times 1^2 = 3$　　　(2)　　$x = 1$ のとき　$y = -3 \times 1^2 = -3$

　　　　　　$x = 3$ のとき　$y = 3 \times 3^2 = 27$　　　　　　　$x = 3$ のとき　$y = -3 \times 3^2 = -27$

　　　したがって，変化の割合は　　　　　　　　したがって，変化の割合は

　　　$\dfrac{27 - 3}{3 - 1} = \dfrac{24}{2} = 12$　　　　　　　　$\dfrac{(-27) - (-3)}{3 - 1} = \dfrac{-24}{2} = -12$

---

5 関数 $y = 4x^2$ について，x の変域が次の(1)，(2)のときの y の変域を求めなさい。

(1)　$1 \leqq x \leqq 3$　　　　　　　　　(2)　$-2 \leqq x \leqq 1$

考え方 x の変域に0がふくまれているかどうかに着目しよう。

解答 (1)　x の変域に0がふくまれていない。

　　　　　$x = 1$ のとき $y = 4$，$x = 3$ のとき $y = 36$

　　　だから，y の変域は　　$4 \leqq y \leqq 36$

(2)　x の変域に0がふくまれていて，グラフが上に開いているから

　　　　　$x = 0$ のとき，最小値0

　　　　　$x = -2$ のとき，最大値16

　　　をとることがわかる。したがって，y の変域は　　$0 \leqq y \leqq 16$

注意 ＼ グラフのおおよその形をかいて考えるとまちがいが少ない。

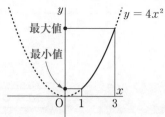
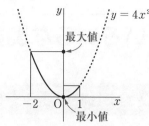

6　$x > 0$ の範囲で，x の値が増加すると，y の値も増加する関数を，次の㋐〜㋒のなかから選びなさい。

㋐　$y = 3x^2$ 　　　　　　　㋑　$y = -3x + 2$ 　　　　　　　㋒　$y = -\dfrac{1}{4}x^2$

考え方 ＼ 関数 $y = ax + b$，$y = ax^2$ において，$x > 0$ の範囲で，x の値が増加すると y の値も増加するのは，a が正のときです。

解答 ＼ ㋐　関数 $y = ax^2$ で，a が 3 で正だから，$x > 0$ の範囲で，x の値が増加すると，y の値も増加する。

㋑　関数 $y = ax + b$ で，a が -3 で負だから，x の値が増加すると，y の値は減少する。

㋒　関数 $y = ax^2$ で，a が $-\dfrac{1}{4}$ で負だから，$x > 0$ の範囲で，x の値が増加すると，y の値は減少する。

答　㋐

数学の
まど ＼ 身のまわりの放物線 　　　　　　　　　　　　　　　　　教科書 p.114

考え方 ＼ 下の写真（省略）で，グラフの方眼から x に対応する y の値を読みとります。このとき，x の値，y の値がともに整数になるところを読みとろう。

解答 ＼ グラフが放物線だから，y は x の 2 乗に比例しており，比例定数を a とすると $y = ax^2$ と書くことができる。写真から，$x = 6$ のとき $y = -10$ だから

$$-10 = a \times 6^2$$

$$a = -\frac{5}{18}$$

答　$y = -\dfrac{5}{18}x^2$

4章　関数 $y = ax^2$

3節　いろいろな関数の利用

深い学び　走行時の速さを推測しよう

教科書 ➡ p.115〜116

 走行時の速さとブレーキ痕の長さの関係は，下の表のようになっています。道路には25mのブレーキ痕が残っていました。実際どれくらいの速さで走行していたのでしょうか。

〈アスファルト（乾燥時）〉

速さ（km/h）	10	20	30	40	50
ブレーキ痕の長さ（m）	0.5	2.0	4.4	7.9	12.3

❶ どのような方法で推測すればよいか考えてみましょう。

❷ 走行時の速さを推測し，その方法を説明してみましょう。

❸ 走行時の速さとブレーキ痕の長さの間には，どんな関係があるとみなすことができるでしょうか。

表やグラフの特徴をもとにして，説明してみましょう。

❹ ブレーキ痕が25mのときの走行時の速さを推測してみましょう。

また，その方法を説明してみましょう。

❺ 学習をふり返ってまとめをしましょう。

❻ 雨天時に時速50kmで走行したとき，16mのブレーキ痕が残ります。

雨天時に時速70kmで走行したときのブレーキ痕の長さは，およそ何mと考えられるでしょうか。

解答 ❶ 速さとブレーキ痕の長さの間にどんな関係があるか考える。

・速さとブレーキ痕の長さの間に成り立つ式を考える。

・グラフに表して考える。

❷, ❸, ❹

ひろとさんの考え

表をもとに，対応する x と y の関係を考える。

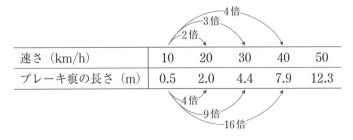

・速さ$x$km/hのときのブレーキ痕の長さをymとする。xの値が2倍，3倍，4倍になると，それにともなってyの値は4倍，9倍，16倍になる。このことから，yはxの2乗に比例している（$y = ax^2$の式で表せる）とみなすことができる。

・yの値（ブレーキ痕の長さ）をxの値（速さ）の2乗でわると，すなわち$\dfrac{y}{x^2}$の値がおよそ0.005になる。

〈ブレーキ痕が25mのときの速さ〉

$y = ax^2$で，$x = 10$のとき$y = 0.5$として，yをxの式で表すと

$$0.5 = a \times 10^2 \qquad a = 0.005$$

$y = 0.005x^2$で，$y = 25$のときのxの値を求めると

$$25 = 0.005x^2 \qquad x^2 = 5000$$

$x > 0$より $\qquad x \fallingdotseq 71\,(\text{km/h})$

はるかさん

グラフに表して考える。

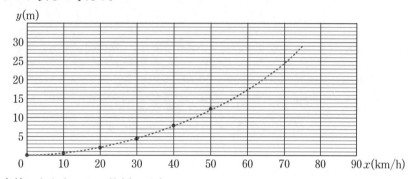

・直線にならない。→比例ではない。

・速さが0km/hのときはブレーキ痕の長さは0mだから，グラフは原点$(0, 0)$を通る曲線になる。→放物線（$y = ax^2$のグラフ）になりそうである。

〈ブレーキ痕が25mのときの速さ〉

・グラフを放物線になるようにのばして，$y = 25$のときのxの値を読みとると，およそ70km/hとなる。

❺・グラフでは，おおよその値を考えることはできるが，グラフが曲線だから，正確に答えることはできない。

・2つの数量の関係を式で表して考えると，計算で値は正確に求められるが，計算が面倒である。

❻雨天時のときも，速さ$x$km/hのときのブレーキ痕の長さymの間に $y = ax^2$ の関係があると仮定すると，$y = ax^2$で$x = 50$のとき$y = 16$として

$$16 = a \times 50^2 \qquad a = 0.0064$$

$y = 0.0064x^2$に$x = 70$を代入すると

$$y = 31.36\,(\text{m})$$

答 およそ31.4m

135

1　関数 $y = ax^2$ の利用

例 1

⊙ (1)　落ち始めてから2秒間では，何m落ちますか。

(2)　40mの高さから物を落とすとき，地面に着くまでに何秒かかりますか。

教科書 p.117

解答 (1)　$y = 4.9x^2$ に $x = 2$ を代入すると

$y = 4.9 \times 2^2 = 19.6$

答　19.6m

(2)　$y = 4.9x^2$ に $y = 40$ を代入すると

$40 = 4.9x^2$

$x^2 = \dfrac{40}{4.9} = \dfrac{400}{49}$

$x > 0$ だから　$x = \dfrac{20}{7}$

答　$\dfrac{20}{7}$ 秒

問 1

1往復するのに x 秒かかる振り子の長さを y m とすると，次の関係があります。

$y = \dfrac{1}{4}x^2$

教科書 p.117

➡ 教科書 p.247 66
（ガイド p.279）

(1)　1往復するのに4秒かかる振り子の長さを求めなさい。

(2)　長さが1mの振り子が，1往復するのにかかる時間を求めなさい。

解答 (1)　$y = \dfrac{1}{4}x^2$ に $x = 4$ を代入すると

$y = \dfrac{1}{4} \times 4^2 = 4$

答　4m

(2)　$y = \dfrac{1}{4}x^2$ に $y = 1$ を代入すると

$1 = \dfrac{1}{4}x^2$

$x^2 = 4$

$x > 0$ だから　$x = 2$　　答　2秒

Q

電車が地点Aを出発してから60秒後までは，x 秒間に $\dfrac{1}{4}x^2$ m 進みます。

教科書 p.118

自動車が秒速10mで走るとき，電車が自動車に追いつくのは，地点Aを出発してから何秒後でしょうか。

❶ 電車，自動車がそれぞれ進むようすを表すグラフを，図にかき入れてみましょう。

❷ 電車が自動車に追いつくのは，出発してから何秒後でしょうか。

解答 ❶ 右の図

❷ 右の図の電車と自動車のグラフの交点の x 座標を

読みとると　　$x = 40$　　　　　答　40秒後

追いつくということは，進んだ道のりが等しい
ときで，グラフでは2つのグラフが交わること
を表している。

レベルアップ 追いつくということは，電車と自動車が同じだ
け進んだということだから，x 秒かかるとして，
追いつくまでにそれぞれが進んだ道のりは

電車　　$\dfrac{1}{4}x^2$ m

自動車　$10x$ m

したがって　　$\dfrac{1}{4}x^2 = 10x$

$$x^2 = 40x$$
$$x^2 - 40x = 0$$
$$x(x - 40) = 0$$
$$x = 0, \quad x = 40$$

したがって，40秒後に追いつく。

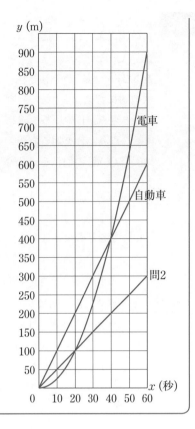

問2 ❓で，電車は地点Aを出発すると同時に，秒速5mで走ってきた自転車に追
いこされました。電車が自転車に追いつくのは，地点Aを出発してから何秒
後ですか。

教科書 p.118

考え方 自転車の進むようすを表すグラフをかき入れて考えよう。

解答 駅を出発してから x 秒間に進む距離を y m とすると，自転車の進む距離は

$$y = 5x$$

と表される。

このグラフを❓の図にかき入れて，電車の進むようすを表すグラフとの交点の x 座標を読み
とると　　$x = 20$　　　　　　　　　　　　　　　　　　　　　　　答　20秒後

例2 例2で，まず，点Bの座標を求めてから，a の値を求めなさい。

教科書 p.119

解答 点Bの x 座標4を，$y = x + 4$ に代入すると

$$y = 4 + 4$$
$$= 8$$

したがって，点Bの座標は　　(4, 8)

$x = 4$，$y = 8$ を，$y = ax^2$ に代入すると

$$8 = a \times 4^2$$
$$a = \dfrac{1}{2}$$

問3 右の図のように，関数 $y = -2x^2$ のグラフ上に 2点A，Bがあります。

A，B の x 座標がそれぞれ -1，3 のとき，次の問に答えなさい。

教科書 p.119

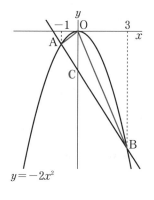

$y = -2x^2$

(1) 2点A，Bの座標を求めなさい。

(2) 2点A，Bを通る直線の式を求めなさい。

(3) △OABの面積を求めなさい。

考え方 (2) 直線ABは2点A，Bを通ることから，まず，直線ABの傾きを求めます。

(3) y 軸と直線ABの交点をCとして

$$△OAB = △OAC + △OBC$$

として考えます。△OACと△OBCの底辺と高さはどうなるか考えよう。

解答 (1) 点A，Bは関数 $y = -2x^2$ のグラフ上の点だから

点A の x 座標 -1 を，$y = -2x^2$ に代入すると

$$y = -2 \times (-1)^2 = -2 \times 1 = -2$$

点B の x 座標 3 を，$y = -2x^2$ に代入すると

$$y = -2 \times 3^2 = -2 \times 9 = -18$$

答 A$(-1, -2)$，B$(3, -18)$

(2) 2点 A$(-1, -2)$，B$(3, -18)$ を通るから，グラフの傾きは

$$\frac{(-18)-(-2)}{3-(-1)} = \frac{-18+2}{3+1} = \frac{-16}{4} = -4$$

したがって，直線ABの式は $y = -4x + b$ と書くことができる。

グラフが $(-1, -2)$ を通るから，上の式に $x = -1$，$y = -2$ を代入すると

$$-2 = -4 \times (-1) + b$$
$$-2 = 4 + b$$
$$b = -6$$

答 $y = -4x - 6$

(3) y 軸と直線ABの交点をCとすると，Cの y 座標は，直線ABの切片だから -6

△OABは，△OAC＋△OBCとして求めることができる。

△OACの底辺をOCとすると，高さは点A の x 座標の絶対値で1

△OBCの底辺をOCとすると，高さは点B の x 座標で3

となる。OCは点C の y 座標の絶対値で6だから

$$△OAB = △OAC + △OBC$$
$$= \frac{1}{2} \times 6 \times 1 + \frac{1}{2} \times 6 \times 3$$
$$= 3 + 9$$
$$= 12$$

答 12

2 いろいろな関数

Q 1枚の紙を2等分に切り，切ってできた2枚を重ねて，また2等分します。この操作をくり返すとき，重ねた紙の厚さが，東京スカイツリーの高さ634mをこえるのは，紙を何回以上切ったときでしょうか。

教科書 p.120

❶ 紙をx回切ったとき，できる紙の枚数をy枚として，xとyの関係を調べてみましょう。

❷ ❶の表の値の組を，図にかき入れてみましょう。
また，$y = x^2$のグラフをかき入れてみましょう。
2つのグラフを比べると，どんなことがわかりますか。

❸ 紙を10回切ったとき，できた紙を全部重ねて厚さをはかったら，6.4cmありました。この紙を何回でも切ることができるとすると，重ねた紙の厚さが634mをこえるのは，紙を何回以上切ったときですか。

解答 ❶

x	0	1	2	3	4
y	1	2	4	8	16

5	6	7	8	9	10
32	64	128	256	512	1024

❷ グラフは右の図。

xの値が1増加したときのyの値を比べると，xの値が大きくなるにつれて，❶の関数のグラフのyの値のほうが，$y = x^2$のグラフのyの値よりはるかに大きくなっている。

❸ 切った回数が11回，12回，…のときの紙の厚さは，次のようになる。

11回…$6.4 \times 2 = 12.8 \,(\text{cm})$

12回…$12.8 \times 2 = (6.4 \times 2) \times 2 = 6.4 \times 2^2$
$\qquad = 25.6 \,(\text{cm})$

$\qquad \vdots$

23回…$6.4 \times 2^{13} = 52428.8 \,(\text{cm})$

24回…$6.4 \times 2^{14} = 104857.6 \,(\text{cm})$

したがって，はじめて634mをこえるのは24回切ったときである。

答　24回以上

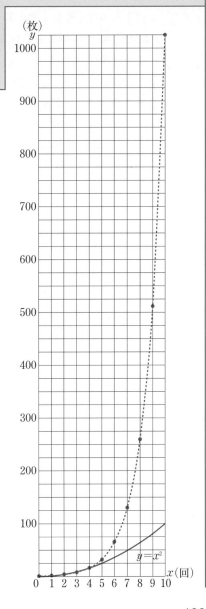

139

> **レベルアップ** ❶ y を x の式で表すと
>
> $$y = 2^x$$
>
> となる。これは，指数関数とよばれる関数で，高校で学習する。

問1

例1について，B社では長さの合計が50cmまでの料金は700円，80cmまでは
1050円です。その後170cmまでは同じように，30cmごとに350円ずつ高くな
ります。
長さの合計が次のような品物を送るとき，料金が安いのはA社，B社のどちら
ですか。

(1)　80cm　　　　　　(2)　130cm　　　　　　(3)　150cm

教科書 p.121

◆ 教科書 p.247 ❻❼
（ガイドp.279）

考え方 表にまとめて整理して考えよう。教科書121ページの例1のようなグラフをかいてもよい。
「まで」は，その値をふくむことに注意しよう。

解答 B社の料金を表にまとめると，右のようになる。
また，グラフをかくと，下のようになり，グラフが下側にある
会社の料金のほうが安い。

長さの合計	料金
50cm まで	700 円
80cm まで	1050 円
110cm まで	1400 円
140cm まで	1750 円
170cm まで	2100 円

(1)　　　A社…1100円
　　　　B社…1050円
　　　したがって，**B社**のほうが安い。

(2)　　　A社…1700円
　　　　B社…1750円
　　　したがって，**A社**のほうが安い。

(3)　　　A社…1900円
　　　　B社…2100円
　　　したがって，**A社**のほうが安い。

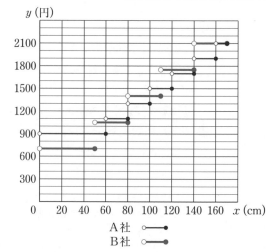

学びをひろげよう　渋滞学を学んでみよう

教科書 ➜ p.122〜123

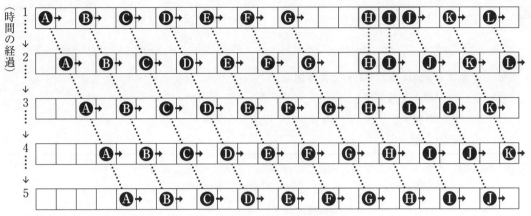

車間距離を空けて渋滞に近づいた場合は，3で渋滞が解消される。

要 点 チェック

☐ **関数 $y = ax^2$ の グラフの特徴**	$y = ax^2$ のグラフは，次の特徴がある。 ① 原点を通る。 ② y 軸について対称な曲線である。 ③　$a > 0$ のときは，上に開いた形 　　$a < 0$ のときは，下に開いた形 になる。 ④ a の値の絶対値が大きいほど，グラフの開き方は小さい。 ⑤ $y = ax^2$ のグラフは，$y = -ax^2$ のグラフと x 軸について対称である。

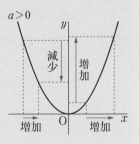

☐ **放物線**	$y = ax^2$ のグラフは**放物線**とよばれる。
☐ **関数 $y = ax^2$ の 値の増減**	$a > 0$ のとき 　x の値が増加すると 　　$x < 0$ の範囲では，y の値は減少する。 　　$x = 0$ のとき，y は最小値0をとる。 　　$x > 0$ の範囲では，y の値は増加する。 $a < 0$ のとき 　x の値が増加すると 　　$x < 0$ の範囲では，y の値は増加する。 　　$x = 0$ のとき，y は最大値0をとる。 　　$x > 0$ の範囲では，y の値は減少する。

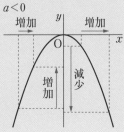

✓を入れて，理解を確認しよう。

章 の 問 題 A

教科書 ➡ p.124

1　次の(1)～(4)にあてはまる関数を，㋐～㋔のなかからすべて選び，記号で答えなさい。

㋐　$y = 2x^2$　　㋑　$y = -2x + 1$　　㋒　$y = 2x$　　㋓　$y = -2x^2$　　㋔　$y = \dfrac{2}{x}$

(1)　グラフが y 軸について対称となる関数

(2)　グラフが原点を通る関数

(3)　x の値が増加するとき，y の値もつねに増加する関数

(4)　変化の割合が一定でない関数

考え方　(1)～(4)のことが，グラフではどんなことを意味するのかを考えよう。

(1)　x の値の絶対値が等しいとき，y の値が等しい関数です。

(2)　$x = 0$ のとき，$y = 0$ となる関数です。

(3)　グラフがつねに右上がりになっている関数です。

(4)　グラフが曲線となっている関数です。

解答　(1)　㋐，㋓　　　　(2)　㋐，㋒，㋓　　　　(3)　㋒　　　　(4)　㋐，㋓，㋔

2　y は x の2乗に比例し，$x = 4$ のとき $y = -8$ です。

(1)　y を x の式で表しなさい。

(2)　$x = -2$ のときの y の値を求めなさい。

(3)　この関数のグラフを右の図にかきなさい。

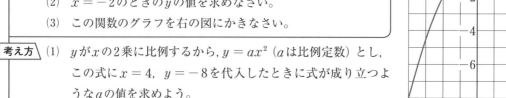

考え方　(1)　y が x の2乗に比例するから，$y = ax^2$（a は比例定数）とし，この式に $x = 4$，$y = -8$ を代入したときに式が成り立つような a の値を求めよう。

(3)　x に -4，-3，-2，-1，0，1，2，3，4 を(1)で求めた式に代入して y の値をそれぞれ求め，それらの値の組を座標とする点をとって，なめらかな曲線で結びます。

解答　(1)　y は x の2乗に比例するから，a を比例定数とすると $y = ax^2$ と書くことができる。

$x = 4$ のとき $y = -8$ だから

$$-8 = a \times 4^2$$

$$a = -\frac{1}{2}$$

答　$y = -\dfrac{1}{2}x^2$

(2)　$y = -\dfrac{1}{2}x^2$ に $x = -2$ を代入すると

$$y = -\frac{1}{2} \times (-2)^2 = -2$$

答　$y = -2$

(3)　右上の図

3 次の問に答えなさい。

(1) 関数 $y = -2x^2$ で，x の値が -3 から 0 まで増加するときの変化の割合を求めなさい。

(2) 関数 $y = ax^2$ で，x の値が 3 から 6 まで増加するときの変化の割合が -6 です。a の値を求めなさい。

解答 (1) $y = -2x^2$ で

$\quad x = -3$ のとき $y = -2 \times (-3)^2 = -18$

$\quad x = 0$ のとき $y = 0$

したがって，変化の割合は

$$（変化の割合）= \frac{（y の増加量）}{（x の増加量）} \quad \frac{0 - (-18)}{0 - (-3)} = \frac{18}{3} = 6$$

(2) $y = ax^2$ で

$\quad x = 3$ のとき $y = a \times 3^2 = 9a$

$\quad x = 6$ のとき $y = a \times 6^2 = 36a$

となる。x の値が 3 から 6 まで増加するときの変化の割合が -6 だから

$$\frac{36a - 9a}{6 - 3} = -6 より \quad 9a = -6$$

したがって $\quad a = -\dfrac{2}{3}$

4 次の関数について，x の変域が $-2 \leqq x \leqq 3$ のときの y の変域を求めなさい。

(1) $y = -3x + 5$ 　　　　　　　　(2) $y = 2x^2$

考え方 (2) 関数 $y = ax^2$ において，y の変域は，x の変域に 0 がふくまれているかどうかに着目しよう。

x の変域に 0 がふくまれるとき，$a > 0$ ならば，$x = 0$ のとき最小値，$a < 0$ ならば，$x = 0$ のとき最大値をとります。

解答 (1) $y = -3x + 5$ に

$\quad x = -2$ を代入して，$y = -3 \times (-2) + 5 = 11$

$\quad x = 3$ を代入して，$y = -3 \times 3 + 5 = -4$

したがって，y の変域は $\quad -4 \leqq y \leqq 11$

(2) x の変域に 0 がふくまれていて，グラフが上に開いているから

$\quad x = 0$ のとき，最小値 0

$\quad x = 3$ のとき，最大値 18

をとる。したがって，y の変域は

$\quad 0 \leqq y \leqq 18$

注意 グラフのおおよその形は下のようになる。

(1)
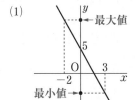

(2)
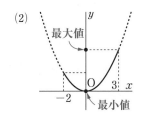

5 右の図のような直角三角形ABCで，点PはBを出発して，辺
AB上をAまで動きます。また，点Qは点Pと同時にBを出発し
て，辺BC上をCまで，点Pの2倍の速さで動きます。
BPの長さが x cmのときの△PBQの面積を y cm² として，次の
問に答えなさい。

(1) y を x の式で表しなさい。

(2) x と y の変域をそれぞれ求めなさい。

考え方 (1) 点Qは，点Pの2倍の速さで動くから，BP $= x$ cmのとき，
BQ $= 2x$ cmとなります。△PBQは∠B $= 90°$ の直角三角形
だから，BPを底辺，BQを高さとして，面積を求めよう。

(2) 点PがAに着いたとき，点Qも同時にCに着きます。

解答 (1) BP $= x$ cmのとき，BQ $= 2x$ cmとなる。

$(△PBQの面積) = \dfrac{1}{2} \times BP \times BQ$ だから

$$y = \dfrac{1}{2} \times x \times 2x$$
$$= x^2$$

答　$y = x^2$

(2) 　点P，QがB上にあるとき　　$x = 0$

点PがAに着くのと同時に，点QがCに着くから　　$x = 4$

したがって，x の変域は　　$0 \leqq x \leqq 4$

△PBQの面積 y は

　　$x = 0$ のとき，最小値 0

　　$x = 4$ のとき，最大値 $4^2 = 16$

をとる。したがって，y の変域は　　$0 \leqq y \leqq 16$

注意 (2) $x = 0$ のとき，すなわち点P，QがBにあるときは，△PBQの面積を0と考える。

章 の 問 題 B

教科書 ➡ p.125～126

1 関数 $y = ax^2$ について，次のそれぞれの場合の a の値を求めなさい。

(1) x の変域が $-1 \leqq x \leqq 3$ のとき，y の変域が $0 \leqq y \leqq 6$ である。

(2) x の値が3から5まで増加するときの変化の割合が，関数 $y = 2x + 3$ の変化の割合と等
しい。

考え方 (1) y が0以上の値をとることから，a の符号が決まります。次に，グラフのおおよその形を
かいて考えます。

x の変域に0がふくまれるから，最大値，最小値に対応する x の値に注意しよう。

(2) 1次関数 $y = 2x + 3$ の変化の割合は，つねに x の係数2です。

解答 (1) yの変域が0以上だから，$a > 0$で，グラフは右の図のような，上に開いた放物線となる。この図から

$$x = 3 \text{ のとき，最大値} 6$$

をとることがわかる。

$y = ax^2$に$x = 3$，$y = 6$を代入すると

$$6 = a \times 3^2$$

$$a = \frac{2}{3}$$

(2) 関数$y = ax^2$で，xの値が3から5まで増加するとき

$$x = 3 \text{ のとき} \quad y = a \times 3^2 = 9a$$

$$x = 5 \text{ のとき} \quad y = a \times 5^2 = 25a$$

したがって，変化の割合は

$$\frac{25a - 9a}{5 - 3} = \frac{16a}{2} = 8a$$

1次関数$y = 2x + 3$の変化の割合は，つねに一定で2である。

したがって，変化の割合が等しいから

$$8a = 2$$

$$a = \frac{1}{4}$$

2

$y = \frac{1}{4}x^2$のグラフ上に，x座標がそれぞれ-4，2となる点A，Bをとり，A，Bを通る直線とy軸との交点をCとします。点Pが$y = \frac{1}{4}x^2$のグラフ上の点であるとき，次の問に答えなさい。

(1) 直線ABの式を求めなさい。

(2) △OABの面積を求めなさい。

(3) △OCPの面積が△OABの面積の$\frac{1}{2}$になるときの点Pの座標をすべて求めなさい。

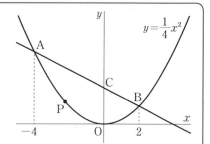

考え方 (1) 直線の式は，2点A，Bの座標からまず傾きを求めます。

2点A，Bのy座標は，$y = \frac{1}{4}x^2$に，それぞれのx座標を代入して求めます。

(2) A，Bからy軸に垂線をひき，y軸との交点をそれぞれ，D，Eとすると

$$\triangle OAB = \triangle OCA + \triangle OCB$$

$$= \frac{1}{2} \times OC \times AD + \frac{1}{2} \times OC \times BE$$

として求めます。OCの長さは，点Cのy座標の絶対値になります。

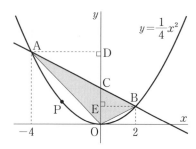

4章

関数$y = ax^2$

(3) $\triangle \mathrm{OCP} = \dfrac{1}{2} \times \mathrm{OC} \times (\mathrm{P}の x 座標の絶対値)$ として求めます。

P は，x 座標が正のときと，負のときの 2 つの場合があることに注意しよう。

解答 (1) 点 A，B は，$y = \dfrac{1}{4}x^2$ のグラフ上の点だから，A，B の y 座標は，$x = -4$，$x = 2$ をそれぞれ代入して

$$y = \dfrac{1}{4} \times (-4)^2 = 4, \quad y = \dfrac{1}{4} \times 2^2 = 1$$

したがって，直線 AB は，点 A$(-4,\ 4)$，点 B$(2,\ 1)$ を通るから，直線 AB の傾きは

$$\dfrac{1-4}{2-(-4)} = -\dfrac{3}{6} = -\dfrac{1}{2}$$

したがって，直線の式は $y = -\dfrac{1}{2}x + b$ と書くことができる。

直線 AB が A$(-4,\ 4)$ を通るから

$$4 = -\dfrac{1}{2} \times (-4) + b$$

$$b = 2$$

答　$y = -\dfrac{1}{2}x + 2$

(2) (1)より，点 C の y 座標は 2 だから，OC $= 2$ となる。したがって

$$\begin{aligned}
\triangle \mathrm{OAB} &= \triangle \mathrm{OCA} + \triangle \mathrm{OCB} \\
&= \dfrac{1}{2} \times 2 \times 4 + \dfrac{1}{2} \times 2 \times 2 \\
&= 4 + 2 \\
&= 6
\end{aligned}$$

答　6

(3) 点 P の x 座標の絶対値を p とすると

$$\triangle \mathrm{OCP} = \dfrac{1}{2} \times \mathrm{OC} \times p = \dfrac{1}{2} \times 2 \times p = p$$

これが $\triangle \mathrm{OAB}$ の面積の半分 $\dfrac{1}{2} \times 6 = 3$ に等しいから　$p = 3$

したがって，点 P の x 座標は　$-3,\ 3$

点 P は，$y = \dfrac{1}{4}x^2$ のグラフ上の点だから，$x = -3$，$x = 3$ を代入して

$$y = \dfrac{1}{4} \times (-3)^2 = \dfrac{9}{4}, \quad y = \dfrac{1}{4} \times 3^2 = \dfrac{9}{4}$$

したがって，点 P の座標は $\left(-3,\ \dfrac{9}{4}\right), \left(3,\ \dfrac{9}{4}\right)$　　答　$\left(-3,\ \dfrac{9}{4}\right), \left(3,\ \dfrac{9}{4}\right)$

3 図1のように，直線 ℓ 上に台形ABCDと長方形EFGHがあります。

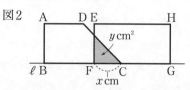

長方形EFGHを固定し，台形ABCDを ℓ にそって点Cが点Gに重なるまで移動させます。図2は，その途中を示したものです。

FCの長さを x cm，2つの図形が重なる部分の面積を y cm² として，次の問に答えなさい。

(1) y を x の式で表しなさい。

(2) x と y の関係を表すグラフを，図にかきなさい。

(3) 台形ABCDで，重なる部分と重ならない部分の面積が等しくなるのは，点Cを何cm移動させたときですか。

4章 関数 $y = ax^2$

考え方 (1) 重なる部分が直角二等辺三角形のときと台形のときの2つに分けて考えよう。

台形のときは，右の図のようになります。

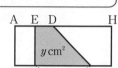

(2) 変域に注意してグラフをかこう。

(3) 台形ABCDの面積は6cm²だから，y の値が3のときの x の値を考えます。

解答 (1) (i) 重なる部分が直角二等辺三角形のとき

$\quad$ x の変域は $\quad 0 \leqq x \leqq 2$

このとき，y は図2より $\quad y = \dfrac{1}{2} \times x \times x$

$$y = \dfrac{1}{2}x^2$$

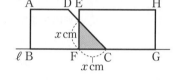

(ii) 重なる部分が台形のとき

$\quad$ x の変域は $\quad 2 \leqq x \leqq 4$

このとき，右の図より，$ED = (x-2)$ cm だから

$$y = \dfrac{1}{2} \times \{(x-2) + x\} \times 2$$

$$y = 2x - 2$$

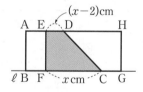

答 $\quad 0 \leqq x \leqq 2$ のとき $\quad y = \dfrac{1}{2}x^2$

$\quad 2 \leqq x \leqq 4$ のとき $\quad y = 2x - 2$

(2)

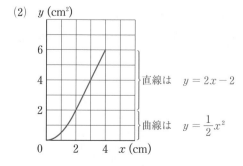

直線は $\quad y = 2x - 2$

曲線は $\quad y = \dfrac{1}{2}x^2$

(3)　台形ABCDの面積は　　$\dfrac{1}{2} \times (2 + 4) \times 2 = 6 \, (\text{cm}^2)$

重なる部分の面積が3cm²のとき，重ならない部分の面積も3cm²となり，等しい。

したがって，$y = 3$のときのxの値を求めればよい。

グラフから，$y = 3$となるのはxの変域が$2 \leqq x \leqq 4$のときで，このとき，$y = 2x - 2$だから，$y = 3$のときのxの値を求めると

$$3 = 2x - 2$$
$$2x = 5$$
$$x = 2.5$$

答　2.5cm

4

活用の
問題

東京の都心部を走る山手線は，品川駅を起点として，外回りと内回りで運行しています。

表1は，外回りで運行するときのおもな駅と駅の間の距離を調べたもので，㋐の10.6は，品川駅と新宿駅の間の距離が，10.6kmであることを表しています。

表2は，山手線の2つの駅の間の距離と切符の運賃の関係を調べたものです。

（表1，表2は省略）

(1)　渋谷から新宿までの距離，池袋から東京までの距離を求め，㋑，㋒のらんに書き入れなさい。

(2)　新宿から東京まで行くとき，内回りと外回りのどちらの距離が短いですか。

(3)　運賃は距離の関数であるといえます。

その理由を説明しなさい。

(4)　距離と運賃の関係を表すグラフを，かきなさい。

(5)　2020年に，品川駅から東京駅のほうへ0.9kmはなれた場所に，高輪ゲートウェイ駅が開業しました。

東京から高輪ゲートウェイまでの運賃は何円に設定されたでしょうか。

考え方　(1)　㋑は渋谷から新宿までの距離，㋒は池袋から東京までの距離を表します。

図に表すと，下のようになります。

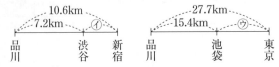

(2)　まず，表1から1周が何kmかを読みとります。

新宿から東京までの外回りの距離を読みとり，1周の距離から外回りの距離をひくと，内回りの距離となります。

(5)　まず，東京から高輪ゲートウェイまでの外回りの距離を求めます。

距離と運賃の関数の関係が変わらないと仮定すると，外回りと内回りで，距離が短いほうの運賃となります。

解答 (1) 下の図より　　　⑦　$10.6 - 7.2 = 3.4$ (km)

⑦　$27.7 - 15.4 = 12.3$ (km)

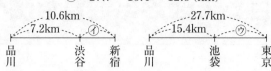

答　⑦　3.4　⑦　12.3

(2) 表1から, 品川から品川までは外回りで34.5kmだから, 山手線は1周で34.5kmある。

外回りで新宿から東京までの距離は

$27.7 - 10.6 = 17.1$ (km)

したがって, 内回りで新宿から東京までの距離は

$34.5 - 17.1 = 17.4$ (km)

したがって, 外回りのほうが距離が短い。

(3) 距離を決めると, それにともなって運賃もただ1つ決まるから, 運賃は距離の関数である。

(4)

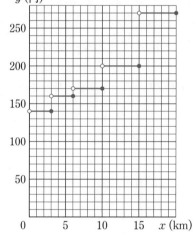

(5) 東京から品川までの距離は

$34.5 - 27.7 = 6.8$ (km)

だから, 東京から高輪ゲートウェイまでの距離は

$6.8 - 0.9 = 5.9$ (km)

表2より, 6kmまでは160円だから, 運賃は160円

答　160円

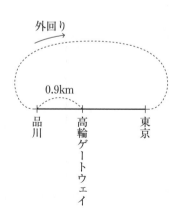

4章

関数 $y = ax^2$

149

5章 [相似な図形] 形に着目して図形の性質を調べよう

1節 相似な図形

Q タブレット上での2本の指の操作によって，図形がどのように拡大されているか調べてみましょう。

教科書 p.128〜129

❶ 図を見て気づいたことをいってみましょう。

❷ 半直線OA，OB，OC，ODをひいてみましょう。
　　どんなことがわかるでしょうか。

解答 ❶ ・∠A＝∠A′，∠B＝∠B′，∠C＝∠C′，∠D＝∠D′となっている。
　　　（対応する角の大きさがそれぞれ等しい。）

　　・A′B′＝2AB，B′C′＝2BC，C′D′＝2CD，D′A′＝2DAとなっている。
　　　（対応する辺の比がすべて2：1である。）

　　・A′B′∥AB，B′C′∥BC，C′D′∥CD，D′A′∥DAとなっている。
　　　（対応する辺どうしが平行である。）

❷

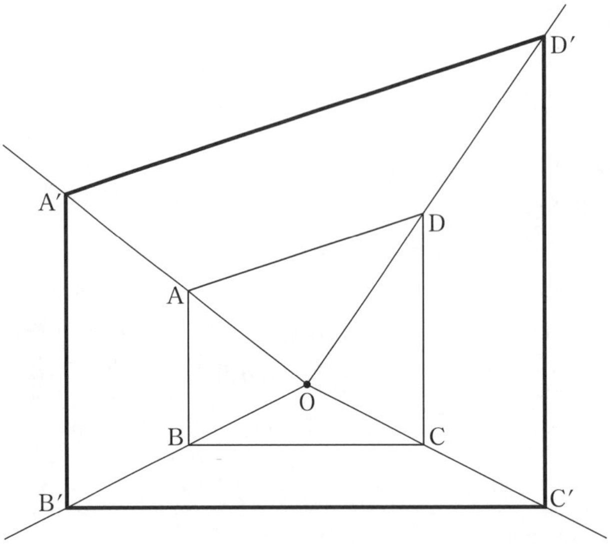

・半直線OA，OB，OC，ODは，それぞれA′，B′，C′，D′を通る。

・OA＝AA′，OB＝BB′，OC＝CC′，OD＝DD′となっている。
　（OA′＝2OA，OB′＝2OB，OC′＝2OC，OD′＝2ODとなっている。）

1 相似な図形

Q 右の図の四角形㋐を，方眼を使って形を変えずに2倍に拡大した図をかくには，どうしたらよいでしょうか。

教科書 p.130

解答 （例）辺は，方眼を利用して，AB，BC，CD，DAをそれぞれ2倍にした四角形をかけばよい。

また，対応する角は，方眼を利用して等しくなるようにかけばよい。

2倍に拡大した図は，右のようになる。

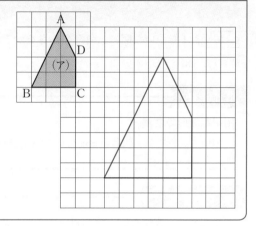

5章 相似な図形

ことばの意味

● **相似**

1つの図形を，形を変えずに一定の割合に拡大，または縮小して得られる図形は，もとの図形と相似であるという。

● **相似の記号**

四角形ABCDと四角形A′B′C′D′が相似であることを，次のように表す。

四角形 ABCD ∽ 四角形 A′B′C′D′

「∽」は相似を表す記号である。

問1 右の図に，△ABCの各辺を3倍に拡大した△DEFをかき入れなさい。また，対応する辺の長さと角の大きさの関係を，記号を使って表しなさい。

教科書 p.131

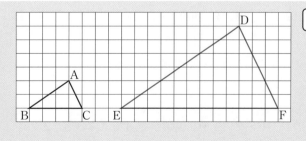

考え方 方眼の1目もりの長さを1とします。まず，辺BCに対応する辺EFをかきます。BCの長さは4だから，EFの長さを12（4×3）にとります。また，点AはBから右へ3，上へ2だけ進んだ点だから，点DはEから右へ9（3×3），上へ6（2×3）だけ進んだ点になります。

| 解答 | 前ページの図 |

$DE = 3AB,\ EF = 3BC,\ FD = 3CA$

$\angle D = \angle A,\ \angle E = \angle B,\ \angle F = \angle C$

問2

問1の図で，△DEFで辺EFを底辺とするときの高さは，△ABCで辺BCを
底辺とするときの高さの何倍になっていますか。

〔教科書 p.131〕

| 考え方 | 問1でかいた図に三角形の高さをかき入れて調べてみよう。 |

| 解答 | 3倍になっている。 |

ポイント

相似な図形の性質

相似な図形では，対応する部分の長さの比はすべて等しく，対応する角の大きさはそれぞれ等しい。

ことばの意味

● **相似比**　相似な図形で，対応する部分の長さの比を**相似比**という。

問3

右の図で，

四角形 ABCD ∽ 四角形 EFGH

であるとき，四角形 ABCD と四角形
EFGH の相似比を求めなさい。

〔教科書 p.132〕

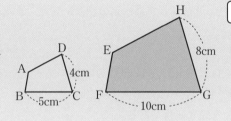

| 考え方 | 相似比は，対応する辺で，長さのわかっている辺の比を調べます。 |

| 解答 |

$BC : FG = 5 : 10 = 1 : 2$　（$CD : GH = 4 : 8 = 1 : 2$でもよい）

よって，四角形 ABCD と四角形 EFGH の相似比は　　1 : 2

正方形など，正多角形はいつでも相似である。

問4

△ABC ∽ △DEF で，その相似比が1 : 1であるとき，2つの三角形は，どん
な関係にあるといえますか。

〔教科書 p.132〕

| 考え方 | 相似比が1 : 1ということは，対応する辺の長さが等しいということです。 |

| 解答 | 相似比が1 : 1だから，3組の辺がそれぞれ等しい。

したがって，△ABCと△DEFは合同であるといえる。

教科書129ページで調べたことをもとに，拡大図をかく方法を考えてみましょう。

教科書
p.132〜133

❶ 右の図は，点Oを△ABCの内
部にとって，頂点A′を
OA′＝2OAとなるように
とったものです。同様にして，
点B′，点C′をとり，△A′B′C′
をかいてみましょう。

❷ △ABCと△A′B′C′で，対応
する辺の長さや角の大きさを調
べてみましょう。

❸ 点Oの位置を変えた場合につ
いて，❶と同じようにして
△ABCを2倍に拡大した三角
形をかいてみましょう。

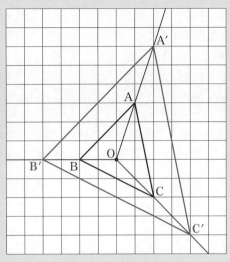

考え方 ❷ 方眼を利用して，辺の長さや角の大きさを調べよう。

解答 ❶ 上の図

❷ $A′B′ = 2AB,\ B′C′ = 2BC,\ C′A′ = 2CA$

$∠A′B′C′ = ∠ABC,\ ∠B′C′A′ = ∠BCA,\ ∠C′A′B′ = ∠CAB$

対応する辺の長さは，それぞれ2倍になっている。（長さの比は2で，すべて等しい。）

対応する角の大きさはそれぞれ等しい。

❸〈点Oを△ABCの頂点Bにとった場合〉 〈点Oを△ABCの外部にとった場合〉

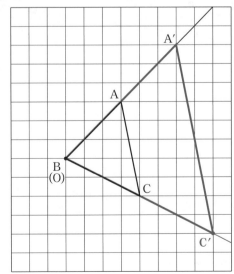

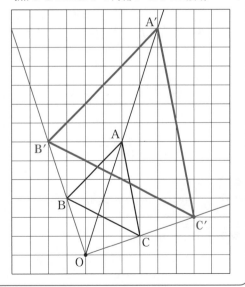

問5

右の図は，点Oを相似の中心として，頂点Aに対応する頂点Dを
OD＝2OAとなるようにとったものです。同様にして，点E，Fをとり，△ABCと相似の位置にある△DEFをかきなさい。

教科書 p.133

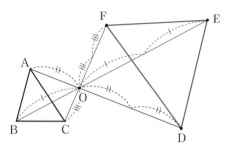

考え方 頂点Bと点Oを結んだ直線上に，OE＝2OBとなる点Eをとります。

同じように，頂点Cと点Oを結んだ直線上に，OF＝2OCとなる点Fをとり，これらの3点を結びます。

解答 上の図

問6

四角形ABCDをかき，相似の中心Oを適当にとって，各辺を$\frac{1}{2}$に縮小した四角形EFGHをかきなさい。

教科書 p.133

考え方 各辺を$\frac{1}{2}$に縮小した四角形EFGHには，OAの中点をEとする四角形EFGH（解答の図1）や，直線OA上にあって，Oに対してAの反対側にOE＝$\frac{1}{2}$OAとなる点をEとする四角形EFGH（解答の図2），Oを四角形ABCDの内部にとり，OAの中点をEとする四角形EFGH（解答の図3）があります。

解答 （例）　図1

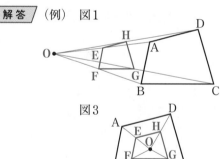

図2

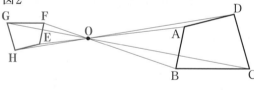

図3

例1

⇨ 辺BCの長さを求めなさい。

教科書 p.134

解答 BC＝ycmとすると

$6 : 3 = y : 2.8$ ＞比例式の性質　$a : b = c : d$ ならば $ad = bc$

$3y = 16.8$

$y = 5.6$

答　5.6cm

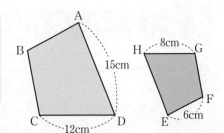

問7

右の図で,

　四角形 ABCD ∽ 四角形 EFGH

であるとき, 辺 AB, EH の長さを

それぞれ求めなさい。

教科書 p.134

→ 教科書 p.248 ⑱
（ガイド p.279）

考え方 対応する辺の長さの比を考えよう。

解答
$$AB : EF = CD : GH$$

$AB = x$cm とすると

$$x : 6 = 12 : 8 \quad \text{比例式の性質} \quad a : b = c : d \quad \text{ならば} \quad ad = bc$$
$$8x = 72$$
$$x = 9$$

$$AD : EH = CD : GH$$

$EH = y$cm とすると

$$15 : y = 12 : 8 \quad \text{比例式の性質} \quad a : b = c : d \quad \text{ならば} \quad ad = bc$$
$$12y = 120$$
$$y = 10$$

　　　　答 AB = 9cm, EH = 10cm

レベルアップ 相似を表す式で, 対応する辺を考えることができる。

四角形 $\stackrel{\frown}{ABCD}$ ∽ 四角形 $\stackrel{\frown}{EFGH}$

→ 辺 AB と辺 EF, 辺 AD と辺 EH が対応する辺となる。

ポイント

$$a : c = b : d \quad \text{ならば} \quad a : b = c : d$$

$$a : c = b : d$$
$$\Downarrow$$
$$a : b = c : d$$

問8

右の図で,

　△ABC ∽ △DEF

であるとき, 辺 AC の長さを求めな

さい。

教科書 p.134

→ 教科書 p.248 ⑲
（ガイド p.279）

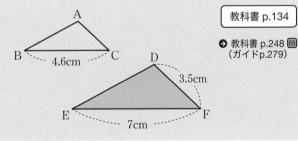

解答 となり合う2辺の比が等しいから　　BC : AC = EF : DF

$EF : DF = 7 : 3.5 = 2 : 1$ だから, $AC = x$cm とすると

$$4.6 : x = 2 : 1$$
$$2x = 4.6$$
$$x = 2.3$$

　　　　答 2.3cm

2　三角形の相似条件

教科書
p.135～136

Q 下の図の△ABCと相似な△DEFをかくには，辺や角についてどのような
条件がわかればよいでしょうか。

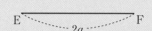

❶ EF = 2a, FD = 2b, DE = 2cという条件で△DEFをかいてみましょう。

△ABCと△DEFは相似であるといえるでしょうか。

❷ 次の条件で△DEFをかいてみましょう。

△ABCと△DEFは相似であるといえるでしょうか。

(1)　EF = 2a，DE = 2c，∠E = ∠B

(2)　EF = 2a，∠E = ∠B，∠F = ∠C

考え方　△ABCと△DEFが相似であるかどうかを
調べるとき，右の図のように

$$△ABC ∽ △A'B'C'$$

であり，その相似比が1:2であるような
△A'B'C'を考えます。

△DEFが△A'B'C'と合同となるとき，
△ABCと△DEFは相似になります。

$$\underbrace{△ABC ∽ △A'B'C'}_{∽} ≡ △DEF$$

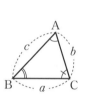
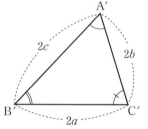

解答 ❶

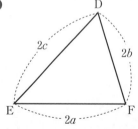

△A'B'C'と△DEFは，3組の辺がそれぞれ等しいから
合同である。

△ABCと△A'B'C'が相似だから，△ABCと△DEFは
相似である。

❷(1)

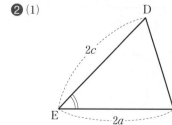

△A'B'C'と△DEFは，2組の辺とその間の角がそれ
ぞれ等しいから合同である。

したがって，△ABCと△DEFは相似である。

(2)

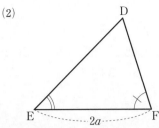

△A′B′C′と△DEFは，1組の辺とその両端の角がそれぞれ等しいから合同である。

したがって，△ABCと△DEFは相似である。

はるかさん…EFの長さが2aでなくても，△DEFは△ABCと相似になる。

ポイント

三角形の相似条件

　2つの三角形は，次のどれかが成り立つとき相似である。

① 3組の辺の比がすべて等しい。

② 2組の辺の比とその間の角がそれぞれ等しい。

③ 2組の角がそれぞれ等しい。

5章

相似な図形

合同条件	相似条件
① 3組の辺	① 3組の辺の比
② 2組の辺とその間の角	② 2組の辺の比とその間の角

となっていて，①，②では，辺と角の数や場所の条件は同じ。

相似条件③は，合同条件③と異なって，「2組の角」だけで辺の条件がない。

問1

下の図のなかから，相似な三角形の組を見つけ，記号∽を使って表しなさい。また，そのときに使った相似条件をいいなさい。

教科書 p.137

➡ 教科書 p.248 70
（ガイドp.279）

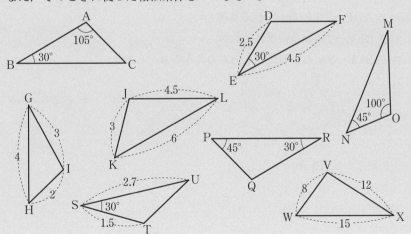

考え方	三角形の相似条件にあてはまるかどうか調べよう。

△ABC，△QRPで，3つの角は，30°，45°，105°

△DEFと△TSUで，30°の角をはさむ2組の辺の比は，2.5 : 1.5 = 4.5 : 2.7

△GHIと△LKJで，3組の辺の比は，4 : 6 = 2 : 3 = 3 : 4.5

解答	△ABC ∽ △QRP…2組の角がそれぞれ等しい。

∠A = ∠Q，∠B = ∠R

△DEF ∽ △TSU…2組の辺の比とその間の角がそれぞれ等しい。

DE : TS = EF : SU，∠E = ∠S

△GHI ∽ △LKJ…3組の辺の比がすべて等しい。

GH : LK = HI : KJ = IG : JL

問 2

下のそれぞれの図で，相似な三角形を記号∽を使って表しなさい。
また，そのときに使った相似条件をいいなさい。

教科書 p.137

❯ 教科書 p.248 🗗
（ガイドp.279）

(1) 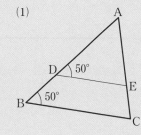　(2) 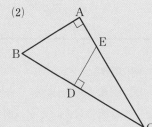　(3)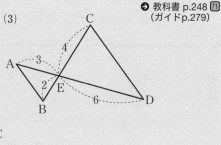

考え方	(1)　△ABCと△ADEで，∠B = ∠D，∠Aは共通な角

(2)　△ABCと△DECで，∠BAC = ∠EDC，∠Cは共通な角

(3)　△ABEと△DCEで，対頂角は等しいから，∠AEB = ∠DEC
　　　さらに，BE : CE = 2 : 4 = 1 : 2，AE : DE = 3 : 6 = 1 : 2

解答	(1)　△ABC ∽ △ADE…2組の角がそれぞれ等しい。

(2)　△ABC ∽ △DEC…2組の角がそれぞれ等しい。

(3)　△ABE ∽ △DCE…2組の辺の比とその間の角がそれぞれ等しい。

問 3

例2の図で，△ABC ∽ △DACとなります。
このことを証明しなさい。

教科書 p.138

考え方	△ABCと向きをそろえた図をかいて考えよう。

証明	△ABCと△DACにおいて

仮定から　∠BAC = ∠ADC = 90°　…①

また　　　∠Cは共通　　　　　　…②

①，②より，2組の角がそれぞれ等しいから

　　　　　△ABC ∽ △DAC

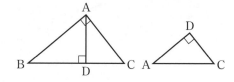

問4

例2の図について，次の問に答えなさい。

教科書 p.138

(1) △DBA ∽ △DACとなることを証明しなさい。

(2) (1)で証明したことから，AD：CD＝BD：ADとなることを示しなさい。

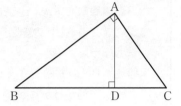

考え方 (1) 辺の条件がわかっていないので，三角形の相似条件「2組の角がそれぞれ等しい」を使えないかどうか考えよう。

解答 (1) △DBAと△DACにおいて

仮定から　∠BDA＝∠ADC＝90°　…①

∠BAC＝90°であるから

∠BAD＝90°－∠CAD　…②

三角形の内角の和は180°であるから，△ACDで

∠ACD＝180°－（∠ADC＋∠CAD）＝90°－∠CAD　…③

②，③より　　∠BAD＝∠ACD　…④

①，④より，2組の角がそれぞれ等しいから

△DBA ∽ △DAC

(2) △DBA ∽ △DACより，相似な図形の対応する辺の比は等しいから

AD：CD＝BD：AD

問5

下の図の△ABCで，点B，Cから辺AC，ABにそれぞれ垂線BD，CEをひきます。このとき

教科書 p.138

△ABD ∽ △ACE

となります。このことを証明しなさい。

考え方 △ABDと△ACEで，∠Aは共通な角です。

証明 △ABDと△ACEにおいて

仮定から　∠ADB＝∠AEC＝90°　…①

また　　　　∠Aは共通　　　　　…②

①，②より，2組の角がそれぞれ等しいから

△ABD ∽ △ACE

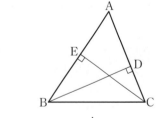

ひろとさん　BDとECの交点をFとすると

△EFBと△DFCにおいて

仮定から

∠BEF＝∠CDF＝90°　…①

対頂角は等しいから

∠EFB＝∠DFC　…②

①，②より，2組の角がそれぞれ等しいから

△EFB ∽ △DFC

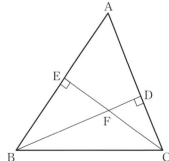

5章

相似な図形

3　相似の利用

Q 右の図のように，池をはさんだ2地点A，B間の距離を，A，Bを見通せる地点Cを決めて，△ABCの縮図をかいて求めてみましょう。

教科書 p.139

❶ △ABCの縮図をかくには，△ABCについて何がわかればよいでしょうか。
また，そのときに，どの相似条件を利用するでしょうか。

❷ 自分で縮尺を決めて，△ABCの縮図△A′B′C′をかいてみましょう。

❸ ❷でかいた△A′B′C′を利用して，A，B間の距離を求めてみましょう。

解答 ❶ AC，BCの距離，∠ACBがわかればよい。

そのとき，2組の辺の比とその間の角がそれぞれ等しいことを利用して縮図をかく。

❷ 縮尺を $\dfrac{1}{300}$ とすると，$C'A' = 1500 \times \dfrac{1}{300} = 5\,(\text{cm})$，

$C'B' = 1800 \times \dfrac{1}{300} = 6\,(\text{cm})$ となる。

∠A′C′B′ $= 78°$ の△A′B′C′をかくと，教科書139ページの図のようになる。

❸ ❷の図の縮尺は，$\dfrac{1}{300}$ である。

教科書の図でA′B′をはかると7cmだから

AB $= 7 \times 300 = 2100\,(\text{cm})$

$2100\,\text{cm} = 21\,\text{m}$

答　約21m

Q 校舎から少しはなれた場所に立って，屋上を見上げます。このとき，水平の方向に対して見上げる角度をはかって，校舎の高さを求めてみましょう。

教科書 p.140

❶ 校舎から16mはなれた地点Pから，校舎の先端Aを見上げたら，40°上に見えました。また，目の高さは1.5mです。
校舎の高さを求めるには，どのような三角形の縮図をかけばよいでしょうか。

❷ 自分で縮尺を決めて縮図をかき，校舎の高さを求めてみましょう。

考え方 ❷ 40°の角は分度器を使ってかきます。
また，目の高さの1.5mは，ACの実際の長さを求め，最後に加えます。

解答 ❶

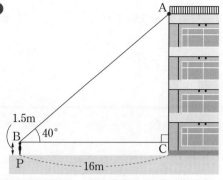

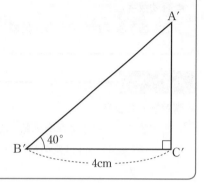

❷ △ABCの $\dfrac{1}{400}$ の縮図△A′B′C′をかくと，右の図

のようになる。A′C′の長さは約3.4cmだから

　　AC = 3.4 × 400 = 1360 (cm)

したがって，校舎の高さは，目の高さを加えて

　　13.6 + 1.5 = 15.1 (m)　　　　　答　約15.1m

問1

右の図のように，高さ2mの鉄棒
の影の長さが1.2mのとき，校舎
の影の長さをはかったら，9mあ
りました。
校舎の高さを求めなさい。

教科書 p.140

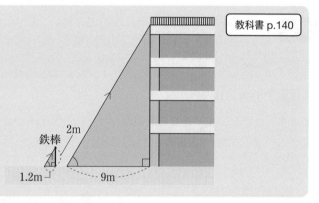

考え方　太陽の光は平行だから，色をつけた2つの三角形は，2組の角がそれぞれ等しいから，相似に
なります。

解答　校舎の高さを x mとすると

　　2 : x = 1.2 : 9

　　1.2x = 18

　　　x = 15 (m)　　　　　　　　　　　　　　　　　　答　約15m

ことばの意味

● 誤差

近似値から真の値をひいた差を誤差という。

　（誤差）＝（近似値）−（真の値）

問2　ある重さを測定し，10g未満を四捨五入して測定値120gを得ました。　　　教科書 p.141
真の値 a の範囲を，不等号を使って表しなさい。

解答　$115 \leqq a < 125$

ことばの意味

● 有効数字
　近似値を表す数字のうち，信頼できる数字を**有効数字**という。

ポイント

測定値の表し方
　測定値を，どこまでが有効数字であるかをはっきりさせたいときは
　　（整数部分が1けたの数）×（10の累乗）
　の形に表す。

問3　ある距離の測定値1500mの有効数字が1，5，0のとき，この測定値を，　　　教科書 p.141
（整数部分が1けたの数）×（10の累乗）の形に表しなさい。

解答　1.50×10^3 m

注意　1，5，0までが有効数字だから，1.5×10^3 m ではなく 1.50×10^3 m となる。
　　　1，5が有効数字のときは 1.5×10^3 m となる。

基 本 の 問 題　　　教科書 ➡ p.142

1　右の図において
　　　△ABC ∽ △DEF
であるとします。
(1)　△ABCと△DEFの相似比を求めなさい。
(2)　辺DFの長さを求めなさい。

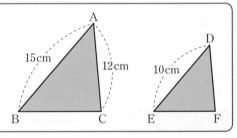

考え方　(1)　対応する辺の長さの比を相似比といいます。対応する辺で，ともに長さのわかっている辺
　　　を見つけ，その比を求めます。

解答　(1)　△ABC ∽ △DEFで，ABとDEは対応する辺だから
　　　相似比は　AB : DE = 15 : 10 = 3 : 2　　　　　　　　　　　　　　　　　　　答　3 : 2

(2)　DF $= x$ cm とすると，(1)より，△ABC と△DEF の相似比は 3：2 で，辺 AC と辺 DF が
対応する辺だから

$$AC：DF = 3：2$$
$$12：x = 3：2$$
$$3x = 24$$
$$x = 8$$

答　8cm

2　下の図で，相似な三角形の組を見つけ，記号∽を使って表しなさい。また，そのときに使った相似条件をいいなさい。

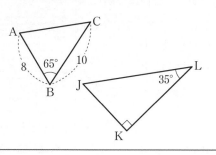 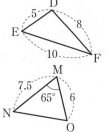 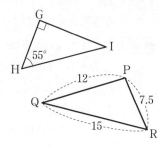

考え方　△ABC と△OMN で，∠B = ∠M = 65°，10：7.5 = 8：6

△DEF と△PRQ で，5：7.5 = 10：15 = 8：12

△GHI と△KJL で，∠G = ∠K = 90°，∠H = ∠J = 55°（∠I = ∠L = 35°）

解答　△ABC ∽ △OMN…2組の辺の比とその間の角がそれぞれ等しい。

△DEF ∽ △PRQ…3組の辺の比がすべて等しい。

△GHI ∽ △KJL…2組の角がそれぞれ等しい。

3　右の図の△ABC で，D は辺 AB 上の点で，∠A = ∠BCD です。
このとき，△ABC ∽ △CBD となります。このことを証明しなさい。

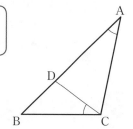

証明　△ABC と△CBD において

仮定から

$$∠BAC = ∠BCD　…①$$

また　　∠B は共通　　…②

①，②より，2組の角がそれぞれ等しいから

$$△ABC ∽ △CBD$$

4　ある重さの測定値290g の有効数字が2，9，0のとき，この測定値を，
（整数部分が1けたの数）×（10の累乗）の形に表しなさい。

解答　2.90×10^2 g

注意　有効数字が2，9，0だから，2.9×10^2 g としてはいけない。

5章

相似な図形

2節 平行線と比

> **Q** 下のようにして，ノートの罫線(けいせん)を3等分できます。
> 実際にやってみましょう。また，3等分できるわけを考えてみましょう。
> 教科書 p.143

考え方 右の②の図の△ABE，△BCF，△CDGがたがいに合同に
なることをいえばよい。

解答 右の②の図のように，罫線との交点をA, B, C, Dとし，B,
C, Dから上の罫線へ垂線をひき，その交点をそれぞれE, F,
F′, G, G′とする。

平行線の同位角は等しいから

$$\angle EAB = \angle FBC = \angle GCD$$

また　　$\angle AEB = \angle BFC = \angle CGD\ (= 90°)$　…①

よって　$\angle ABE = \angle BCF = \angle CDG$　　　…②

罫線の間隔は等しいから

$$EB = FC = GD \qquad\qquad …③$$

①，②，③より，1組の辺とその両端の角がそれぞれ等しい
から，△ABE，△BCF，△CDGにおいて，これら3つの
三角形はたがいに合同になる。

合同な図形で対応する辺は等しいから　　$AE = BF = CG$

したがって　　$AE = EF′ = F′G′$

すなわち，AG′はE, F′によって3等分されている。

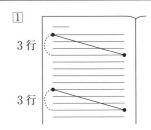

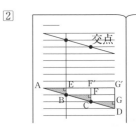

1 三角形と比

> **Q** 教科書143ページの方法で，ノートの罫線を
> 3等分できる理由を説明してみましょう。
> 教科書 p.144
>
> ❶ 右の図で，△ABC ∽ △ADE,
> △ABC ∽ △AFGをそれぞれ証明して
> みましょう。
>
> ❷ BC，DE，FGの長さの関係を調べてみましょう。

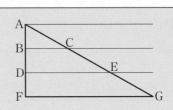

考え方 ❶ 横方向の直線はノートの罫線だから，平行で間隔が等しい。つまり，
$AB = BD = DF$，また，BC，DE，FGが平行であることが仮定となります。

解答 ❶ △ABCと△ADEにおいて

∠Aは共通

BC∥DEより，平行線の同位角は等しいから

∠ACB = ∠AED

2組の角がそれぞれ等しいから

△ABC ∽ △ADE

上と同様にして，△ABCと△AFGにおいて

∠Aは共通，∠ACB = ∠AGF

2組の角がそれぞれ等しいから

△ABC ∽ △AFG

❷ BC，DE，FGの長さの関係は次のようになる。

罫線は等間隔だから　AB = BD = DF

したがって　　　AB : AD = 1 : (1 + 1) = 1 : 2

AB : AF = 1 : (1 + 1 + 1) = 1 : 3

❶で証明した△ABC ∽ △ADE，△ABC ∽ △AFGより

相似な図形で，対応する辺の比は等しいから

BC : DE = AB : AD = 1 : 2

BC : FG = AB : AF = 1 : 3

したがって

BC : DE = 1 : 2，BC : FG = 1 : 3

問 1

右の図で，DE∥BCとします。

(1) △ADE ∽ △ABCとなることを証明しなさい。

(2) AD : ABと等しい比になる辺の組をいいなさい。

教科書 p.144

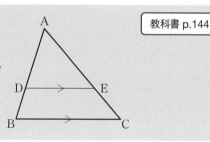

考え方 (1) 平行線の同位角が等しいことを利用します。

(2) 相似な図形の対応する辺の比はすべて等しいことを利用します。

解答 (1) △ADEと△ABCにおいて

∠Aは共通　　　…①

平行線の同位角は等しいから

∠ADE = ∠ABC　…②

①，②より，2組の角がそれぞれ等しいから

△ADE ∽ △ABC

(2) (1)より，△ADE ∽ △ABCだから，

△ADEと△ABCで，対応する辺の比は等しいから

AD : AB = AE : AC = DE : BC

答　AE : AC，DE : BC

問2

教科書144ページの問1で，AB＝15cm，AC＝18cm，AD＝10cmのとき，
次の問に答えなさい。

教科書 p.145

(1) AEの長さを求めなさい。

(2) AD：DBとAE：ECを比べなさい。

解答

(1) △ADE∽△ABCより，対応する
　　辺の比は等しいから
$$AD：AB＝AE：AC$$
　　AE＝$x$cmとすると
$$10：15＝x：18$$
$$15x＝180$$
$$x＝12$$
　　　　　　　答　12cm

(2) DB＝AB－ADより
$$DB＝15－10＝5（cm）$$
(1)より，AE＝12cmだから
$$EC＝AC－AE＝18－12＝6（cm）$$
となるから
$$AD：DB＝10：5＝2：1$$
$$AE：EC＝12：6＝2：1$$
したがって
$$\mathbf{AD：DB＝AE：EC}$$

問3

右の図で，DE∥BCならば

AD：DB＝AE：ECとなります。

このことを，次の手順で証明しなさい。

① 点Dを通り，辺ACに平行な直線をひき，辺
　BCとの交点をFとする。

② △ADE∽△DBFを証明し，
　AD：DB＝AE：DFを示す。

③ 四角形DFCEが，どんな四角形であるかを
　考え，DFと長さが等しい線分を見つける。

④ ②，③からAD：DB＝AE：ECを示す。

教科書 p.145

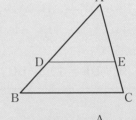

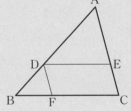

解答　点Dを通り，辺ACに平行な直線をひき，辺BCとの交点をFとする。⌐①

② ┌ △ADEと△DBFにおいて
　　平行線の同位角は等しいから
　　　DE∥BCより　∠ADE＝∠DBF　…①
　　　AC∥DFより　∠EAD＝∠FDB　…②
　　①，②より，2組の角がそれぞれ等しいから
　　　△ADE∽△DBF
　　したがって
　└　AD：DB＝AE：DF　…③

四角形DFCEにおいて
　　DE∥FC，DF∥EC
2組の対辺がそれぞれ平行であるから，
四角形DFCEは平行四辺形である。
平行四辺形の対辺はそれぞれ等しいから
　　DF＝EC　…④　　　　　　　　　③

③，④より
　　AD：DB＝AE：EC　　　　　　　④

ポイント

三角形と比の定理

定理　△ABCの辺AB，AC上の点をそれぞれD，Eとするとき

① DE∥BC ならば

$AD:AB = AE:AC = DE:BC$

② DE∥BC ならば

$AD:DB = AE:EC$

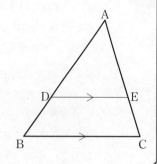

問4

下の図で，DE∥BCとするとき，x，yの値を求めなさい。

教科書 p.146

→ 教科書 p.248 ⑫
（ガイドp.279）

(1) 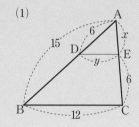 (2) 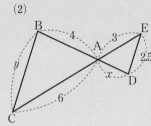 (3)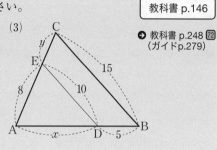

考え方 DE∥BCより，三角形と比の定理を利用して求めます。

解答

(1) $DB = AB - AD = 15 - 6 = 9$

DE∥BCだから

$AD:DB = AE:EC$

$6:9 = x:6$

$9x = 36$

$x = 4$

DE∥BCだから

$AD:AB = DE:BC$

$6:15 = y:12$

$15y = 72$

$y = 4.8$

(2) DE∥BCだから

$AB:AD = AC:AE$

$4:x = 6:3$

$6x = 12$

$x = 2$

DE∥BCだから

$AC:AE = BC:DE$

$6:3 = y:2.5$

$3y = 15$

$y = 5$

(3) DE∥BCだから

$AD:AB = DE:BC$

$x:(x+5) = 10:15$

$10(x+5) = 15x$

$10x + 50 = 15x$

$-5x = -50$

$x = 10$

DE∥BCだから

$AD:DB = AE:EC$

$10:5 = 8:y$

$10y = 40$

$y = 4$

問5

右の図で，AD：DB ＝ AE：ECならば
DE∥BCとなります。
このことを，次の手順で証明しなさい。

教科書 p.147

1　点Cを通り，辺ABに平行な直線をひ
　き，直線DEとの交点をFとする。
2　△ADE ∽ △CFEを証明し，
　AD：CF ＝ AE：CEを示す。
3　仮定と2から，DB ＝ CFを示す。
4　四角形DBCFがどんな四角形である
　かを考え，DE∥BCを示す。

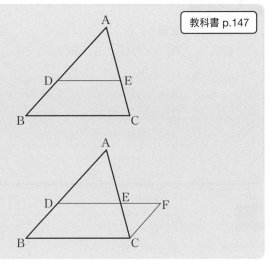

解答

点Cを通り，辺ABに平行な直線をひき，直線DEとの交点をFとする。　1

△ADEと△CFEにおいて
AB∥FCより，平行線の錯角は等しいから
　　∠EDA ＝ ∠EFC　…①
　　∠EAD ＝ ∠ECF　…②
①，②より，2組の角がそれぞれ等しいから
　　△ADE ∽ △CFE
相似な図形で，対応する辺の比は等しいから
　　AD：CF ＝ AE：CE　…③

2

仮定より
　　AD：DB ＝ AE：EC　…④
③，④より　AD：CF ＝ AD：DB
したがって　　　　DB ＝ CF

3

四角形DBCFにおいて　　DB∥FC，DB ＝ CF
1組の対辺が平行でその長さが等しいから，四角形DBCFは平行四辺形である。
したがって　　　　DE∥BC

4

ポイント

三角形と比の定理の逆

定理　△ABCの辺AB，AC上の点をそれぞれD，Eとするとき
　　1　AD：AB ＝ AE：AC　ならば　DE∥BC
　　2　AD：DB ＝ AE：EC　ならば　DE∥BC

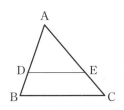

問6

右の図で，線分DE，EF，FDのうち，
△ABCの辺に平行なものはどれですか。
そのわけもいいなさい。

教科書 p.147

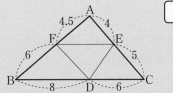

考え方 EDとAB，FEとBC，FDとACについて，三角形と比の定理の逆を利用して，平行になる
かどうか考えてみよう。

解答
$$\begin{cases} CD:DB = 6:8 = 3:4 \\ CE:EA = 5:4 \end{cases}$$

したがって，EDはABに平行ではない。

$$\begin{cases} AF:FB = 4.5:6 = 3:4 \\ AE:EC = 4:5 \end{cases}$$

したがって，FEはBCに平行ではない。

$$\begin{cases} BF:FA = 6:4.5 = 4:3 \\ BD:DC = 8:6 = 4:3 \end{cases}$$

したがって，BF：FA = BD：DCだから，三角形と比の定理の逆より，FDはACに平行である。　　　　　　**答 FD**

Q

△ABCで，辺BC，CA，ABの中点をそれぞれD，E，
Fとして，△DEFをかいてみましょう。
どんなことがわかるでしょうか。

❶ FE：BCを求めましょう。

教科書 p.148

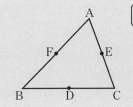

考え方 合同な三角形や，相似な三角形を見つけよう。また，三角形と比の定理の逆を利用して，
平行な辺がないか考えよう。

解答 右の図

・△DEFと△ABCは相似である。

・△AFE，△FBD，△EDC，△DEFは，
すべて合同である。

・ED∥AB，FE∥BC，DF∥CA

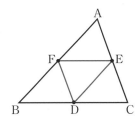

❶ AF：FB = AE：ECだから，三角形と比の定理の逆より
　　FE∥BC

したがって，三角形と比の定理より
　　FE：BC = AF：AB = 1：2

ポイント

中点連結定理

定理　△ABCの2辺AB，ACの中点をそれぞれM，Nとすると，
次の関係が成り立つ。

$$MN /\!/ BC$$

$$MN = \frac{1}{2}BC$$

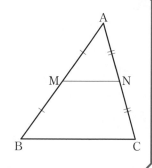

問7

△ABCの辺BC，CA，ABの中点をそれぞれD，E，Fとするとき，△DEF∽△ABCとなります。△DEFと△ABCの相似比を求めなさい。また，△ABCの面積が8cm²のとき，△DEFの面積を求めなさい。

教科書 p.148

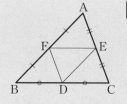

考え方 中点連結定理を利用します。△DEFと合同な三角形を見つけよう。

解答 △ABCにおいて，中点連結定理より

$$FE = \frac{1}{2}BC$$

よって，△DEFと△ABCの相似比は

$$EF : BC = 1 : 2$$

また，△DEF，△AFE，△FBD，△EDCにおいて，
中点連結定理より，3組の辺がそれぞれ等しいから，すべて合同である。
△ABCはこれら4つの三角形を合わせたものだから，

△DEFの面積は△ABCの$\frac{1}{4}$である。したがって

$$\triangle DEF = 8 \times \frac{1}{4} = 2 \, (\text{cm}^2)$$

答　相似比は1：2，△DEF = 2 cm²

問8

右の図で，四角形ABCDは，AD∥BCの台形です。辺ABの中点をEとし，Eから辺BCに平行な直線をひき，BD，CDとの交点をそれぞれF，Gとします。

EF，EGの長さを求めなさい。

教科書 p.148

● 教科書 p.249 73
（ガイドp.280）

 考え方　△ABD，△DBCにおいて，それぞれ中点連結定理を利用します。

解答　△ABDにおいてEF∥ADだから，三角形と比の定理より

$$BF : FD = BE : EA = 1 : 1$$

だから，Fは線分BDの中点である。

△ABDにおいて，中点連結定理より

$$EF = \frac{1}{2}AD = \frac{1}{2} \times 4 = 2 \,(cm)$$

同様にして，△DBCにおいて，Gは線分DCの中点になるから，中点連結定理より

$$FG = \frac{1}{2}BC = \frac{1}{2} \times 10 = 5 \,(cm)$$

したがって

$$EG = EF + FG = 2 + 5 = 7 \,(cm)$$

　　　　答　EF = 2 cm，EG = 7 cm

5章

相似な図形

深い学び　四角形の各辺の中点を結んだ図形は？

教科書 ● p.149〜150

Q

四角形ABCDをかいて，辺AB，BC，CD，DAの中点をそれぞれE，F，G，Hとします。このとき，四角形EFGHはどんな四角形になるでしょうか。

❶ 右の図に四角形EFGHをかき入れて，どんな四角形になるか調べてみましょう。

❷ 四角形ABCDの形を変えたとき，❶で調べたことは成り立つでしょうか。

ノートにかいて調べてみましょう。また，友だちがかいた図と比べてみましょう。

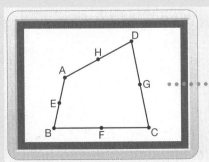
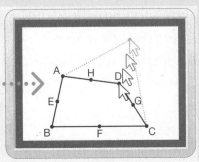

❸ はるかさんは，「四角形ABCDがどんな形でも，四角形EFGHは平行四辺
　　形になる。」と考えました。このようにいってよいか話し合ってみましょう。

❹ 上の証明とはちがう証明も考えてみましょう。

❺ 学習をふり返ってまとめをしましょう。

❻ 四角形EFGHが長方形やひし形，正方形になるとき，それぞれ四角形
　　ABCDの対角線AC，BDにどんな条件があればよいか考えてみましょう。

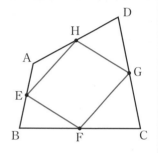

考え方 ❷ いろいろな四角形ABCDをかいて調べてみよう。

解答 ❶ 右の図
　　平行四辺形になる。

❷ 四角形ABCDが

正方形のとき　　　**長方形のとき**　　　**ひし形のとき**

　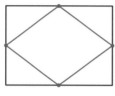　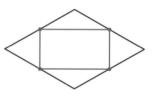

正方形になる。　　　ひし形になる。　　　　長方形になる。

台形のとき　　　　　　　　　　　**これら以外のふつうの四角形
　　　　　　　　　　　　　　　　　のとき**

　　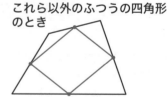

平行四辺形になる。　　　ひし形になる。　　　平行四辺形になる。

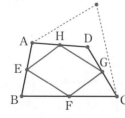

点Dだけを動かして調べてみると

・四角形EFGHの辺EF，HGの長さは変わらない
　が，辺EH，FGの長さは変わる。

・四角形ABCDの対角線ACの長さは変わらない。

・点Dが動いても，いつもEF∥HG，EH∥FGが
　成り立っている。

❸ ひし形や長方形，正方形は特別な平行四辺形だから，「四角形ABCDがどんな形でも，
　四角形EFGHは平行四辺形になる」といってよい。

❹ 四角形ABCDの対角線ACをひくと
　△ABCにおいて，Eは辺ABの中点，Fは辺BCの中点であるから

$$EF = \frac{1}{2}AC \quad \cdots ①$$

　△ADCにおいても同様にして　　$HG = \frac{1}{2}AC \quad \cdots ②$

①，②より　　EF＝HG　…③

四角形ABCDの対角線BDをひくと

△ABDにおいて，Eは辺ABの中点，Hは辺ADの中点であるから

$$EH＝\frac{1}{2}BD \quad …④$$

△CBDにおいても同様にして　　$FG＝\frac{1}{2}BD$　…⑤

④，⑤より　　EH＝FG　…⑥

③，⑥より，2組の対辺がそれぞれ等しいから，四角形EFGHは平行四辺形である。

別解　上の証明では，中点連結定理の線分の長さの関係に着目して証明したが，
次のように線分の平行の関係に着目して証明することもできる。

　　△ABC，△ADCにおいて，中点連結定理より

　　　　EF∥AC　…①，HG∥AC　…②

　　①，②より　　EF∥HG　…③

　　△ABD，△CBDにおいて，中点連結定理より

　　　　EH∥BD　…④，FG∥BD　…⑤

　　④，⑤より　　EH∥FG　…⑥

　　③，⑥より，2組の対辺がそれぞれ平行であるから，

　　四角形EFGHは平行四辺形である。

❺ ・点Dだけを動かして，形が変わっても変わらない関係を調べた。

　・対角線をひいて，対角線と四角形EFGHの辺の関係を調べた。

　・四角形EFGHの辺は，もとの四角形ABCDの2本の対角線によって決まる。

　・四角形EFGHは，もとの四角形ABCDの2本の対角線の長さや交わり方によって，
　　ひし形や長方形，正方形になったりする。

❻ ・長方形は，平行四辺形の1つの角を90°としたもので，平行四辺形の辺EHは対角線
　　BDと，辺HGは対角線ACとそれぞれ平行だから，EHとHGが垂直になるためには，
　　対角線BDとACが垂直に交わればよい。（下の図(1)）

　・平行四辺形EFGHがひし形になる条件は，EH＝HGだから，そのためには，対角
　　線ACとBDの長さが等しくなればよい。（下の図(2)）

　・平行四辺形EFGHが正方形になるには，上の2つの条件がともにみたされればよい。
　　すなわち，対角線ACとBDが垂直に交わり，その長さが等しくなればよい。（下の
　　図(3)）

(1) 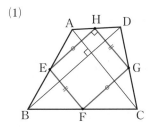　(2) 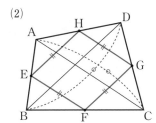　(3)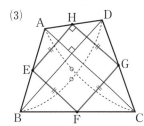

2 **平行線と比**

Q 右の図（省略）で，直線 a, b, c が平行であるとき，x の値を求めるには，ど うしたらよいでしょうか。　　　　　　　　　　　　　　　　　　　教科書 p.151

考え方 右の図のように，m を m' の位置まで平行移動させた図で考えてみよう。

解答 m を m' の位置まで平行移動させた図で，右の図のように，
点を定める。

四角形 AEE′A′ と四角形 ECC′E′ はどちらも平行四辺形だ
から

　　　　$AE = A'E' = 12$, $EC = E'C' = x$

△ABC で，DE∥BC だから，三角形と比の定理より，

AD：DB ＝ AE：EC が成り立つ。したがって

　　　　$10 : 5 = 12 : x$

　　　　　$10x = 60$

　　　　　　$x = 6$

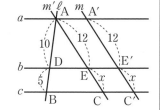

ポイント

平行線と比

　定理　平行な3つの直線 a, b, c が直線 ℓ とそれぞれ A, B, C で交わり，
　　　　直線 m とそれぞれ A′，B′，C′ で交われば

　　　　　AB：BC ＝ A′B′：B′C′

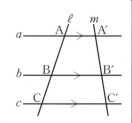

問1 下の図で，直線 ℓ, m, n が平行であるとき，x の値を求めなさい。　　教科書 p.152

● 教科書 p.249 ⁊4 （ガイドp.280）

(1)　(2)　(3)

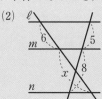
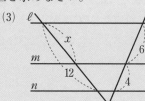

解答 (1) ℓ, m, n が平行だから　(2) ℓ, m, n が平行だから　(3) ℓ, m, n が平行だから

$\quad x : 1.8 = 4 : 2 \qquad\qquad 6 : x = 5 : 8 \qquad\qquad x : (12-x) = 6 : 4$

$\quad\quad 2x = 7.2 \qquad\qquad\quad\ 5x = 48 \qquad\qquad\qquad 4x = 6(12-x)$

$\quad\quad\ \ x = 3.6 \qquad\qquad\quad\ \ x = 9.6 \qquad\qquad\qquad 4x = 72 - 6x$

$\qquad\qquad\qquad\qquad\qquad\qquad\qquad\qquad\qquad\qquad\qquad\ \ 10x = 72$

$\qquad\qquad\qquad\qquad\qquad\qquad\qquad\qquad\qquad\qquad\qquad\quad\ x = 7.2$

Q　線分ABを3等分する方法を考えてみましょう。

❶ はるかさんは，右のような図をかいて
考えています。このあと，どのように
すれば，線分ABを3等分できるで
しょうか。

❷ ❶の方法で線分ABを3等分できる理
由を説明してみましょう。

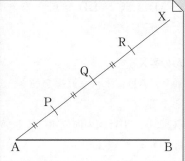

解答　❶ 次の手順で線分ABを3等分する点S，Tをとる。

　　① 点Aから半直線AXをひく。

　　② AX上に，点Aから順に等間隔に，3点P，Q，Rを
　　　とり，点RとBを結ぶ。

　　③ 点P，QからRBに平行な直線をひき，ABとの交点
　　　をそれぞれS，Tとする。

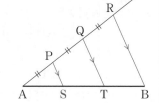

❷ PS∥QT，QT∥RBだから，平行線と比の定理より

　　　AS : ST = AP : PQ = 1 : 1より　AS = ST

　　　ST : TB = PQ : QR = 1 : 1より　ST = TB

したがって　　AS = ST = TB

すなわち，S，Tは線分ABを3等分する。

問2　線分ABをかき，ABを3：2に分ける点Pを求めなさい。

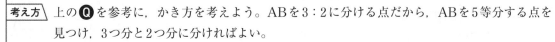

考え方　上の❶を参考に，かき方を考えよう。ABを3：2に分ける点だから，ABを5等分する点を
見つけ，3つ分と2つ分に分ければよい。

解答　次のような手順でかく。

　① 点Aから半直線AXをひく。

　② AX上に，点Aから順に等間隔に5つの点をとり，Aか
　　ら3つ目の点をM，5つ目の点をNとする。点NとBを
　　結ぶ。

　③ 点MからNBに平行な直線をひき，ABとの交点をPと
　　する。

（右の図）

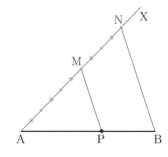

問3

△ABCの∠Aの二等分線と辺BCとの交点を Dとすると，AB：AC＝BD：DCとなります。このことを証明しなさい。

教科書 p.153

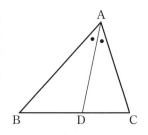

証明

はるかさんの考え

点Cを通り，ADに平行な直線をひき，辺BAの延長との交点をEとする。

AD∥ECより，平行線の同位角は等しいから

∠BAD＝∠AEC

AD∥ECより，平行線の錯角は等しいから

∠DAC＝∠ACE

仮定から

∠BAD＝∠DAC

したがって

∠AEC＝∠ACE

2つの角が等しいから，△ACEは二等辺三角形である。

したがって　　AE＝AC　…①

また，AD∥ECであるから，三角形と比の定理より

BA：AE＝BD：DC　…②

①，②より

AB：AC＝BD：DC

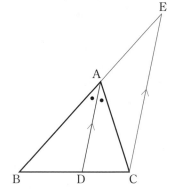

ひろとさんの考え

点Bを通り，ACに平行な直線をひき，ADの延長との交点をFとする。

AC∥BFより，平行線の錯角は等しいから

∠DAC＝∠BFD

仮定から

∠BAD＝∠DAC

したがって

∠BFD＝∠BAD

2つの角が等しいから，△BFAは二等辺三角形である。

したがって　　BF＝BA　…①

また，BF∥ACであるから，三角形と比の定理より

BF：AC＝BD：DC　…②

①，②より

AB：AC＝BD：DC

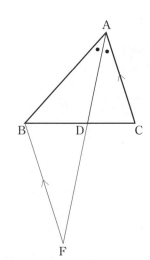

 △ACEや△ABFは，二等辺三角形になっている。

数学の
まど　　数直線を使った積や商の表し方　　　　　　　　　　　　教科書 p.153

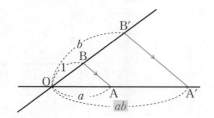 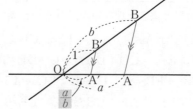

左側の図について

$OA' = x$ とする。$BA /\!/ B'A'$ だから

$$OB : OB' = OA : OA'$$
$$1 : b = a : x$$
$$x = ab$$

したがって，OA' の長さが ab となる。

右側の図について

$OA' = y$ とする。$B'A' /\!/ BA$ だから

$$OB' : OB = OA' : OA$$
$$1 : b = y : a$$
$$by = a$$
$$y = \frac{a}{b}$$

したがって，OA' の長さが $\frac{a}{b}$ となる。

5章

相似な図形

基 本 の 問 題

教科書 ● p.154

1 下の図で，$DE /\!/ BC$ であるとき，x，y の値を求めなさい。

(1)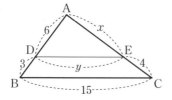

(2)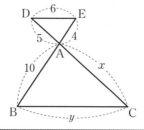

解答　(1) $DE /\!/ BC$ だから

$$AD : DB = AE : EC$$
$$6 : 3 = x : 4$$
$$3x = 24$$
$$x = 8$$
$$AD : AB = DE : BC$$
$$6 : (6+3) = y : 15$$
$$9y = 90$$
$$y = 10$$

(2) $DE /\!/ BC$ だから

$$AD : AC = AE : AB$$
$$5 : x = 4 : 10$$
$$4x = 50$$
$$x = \frac{25}{2}$$
$$AE : AB = ED : BC$$
$$4 : 10 = 6 : y$$
$$4y = 60$$
$$y = 15$$

2 右の図で, 線分DE, EF, FDのうち, △ABCの辺に平行なものをすべていいなさい。

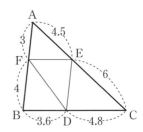

考え方 三角形と比の定理の逆が成り立つか調べよう。

解答 　CE：EA＝6：4.5＝4：3,　CD：DB＝4.8：3.6＝4：3

CE：EA＝CD：DBだから　DE∥BA

　AF：FB＝3：4,　AE：EC＝4.5：6＝3：4

AF：FB＝AE：ECだから　EF∥CB

　BF：FA＝4：3,　BD：DC＝3.6：4.8＝3：4

FDはACに平行ではない。　　　　　　　　　　　**答　DE, EF**

---

3 右の図の四角形ABCDで, EはBDの中点です。また, Pは辺AB上の点で, PEの延長と辺CDとの交点をQとします。

　AD∥BC

であるとき, x, yの値を求めなさい。

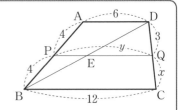

解答 AP＝PB, DE＝EBだから, △BDAにおいて中点連結定理より　　AD∥PE

したがって　　AD∥PQ, PQ∥BC

平行線と比の定理より, AP：PB＝DQ：QCだから

　　　4：4＝3：x

　　　　$x＝3$

中点連結定理より

　　$PE＝\dfrac{1}{2}AD＝\dfrac{1}{2}×6＝3,\ \ EQ＝\dfrac{1}{2}BC＝\dfrac{1}{2}×12＝6$

したがって

　　$y＝PE＋EQ＝3＋6＝9$　　　　　　　　　**答　$x＝3$, $y＝9$**

---

4 下の図で, 直線ℓ, m, nが平行であるとき, xの値を求めなさい。

(1) 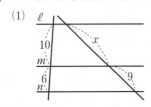　　　　　(2)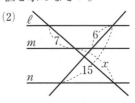

解答 (1) ℓ, m, nが平行だから

　　　　$10：6＝x：9$

　　　　$6x＝90$

　　　　$x＝15$

(2) ℓ, m, nが平行だから

　　　　$7：x＝6：(15－6)$

　　　　$7：x＝6：9$

　　　　$6x＝63$

　　　　$x＝\dfrac{21}{2}$　（10.5）

3節 相似な図形の面積と体積

Q 相似な2つの四角形で，その相似比が1:2の場合でも，大きい四角形を切って，小さい四角形と合同な四角形を4つつくることができるでしょうか。

<small>教科書 p.155</small>

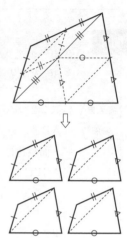

解答 （例）右の図のように，対角線をひいて考えると，対角線によって分けられたそれぞれの三角形で，合同な三角形を4つずつつくることができる。したがって，それらを組み合わせて，合同な四角形を4つつくることができる。

1 相似な図形の相似比と面積比

Q 下の図において，△ABC ∽ △A′B′C′で，その相似比は3:5です。相似比と面積比には，どのような関係があるか調べてみましょう。

<small>教科書 p.156</small>

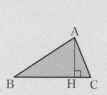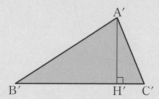

❶ △A′B′C′の面積を，a, hを使って表してみましょう。

❷ △ABCと△A′B′C′の面積比を求めてみましょう。

相似比と面積比には，どのような関係があるでしょうか。

考え方 ❶ BC $= 3a$，AH $= 3h$として，△A′B′C′の底辺と高さを，それぞれa, hを使って表してみよう。

解答 ❶ △ABC ∽ △A′B′C′で相似比が3:5だから，対応する底辺と高さもそれぞれ3:5となる。したがって

$$B'C' = 5a, \quad A'H' = 5h$$

となる。したがって，△A′B′C′の面積は

$$\triangle A'B'C' = \frac{1}{2} \times 5a \times 5h = \frac{1}{2} \times 5^2 \times ah$$

❷ 面積比は

$$\triangle \mathrm{ABC} : \triangle \mathrm{A'B'C'} = \frac{1}{2} \times 3^2 \times ah : \frac{1}{2} \times 5^2 \times ah$$

$$= 3^2 : 5^2$$

相似比 $3:5$ の2乗 $3^2 : 5^2$ が面積比に等しい。

問 1
教科書 p.156

$\triangle \mathrm{ABC} \varpropto \triangle \mathrm{A'B'C'}$ で，その相似比は $3:2$ です。
$\triangle \mathrm{ABC}$ の面積が $6\mathrm{cm}^2$ のとき，$\triangle \mathrm{A'B'C'}$ の面積を求めなさい。

考え方 相似な2つの三角形で，その相似比が $m:n$ のとき，面積比は $m^2 : n^2$ になります。

解答 $\triangle \mathrm{ABC}$ と $\triangle \mathrm{A'B'C'}$ の相似比が $3:2$ だから

面積比は $3^2 : 2^2 = 9 : 4$

$\triangle \mathrm{A'B'C'}$ の面積を $S\mathrm{cm}^2$ とすると

$6 : S = 9 : 4$

$9S = 24$

$S = \dfrac{8}{3}$

答 $\dfrac{8}{3}\mathrm{cm}^2$

Q
教科書 p.157

下の五角形㋐，㋑は相似で，その相似比は $2:3$ です。相似比と面積比には，どのような関係があるか調べてみましょう。

(㋐)　　　　　(㋑)

❶ 右の図で，対応する三角形の面積比
　　$P:P'$, $Q:Q'$, $R:R'$
　はどうなるでしょうか。

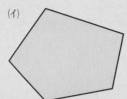

❷ 五角形㋐で，$P = 4a$, $Q = 4b$,
$R = 4c$ として，五角形㋐と㋑の
面積比を求めてみましょう。相似比と面積比には，どのような関係があるでしょうか。

考え方 ❶ 相似な2つの三角形で，その相似比が $m:n$ であるとき，面積比は $m^2 : n^2$ になります。

❷ 五角形を三角形に分割して考えてみよう。

解答 ❶ 対応する三角形 P と P'，Q と Q'，R と R' はそれぞれ相似で，その相似比が $2:3$ だから，
面積比は $2^2 : 3^2 = 4 : 9$ になる。
したがって
$$P : P' = Q : Q' = R : R' = 4 : 9$$

❷ $P:P'=4:9$だから

$$4a:P'=4:9$$

$$P'=9a$$

同じようにして，$Q'=9b,\ R'=9c$となるから

五角形㋐の面積は

$$4a+4b+4c=4(a+b+c)$$

五角形㋑の面積は

$$9a+9b+9c=9(a+b+c)$$

したがって，五角形㋐と㋑の面積比は

$$4(a+b+c):9(a+b+c)=4:9$$

相似比が$2:3$，面積比が$4:9$で，$2^2:3^2=4:9$となっていることから

五角形の場合も，相似比の2乗が面積比に等しくなっている。

問 2 右の2つの円で，周の長さの比を求めなさい。また，面積比を求めなさい。

教科書 p.158

 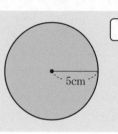

3cm　5cm

考え方 半径$r$cmの円で，（円周）$=2\pi r$，（円の面積）$=\pi r^2$を使います。

解答 半径3cmの円の周の長さ　　$2\pi\times3=6\pi$ (cm)

半径5cmの円の周の長さ　　$2\pi\times5=10\pi$ (cm)

だから，周の長さの比は

$$6\pi:10\pi=6:10=3:5$$

また

半径3cmの円の面積　　$\pi\times3^2=9\pi$ (cm²)

半径5cmの円の面積　　$\pi\times5^2=25\pi$ (cm²)

だから，面積比は

$$9\pi:25\pi=9:25$$

答 周の長さの比 $3:5$，面積比 $9:25$

ポイント

相似な平面図形の周

相似な平面図形では，周の長さの比は相似比に等しい。

相似比が$m:n$ならば，周の長さの比は$m:n$

相似な平面図形の面積

相似な平面図形では，面積比は相似比の2乗に等しい。

相似比が$m:n$ならば，面積比は$m^2:n^2$

問3

相似な2つの図形P，Qがあり，その相似比は2：5です。

教科書 p.158

(1)　周の長さの比を求めなさい。

(2)　Pの面積が36cm²のとき，Qの面積を求めなさい。

◯ 教科書 p.249 ⑮
（ガイドp.280）

解答

(1)　相似比が2：5だから，周の長さの比も2：5である。

答　2：5

(2)　PとQの相似比が2：5だから

面積比は　　$2^2 : 5^2 = 4 : 25$

Pの面積が36cm²のとき，Qの面積をScm²とすると

$36 : S = 4 : 25$

$4S = 900$

$S = 225$

答　225cm²

問4

下の図で，点P，Q，Rは△ABCの辺ABを4等分する点で，それらを通る線分は，いずれも辺BCに平行です。

教科書 p.158

㈠の面積がaのとき，㈡，㈢，㈣の面積を，それぞれaを使って表しなさい。

◯ 教科書 p.249 ⑯
（ガイドp.281）

考え方　点P，Q，Rを通り，辺BCに平行な直線と辺ACとの交点をそれぞれS，T，Uとすると

$\triangle APS \backsim \triangle AQT$で，相似比は1：2

$\triangle APS \backsim \triangle ARU$で，相似比は1：3

$\triangle APS \backsim \triangle ABC$で，相似比は1：4

となります。

相似な図形の面積比は，相似比の2乗に等しいことから，それぞれの三角形の面積をaを使って表してみよう。

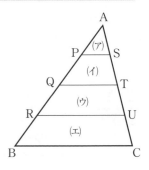

解答　**考え方**の図で，△APS，△AQT，△ARU，△ABCはいずれも相似で

$AP : AQ = 1 : 2,\ AP : AR = 1 : 3,\ AP : AB = 1 : 4$

となる。

よって，$\triangle APS : \triangle AQT = 1^2 : 2^2 = 1 : 4$だから

$\triangle APS = a$より　　$\triangle AQT = 4a$

したがって，㈡の面積は

$\triangle AQT - \triangle APS = 4a - a = 3a$

$\triangle APS : \triangle ARU = 1^2 : 3^2 = 1 : 9$だから　　$\triangle ARU = 9a$

㈢の面積は

$\triangle ARU - \triangle AQT = 9a - 4a = 5a$

$\triangle APS : \triangle ABC = 1^2 : 4^2 = 1 : 16$だから　　$\triangle ABC = 16a$

㈣の面積は

$\triangle ABC - \triangle ARU = 16a - 9a = 7a$

答　㈡…3a，㈢…5a，㈣…7a

問5

あるピザ屋では，ミックスピザの値段が，右のようにサイズごとに決められています。
大きさと値段の関係を考えたとき，Mサイズ，Lサイズのどちらのほうが得だといえますか。
また，そう考えた理由を説明しなさい。

教科書 p.158

考え方 ピザを円とみると，MサイズとLサイズのピザは相似であると考えられます。大きさの比（面積比）は直径の比（相似比）の2乗に等しいことから，どちらのほうが得か考えてみよう。

解答 MサイズとLサイズの直径の比が$24 : 36 = 2 : 3$だから，面積比は

$$2^2 : 3^2 = 4 : 9$$

Lサイズのピザの面積はMサイズのピザの

$$9 \div 4 = \frac{9}{4} \,(倍)$$

だから，大きさと値段が比例すると考えると値段は

$$2200 \times \frac{9}{4} = 4950 \,(円)$$

となる。Lサイズのピザの実際の値段は3600円だから，Lサイズのほうが得だといえる。

別解 Mサイズの面積を4，Lサイズの面積を9として，面積1あたりの値段を比べると

　　　　Mサイズ…$2200 \div 4 = 550$（円）

　　　　Lサイズ…$3600 \div 9 = 400$（円）

したがって，Lサイズのほうが面積1あたりの値段が安いから，Lサイズのほうが得だといえる。

2 相似な立体の表面積の比や体積比

Q

右の立方体P，Qは，合同な立方体の積み木を積んで作ったものです。
表面積の比や体積比を求めて，相似比との関係を調べてみましょう。

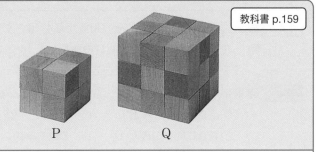

教科書 p.159

P　　　　　　Q

解答 積み木の1辺の長さを1とする。

表面積の比

　　　　Pの表面積は　　　$2 \times 2 \times 6 = 24$

　　　　Qの表面積は　　　$3 \times 3 \times 6 = 54$

したがって，PとQの表面積の比は

24：54 ＝ 4：9

PとQの相似比は2：3だから，表面積の比は2^2：3^2となり，表面積の比は相似比の2乗に等しいと考えられる。

体積比

Pの体積は　$2 \times 2 \times 2 = 8$

Qの体積は　$3 \times 3 \times 3 = 27$

したがって，PとQの体積比は

8：27

PとQの相似比は2：3だから，体積比は2^3：3^3となり，体積比は相似比の3乗に等しいと考えられる。

 下の三角錐PとQは相似で，その相似比は4：5です。相似比と表面積の比や体積比には，どのような関係があるか調べてみましょう。

教科書 p.160

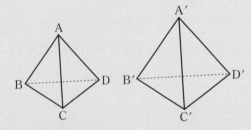

三角錐P　　　　　三角錐Q

❶ 三角錐PとQの表面積の比を求めてみましょう。

相似比と表面積の比には，どのような関係があるでしょうか。

❷ 三角錐Qの体積を，S, hを使って表してみましょう。

❸ 三角錐PとQの体積比を求めてみましょう。

相似比と体積比には，どのような関係があるでしょうか。

考え方 ❶ 対応する面は相似で，その相似比は4：5となります。

❷ 三角錐Pの底面積（△BCDの面積）を$16S$，高さを$4h$として，三角錐Qの底面積と高さを，それぞれS, hを使って表してみよう。

解答 ❶ 対応する面の面積比は4^2：5^2 ＝ 16：25となるから

$\triangle ABC : \triangle A'B'C' = 4^2 : 5^2 = 16 : 25$

$\triangle ACD : \triangle A'C'D' = 16 : 25$

$\triangle ABD : \triangle A'B'D' = 16 : 25$

$\triangle BCD : \triangle B'C'D' = 16 : 25$

対応する面の面積比がどれも16：25になるから，それらを加えた表面積の比も16：25になる。

$16 : 25 = 4^2 : 5^2$だから，表面積の比は相似比の2乗に等しい。

❷ $\triangle BCD = 16S$ とすると，$\triangle BCD : \triangle B'C'D' = 16 : 25$ だから　　$\triangle B'C'D' = 25S$

三角錐Pで，底面を $\triangle BCD$ とするときの高さ AH と，三角錐Qで底面を $\triangle B'C'D'$ とするときの高さ A'H' は，相似な立体の対応する部分だから，$AH : A'H' = 4 : 5$ となる。

したがって，$AH = 4h$ とするとき

$\qquad 4h : A'H' = 4 : 5$ より　　　$A'H' = 5h$

したがって，三角錐Qの体積は

$$\frac{1}{3} \times 25S \times 5h = \frac{1}{3} \times 125 \times Sh$$

❸　　　（三角錐Pの体積）$= \dfrac{1}{3} \times 64 \times Sh = \dfrac{1}{3} \times 4^3 \times Sh$

　　　（三角錐Qの体積）$= \dfrac{1}{3} \times 125 \times Sh = \dfrac{1}{3} \times 5^3 \times Sh$

だから，体積比は

　　　（三角錐P）:（三角錐Q）$= \dfrac{1}{3} \times 4^3 \times Sh : \dfrac{1}{3} \times 5^3 \times Sh$

　　　　　　　　　　　　　　　$= 4^3 : 5^3$

したがって，体積比は相似比の3乗に等しい。

問 1

右の図において，円柱PとQは相似で，その相似比は3:4です。

(1)　PとQの表面積の比を求めなさい。

(2)　PとQの体積比を求めなさい。

円柱P　円柱Q　　教科書 p.160

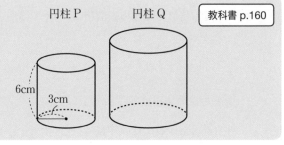

考え方

(1)　　　（円柱の表面積）＝（側面積）＋（底面積）×2

円柱の展開図の側面になる長方形は，縦の長さは円柱の高さ，横の長さは底面の円の周の長さに等しい。

(2)　（円柱の体積）＝（底面積）×（高さ）

解答

(1)　円柱Pの表面積は

$$\underbrace{6 \times 2\pi \times 3}_{\text{側面積}} + \underbrace{\pi \times 3^2 \times 2}_{\text{底面積}} = 36\pi + 18\pi$$

$$= 54\pi \text{ (cm}^2) \quad \cdots ①$$

円柱Qの底面の円の半径を $r$cm，高さを $h$cm とすると，相似比が3:4だから

$\qquad 3 : r = 3 : 4$ より　　$r = 4$

$\qquad 6 : h = 3 : 4$ より　　$h = 8$

したがって，円柱Qの表面積は

$$\underbrace{8 \times 2\pi \times 4}_{\text{側面積}} + \underbrace{\pi \times 4^2 \times 2}_{\text{底面積}} = 64\pi + 32\pi$$

$$= 96\pi \text{ (cm}^2) \quad \cdots ②$$

①，②より，表面積の比は

$\qquad 54\pi : 96\pi = 54 : 96 = 9 : 16$

(2) 円柱Pの体積は

$$\pi \times 3^2 \times 6 = 54\pi \ (\text{cm}^3)$$

円柱Qの体積は

$$\pi \times 4^2 \times 8 = 128\pi \ (\text{cm}^3)$$

したがって，体積比は

$$54\pi : 128\pi = 54 : 128 = 27 : 64$$

レベルアップ　　　　表面積の比は　　$9 : 16 = 3^2 : 4^2$

　　　　　　　　　　　　体積比は　　　　$27 : 64 = 3^3 : 4^3$

になっている。

問2

球の半径を3倍にすると，表面積は何倍になりますか。
また，体積は何倍になりますか。

教科書 p.161

考え方　球の半径をrとすると

$$(\text{球の表面積}) = 4\pi r^2, \ (\text{球の体積}) = \frac{4}{3}\pi r^3$$

解答　もとの球の半径をrとする。

もとの球の表面積は　$4\pi r^2$

半径を3倍にした球の表面積は　$4\pi \times (3r)^2 = 4\pi \times 9r^2 = 36\pi r^2$

したがって

$$36\pi r^2 \div 4\pi r^2 = \frac{36\pi r^2}{4\pi r^2} = \frac{36}{4} = 9 \,(\text{倍})$$

もとの球の体積は　$\dfrac{4}{3}\pi r^3$

半径を3倍にした球の体積は

$$\frac{4}{3}\pi \times (3r)^3 = \frac{4}{3}\pi \times 27r^3 = 36\pi r^3$$

したがって

$$36\pi r^3 \div \frac{4}{3}\pi r^3 = 36\pi r^3 \times \frac{3}{4\pi r^3} = 27 \,(\text{倍})$$

答　表面積は9倍，体積は27倍

レベルアップ　表面積は3^2倍，体積は3^3倍になっている。

ポイント

相似な立体の表面積

相似な立体では，表面積の比は相似比の2乗に等しい。

相似比が$m : n$ならば，表面積の比は$m^2 : n^2$

相似な立体の体積

相似な立体では，体積比は相似比の3乗に等しい。

相似比が$m : n$ならば，体積比は$m^3 : n^3$

問3 相似な2つの三角柱P，Qがあり，その相似比は3：2です。

教科書 p.161

(1) Pの表面積が108cm²のとき，Qの表面積を求めなさい。

◎ 教科書 p.249 ⑦⑦ （ガイドp.281）

(2) Qの体積が48cm³のとき，Pの体積を求めなさい。

考え方 相似比が$m：n$の2つの立体の

　　表面積の比は　$m^2：n^2$　　体積比は　$m^3：n^3$

となります。

解答 (1) PとQの相似比が3：2だから，表面積の比は

$$3^2：2^2 = 9：4$$

Qの表面積をScm²とすると，Pの表面積が108cm²だから

$$108：S = 9：4$$
$$9S = 4 \times 108$$
$$S = 48$$

答　48cm²

(2) PとQの体積比は$3^3：2^3 = 27：8$になるから，Pの体積をVcm³とすると，

Qの体積は48cm³だから

$$V：48 = 27：8$$
$$8V = 27 \times 48$$
$$V = 162$$

答　162cm³

問4 右のようなグラスの上の部分は，円錐の形をした容器とみなすことができます。いま，この容器に，2cmの深さまで水が入っています。

教科書 p.161

◎ 教科書 p.249 ⑦⑧ （ガイドp.281）

(1) 容器の容積を求めなさい。

(2) 水が入っている部分と容器は相似です。その相似比を求めなさい。

(3) 容器に入っている水の体積を求めなさい。

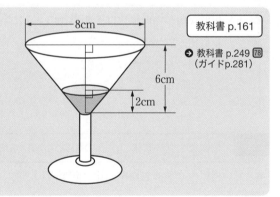

考え方 (1) 底面の半径がr，高さがhの円錐の体積は$\frac{1}{3}\pi r^2 h$で求められます。

(2) 相似な立体では，対応する部分の比は一定だから，水が入っている部分の深さとグラスの深さの比が相似比になります。

(3) 体積比は相似比の3乗に等しいことを使います。

解答 (1) 容器の容積をVcm³とすると，底面の半径が$8 \div 2 = 4$（cm）だから

$$V = \frac{1}{3} \times \pi \times 4^2 \times 6 = 32\pi \,(\text{cm}^3)$$

答　$32\pi\,\text{cm}^3$

(2) 水が入っている部分の深さとグラスの深さが相似比になるから

$$2：6 = 1：3$$

答　1：3

5章 相似な図形

(3)　水が入っている部分と容器は相似で，(2)より，相似比が1：3だから

　　　体積比は　$1^3 : 3^3 = 1 : 27$

　水の体積を$x\,\mathrm{cm}^3$とすると

　　　$x : 32\pi = 1 : 27$

　　　　$27x = 32\pi$

　　　　　$x = \dfrac{32}{27}\pi$

答　$\dfrac{32}{27}\pi\,\mathrm{cm}^3$

半分の深さまで水が入っていても，水の体積は容器の$\dfrac{1}{8}$だよ。意外と少ないんだね。

基 本 の 問 題

教科書 ➡ p.161

1　相似な2つの図形で，その相似比が7：2のとき，周の長さの比と面積比を求めなさい。

考え方　相似な図形の面積比は，相似比の2乗に等しい。

解答　相似比が7：2だから

　　　周の長さの比は　7：2

　　　面積比は　$7^2 : 2^2 = 49 : 4$

答　周の長さの比…7：2，面積比…49：4

2　相似な2つの立体で，その相似比が3：5のとき，表面積の比と体積比を求めなさい。

考え方　相似な立体の表面積の比は相似比の2乗に等しく，体積比は相似比の3乗に等しい。

解答　相似比が3：5だから

　　　表面積の比は　$3^2 : 5^2 = 9 : 25$

　　　体積比は　$3^3 : 5^3 = 27 : 125$

答　表面積の比…9：25，体積比…27：125

要 点 チ ェ ッ ク

☐相似	1つの図形を，形を変えずに一定の割合に拡大または縮小して得られる図形は，もとの図形と**相似である**という。
☐相似な図形の性質	相似な図形では，対応する部分の長さの比はすべて等しく，対応する角の大きさはそれぞれ等しい。
☐三角形の相似条件	2つの三角形は，次のどれかが成り立つとき相似である。 ① 3組の辺の比がすべて等しい。 ② 2組の辺の比とその間の角がそれぞれ等しい。 ③ 2組の角がそれぞれ等しい。

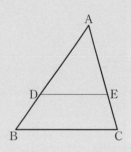

☐三角形と比の定理	$\triangle$ABCの辺AB，AC上の点をそれぞれD，Eとするとき ① DE∥BC ならば 　AD : AB = AE : AC = DE : BC ② DE∥BC ならば 　AD : DB = AE : EC
☐三角形と比の定理の逆	$\triangle$ABCの辺AB，AC上の点をそれぞれD，Eとするとき ① AD : AB = AE : AC ならば DE∥BC ② AD : DB = AE : EC ならば DE∥BC
☐中点連結定理	$\triangle$ABCの2辺AB，ACの中点をそれぞれM，Nとすると，次の関係が成り立つ。 　MN∥BC 　$MN = \dfrac{1}{2}BC$

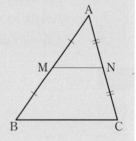

☐平行線と比	平行な3つの直線a, b, cが直線ℓとそれぞれA，B，Cで交わり，直線mとそれぞれA′，B′，C′で交われば 　AB : BC = A′B′ : B′C′

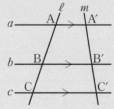

☐相似な平面図形の周	相似な平面図形では，周の長さの比は相似比に等しい。 　相似比が$m:n$ならば，周の長さの比は$m:n$
☐相似な平面図形の面積	相似な平面図形では，面積比は相似比の2乗に等しい。 　相似比が$m:n$ならば，面積比は$m^2 : n^2$
☐相似な立体の表面積	相似な立体では，表面積の比は相似比の2乗に等しい。 　相似比が$m:n$ならば，表面積の比は$m^2 : n^2$
☐相似な立体の体積	相似な立体では，体積比は相似比の3乗に等しい。 　相似比が$m:n$ならば，体積比は$m^3 : n^3$

5章

相似な図形

✓を入れて，理解を確認しよう。

章 の 問 題 A

教科書 → p.162

---

1 下のそれぞれの図において，相似な三角形を見つけ，記号∽を使って表しなさい。また，そのときに使った相似条件をいいなさい。

(1)

(2)

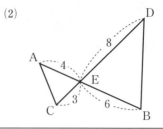

考え方 (1) 同じ大きさの角をふくむ三角形を見つけよう。

△ABCと△ADBで，∠Aは共通の角です。

(2) 辺の長さがわかっているから，辺の比とその間の角について調べよう。

∠AECと∠DEBは対頂角で等しくなります。

解答 (1) **△ABC ∽ △ADB** ← ∠Aは共通，∠ABC = ∠ADB = 95°

2組の角がそれぞれ等しい。

(2) **△ACE ∽ △DBE** ← ∠AEC = ∠DEB，AE : DE = CE : BE = 1 : 2

2組の辺の比とその間の角がそれぞれ等しい。

---

2 下の図で，x，yの値を求めなさい。

(1)

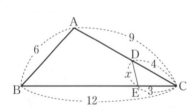

(2) DE//BC

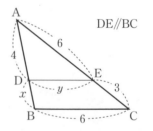

考え方 (1) 相似な三角形を見つけ，対応する辺の関係を考えよう。

(2) 三角形と比の定理を使って考えよう。

解答 (1) △ABC ∽ △EDCだから

$$BC : DC = AB : ED$$
$$12 : 4 = 6 : x$$
$$12x = 24$$
$$x = 2$$

→ BC : DC = AC : EC = 3 : 1
∠Cは共通

(2) DE//BCだから

$$AD : DB = AE : EC$$
$$4 : x = 6 : 3$$
$$6x = 12$$
$$x = 2$$
$$AE : AC = DE : BC$$
$$6 : (6 + 3) = y : 6$$
$$9y = 36$$
$$y = 4$$

3 下の図で，直線ℓ，m，nが平行であるとき，xの値を求めなさい。

(1)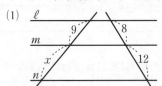

(2)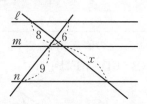

> **考え方** 平行線と比の定理を使って考えよう。

> **解答** ℓ，m，nが平行だから

(1) $9 : x = 8 : 12$

$8x = 108$

$x = \dfrac{27}{2}$ （13.5）

(2) $8 : x = 6 : 9$

$6x = 72$

$x = 12$

---

4 相似な2つの立体P，Qがあり，その相似比は2：3です。

(1) PとQの表面積の比をいいなさい。

(2) Pの体積が40cm^3のとき，Qの体積を求めなさい。

> **解答** (1) 相似比が2：3だから，表面積の比は $2^2 : 3^2 = 4 : 9$　　　　　　　　　　答　4：9

(2) PとQの相似比が2：3だから，体積比は $2^3 : 3^3 = 8 : 27$

Qの体積を$V\text{cm}^3$とすると

$40 : V = 8 : 27$

$8V = 40 \times 27$

$V = 135$　　　　　　　　　　　　　　　　　　　　　　答　135cm^3

---

5 右の図で，CD，BDの長さをそれぞれ求めなさい。

また，求め方も書きなさい。

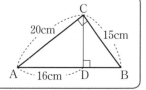

> **考え方** $\triangle\text{ABC} \backsim \triangle\text{ACD}$より，CDの長さが求められます。
>
> 次に，$\triangle\text{ABC} \backsim \triangle\text{CBD}$より，BDの長さも求められます。

> **解答**

2組の角がそれぞれ等しいから

$\triangle\text{ABC} \backsim \triangle\text{ACD}$

$\text{CD} = x\text{cm}$とすると

$\text{AC} : \text{AD} = \text{BC} : \text{CD}$

$20 : 16 = 15 : x$

$20x = 240$

$x = 12$

2組の角がそれぞれ等しいから

$\triangle\text{ABC} \backsim \triangle\text{CBD}$

$\text{BD} = y\text{cm}$とすると

$\text{AC} : \text{CD} = \text{BC} : \text{BD}$

$20 : 12 = 15 : y$

$20y = 180$

$y = 9$

答　$\text{CD} = 12\text{cm}$，$\text{BD} = 9\text{cm}$

5章 相似な図形

章 の 問 題 B

教科書 ➡ p.163〜164

---

1 下の図で，xの値を求めなさい。

(1) AB，CD，EFは平行

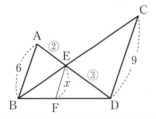

(2) 四角形ABCDは平行四辺形

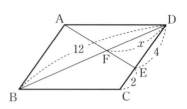

考え方　三角形と比の定理を利用します。

解答

(1) AB∥CDより

$\quad$ AE : DE = AB : DC = 6 : 9 = 2 : 3

$\quad$ AB∥EFより

$\quad$ AB : EF = AD : ED

$\quad$ したがって

$\qquad 6 : x = (2 + 3) : 3$

$\qquad 5x = 18$

$\qquad x = \dfrac{18}{5}$

(2) $\qquad$ DE + EC = 4 + 2 = 6

$\quad$ 四角形ABCDは平行四辺形だから

$\qquad$ AB = DC = 6

$\quad$ AB∥DCより

$\qquad$ AB : ED = BF : DF

$\qquad 6 : 4 = (12 - x) : x$

$\qquad 6x = 48 - 4x$

$\qquad x = \dfrac{24}{5}$

---

2 右の図の△ABCで，D，Eは辺ABを3等分した点，F は辺BCの中点です。また，Gは線分AFとDCの交点です。 線分GCの長さは，線分EFの長さの何倍ですか。

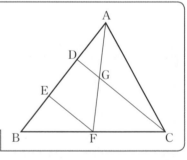

考え方　△BCDと△AEFで，中点連結定理を利用します。

解答

△BCDにおいて

仮定から$\quad$ BE = ED，BF = FC

中点連結定理より

$\quad$ DC∥EF$\quad$…①

$\quad$ DC = 2EF$\quad$…②

△AEFにおいて

仮定から$\quad$ AD = DE

①より$\quad$ DG∥EF

三角形と比の定理より

$\quad$ AG = GF

したがって，Gは辺AFの中点であるから， 中点連結定理より

$\quad$ DG = $\dfrac{1}{2}$EF$\quad$…③

②，③より

$\quad$ GC = DC − DG

$\qquad = 2EF - \dfrac{1}{2}EF = \dfrac{3}{2}EF$

答$\quad \dfrac{3}{2}$倍

3 右の図のように，△ABCの辺BC上に点Dをとり，△ABC ∽ △ADEとなるように点Eをとります。点EとCを結ぶとき

$$△ABD ∽ △ACE$$

となることを証明しなさい。

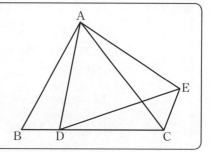

考え方 △ABC ∽ △ADEより　　AB：AD = AC：AE

これと，∠BAD = ∠CAEから，△ABD ∽ △ACEを示します。

解答 △ABDと△ACEにおいて

△ABC ∽ △ADEより，対応する辺の比は等しいから

$$AB：AD = AC：AE$$

したがって

$$AB：AC = AD：AE　…①$$

（$a : c = b : d$　ならば　$a : b = c : d$）

対応する角は等しいから

$$∠BAC = ∠DAE$$

また

$$∠BAD = ∠BAC - ∠DAC$$
$$∠CAE = ∠DAE - ∠DAC$$

これより　∠BAD = ∠CAE　…②

①，②より，2組の辺の比とその間の角がそれぞれ等しいから

$$△ABD ∽ △ACE$$

4 右の図の四角形ABCDは，AD∥BCの台形で，AD = 2cm，BC = 8cmです。

辺ABの中点をEとし，Eから辺BCに平行な直線をひき，BD，CA，CDとの交点をそれぞれG，H，Fとします。また，IはACとDBの交点です。△IGHの面積が9cm²のとき，次の問に答えなさい。

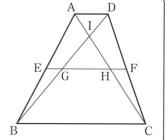

(1) GHの長さを求めなさい。

(2) △IBCの面積を求めなさい。

(3) △ABCの面積を求めなさい。

(4) 台形ABCDの面積を求めなさい。

考え方 (1) G，HはそれぞれDB，ACの中点であることを示して，中点連結定理を利用します。

(2)～(4) △IGHとの面積比を考えます。面積比を求めるときには

・相似比を利用する方法

・高さが等しいとき，面積比は底辺の比に等しいことを利用する方法

の2つがあります。

5章

相似な図形

解答 (1)　△ABCにおいて，EH∥BCより

$$AH : HC = AE : EB = 1 : 1$$

したがって，HはACの中点である。

中点連結定理より

$$EH = \frac{1}{2} \times BC = \frac{1}{2} \times 8 = 4$$

同様にして，△ABDにおいて，中点連結定理より

$$EG = \frac{1}{2} \times AD = \frac{1}{2} \times 2 = 1$$

したがって

$$GH = EH - EG = 4 - 1 = 3$$
　　　　　　　　　　　　　　　　　　　　　　　　　　答　3cm

(2)　GH∥BCより　△IGH ∽ △IBC

(1)より，相似比は3：8だから，△IGHと△IBCの面積比は

$$3^2 : 8^2 = 9 : 64$$

△IGHの面積は9cm²だから，△IBCの面積は64cm²である。
　　　　　　　　　　　　　　　　　　　　　　　　　答　64cm²

(3)　AD∥BCより

$$AI : IC = AD : BC = 2 : 8 = 1 : 4$$

△ABIと△IBCにおいて

AI，ICを底辺としたときの高さが共通だから，面積比は，底辺の比に等しい。

したがって

$$\triangle ABI : \triangle IBC = AI : IC = 1 : 4$$

(2)より

$$\triangle ABI : 64 = AI : IC = 1 : 4$$
$$4\triangle ABI = 64$$
$$\triangle ABI = 16$$

したがって

$$\triangle ABC = \triangle ABI + \triangle IBC = 16 + 64 = 80$$
　　　　　　　　　　　　　　　　　　　　　　　　　答　80cm²

(4)　△ABCと△ACDにおいて

AD∥BCより，BC，ADを底辺としたときの高さが等しいから，面積比は底辺の比に等しい。

$$BC : AD = 8 : 2 = 4 : 1$$

だから

$$\triangle ABC : \triangle ACD = BC : AD = 4 : 1$$

(3)より，△ABC＝80cm²だから

$$80 : \triangle ACD = 4 : 1$$
$$4\triangle ACD = 80$$
$$\triangle ACD = 20$$

したがって

$$台形ABCD = \triangle ABC + \triangle ACD = 80 + 20 = 100$$
　　　　　　　　　　　　　　　　　　　　　　　　答　100cm²

5

調理器具のなかには，簡単に何倍かの量をはかりとることができるように，くふうされたものがあります。

(1) 右の写真（省略）は，スパゲッティメジャーとよばれる調理器具で，穴にスパゲッティを通すことによって，簡単に人数分の分量をはかりとることができます。

はるかさんは，自分でスパゲッティメジャーを作ろうと考えています。

1人分をはかる穴の直径を2cmにするとき，2人分，3人分，4人分をはかる穴の直径はそれぞれ何cmにすればよいですか。

(2) 右（省略）の2つの調理用のスプーンは，それぞれ5mL，15mLをはかりとることができます。分量をはかりとる部分は半球で，その直径をはかったら

　　　5mL用のスプーンは，2.7cm

　　　15mL用のスプーンは，3.9cm

でした。

① 5mL用，15mL用のスプーンの半球の部分を相似とみて，その相似比を求めなさい。

② 5mL用，15mL用のスプーンの半球の部分の体積比は，およそ1:3であることを確かめなさい。

考え方 相似な図形の相似比と面積比，体積比の関係を利用します。

(1) スパゲッティを束ねたとき，断面を円とみると，分量はその円の面積に比例します。

　　　（分量の比）＝（円の面積の比）

だから

　　　（分量の比）＝（円の直径の比の2乗）

になります。

解答 (1) 2人分，3人分，4人分をはかる穴の直径を，それぞれ $x$cm，$y$cm，$z$cmとする。

分量の比は穴の直径の比の2乗に等しいから

$$1:2 = 2^2:x^2$$
$$x^2 = 8$$
$$x = \sqrt{8} = 2\sqrt{2}$$
$$1:3 = 2^2:y^2$$
$$y^2 = 12$$
$$y = \sqrt{12} = 2\sqrt{3}$$
$$1:4 = 2^2:z^2$$
$$z^2 = 16$$
$$z = 4$$

答 2人分…$2\sqrt{2}$ cm，3人分…$2\sqrt{3}$ cm，4人分…4cm

(2) ① 5mL用のスプーンの直径が2.7cm，15mL用のスプーンの直径が3.9cmだから，半球の部分の相似比は

$$2.7:3.9 = 27:39 = 9:13$$

② 相似な立体では，体積比は相似比の3乗に等しいから，体積比は

$$9^3:13^3 = 729:2197$$

$2197 \div 729 = 3.01\cdots$だから，体積比は，ほぼ1:3である。

6章 [円] 円の性質を見つけて証明しよう

1節 円周角の定理

● 3枚の写真（省略）はどこから撮ったのかを予想して，そのおよその位置を下の　教科書 p.166
図に点をとって示してみましょう。

考え方 写真の黒板のようすから判断しよう。

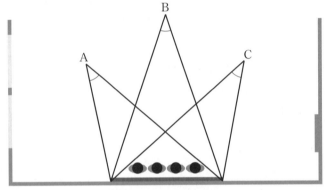

上の図で，カメラのズームを使っていないから，∠A ＝ ∠B ＝ ∠Cとなります。

解答 上の写真…B
　　　下の左の写真…C
　　　下の右の写真…A

 2点A，Bをとり，∠APB ＝ 45°と　教科書 p.167
なるような点Pを，三角定規を使って
10個とってみましょう。
点Pはどんな図形の上にあると
予想できるでしょうか。

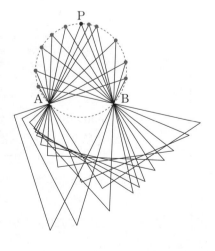

解答 右の図
　　　点Pは1つの円周上にあると予想できる。
　　　ひろとさん 30°や60°のときも，1つの円周上にあ
　　　　　　　　　ると予想できる。（図は省略）

1 円周角の定理

Q 円Oの円周上に2点A，Bをとり，点Pを，$\overset{\frown}{AB}$ を除く円周上のいろいろな
位置にとると，∠APBの大きさはどうなるでしょうか。

解答

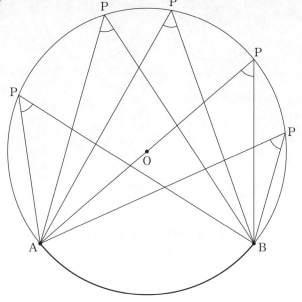

∠APBの大きさは，どれも50°で一定である。

ことばの意味

● **円周角**

円Oにおいて，$\overset{\frown}{AB}$ を除く円周上の点をPとするとき，∠APBを
$\overset{\frown}{AB}$ に対する **円周角** という。

また，$\overset{\frown}{AB}$ を円周角∠APBに対する弧という。

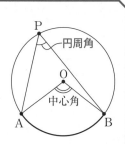

下の図は，円Oの$\overset{\frown}{AB}$に対する円周角∠APBを，点Pを動かしてかき，それ 〔教科書 p.169〕
を分けて示したものです。
下の図で，∠APBの大きさが一定であるわけを考えてみましょう。

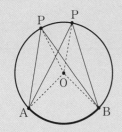 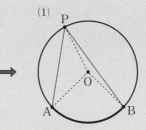 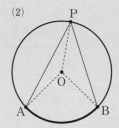

❶ 上の(1)，(2)の図で，△OPAと△OPBについて，
点Pが動いても変わらないことがらは何でしょうか。

❷ 右の図で，∠OPA＝∠a，∠OPB＝∠bとします。
∠APBのほかに，∠a，∠bを使って表される角を
見つけて，式で表してみましょう。

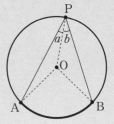

解答 ❶ ・OP＝OA＝OBである。

・△OPA，△OPBはどちらも二等辺三角形でOPを共有している。

・∠OAP＝∠OPA，∠OBP＝∠OPBである。

❷ ・二等辺三角形の底角は等しいから

$$∠OAP＝a，∠OBP＝b$$

・三角形の内角の和は180°だから

$$∠AOP＝180°－2∠a，∠BOP＝180°－2∠b$$

・∠AOB＝360°－(∠AOP＋∠BOP)

$$＝360°－\{(180°－2∠a)＋(180°－2∠b)\}$$

$$＝360°－(360°－2∠a－2∠b)$$

$$＝2∠a＋2∠b$$

$$＝2(∠a＋∠b)$$

・右の図で，三角形の外角は，それととなり合わない2つの内
角の和に等しいから

$$∠AOQ＝2∠a，∠BOQ＝2∠b$$

したがって　∠AOB＝2∠a＋2∠b＝2(∠a＋∠b)

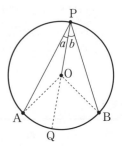

レベルアップ 次の(ア), (イ)のような位置にPがあるとき,

$\angle\mathrm{APB} = \dfrac{1}{2}\angle\mathrm{AOB}$ であることは, 次のように証明できる。

教科書 p.170

(ア) **円の中心が円周角の辺上にある場合**

$\angle\mathrm{APO} = \angle a$ とする。

OP, OAは円Oの半径であるから

$\mathrm{OP} = \mathrm{OA}$

△OPAは二等辺三角形となるから

$\angle\mathrm{APO} = \angle\mathrm{PAO} = \angle a$

$\angle\mathrm{AOB}$は△OPAの外角であるから

$\angle\mathrm{AOB} = \angle\mathrm{APO} + \angle\mathrm{PAO} = 2\angle a$

$\angle\mathrm{APB} = \angle a$ であるから

$\angle\mathrm{APB} = \dfrac{1}{2}\angle\mathrm{AOB}$

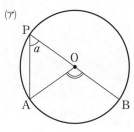
(ア)

(イ) **円の中心が円周角の外部にある場合**

POの延長と円周との交点をCとし,

$\angle\mathrm{APO} = \angle a,\ \angle\mathrm{BPO} = \angle b$ とする。

$\mathrm{OP} = \mathrm{OA}$ であるから

$\angle\mathrm{PAO} = \angle a$

$\angle\mathrm{AOC}$は△OPAの外角であるから

$\angle\mathrm{AOC} = \angle\mathrm{APO} + \angle\mathrm{PAO} = 2\angle a$

同様にして

$\angle\mathrm{BOC} = \angle\mathrm{BPO} + \angle\mathrm{PBO} = 2\angle b$

したがって

$\angle\mathrm{AOB} = \angle\mathrm{AOC} - \angle\mathrm{BOC}$

$\qquad = 2\angle a - 2\angle b$

$\qquad = 2(\angle a - \angle b)$

$\angle\mathrm{APB} = \angle a - \angle b$ であるから

$\angle\mathrm{APB} = \dfrac{1}{2}\angle\mathrm{AOB}$

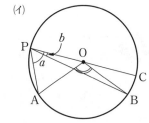
(イ)

6章

円

ポイント

円周角の定理

定理 1つの弧に対する円周角の大きさは一定であり,

その弧に対する中心角の半分である。

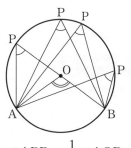

$\angle\mathrm{APB} = \dfrac{1}{2}\angle\mathrm{AOB}$

問 1

下の図で，∠xの大きさを求めなさい。

教科書 p.170

❷ 教科書 p.250 **79**
（ガイドp.282）

(1)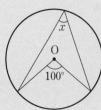

(2)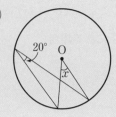

(3)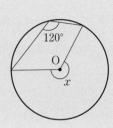

考え方 円周角の大きさは同じ弧に対する中心角の半分だから，中心角の大きさは同じ弧に対する円周角の2倍です。

解答 (1)　∠$x = \dfrac{1}{2} \times 100° = 50°$　　　　　　　　　　　　　答　50°

(2)　∠$x = 2 \times 20° = 40°$　　　　　　　　　　　　　　　答　40°

(3)　∠$x = 2 \times 120° = 240°$　　　　　　　　　　　　　　答　240°

Q 右の図は，円Oの周上に等しい $\overset{\frown}{AB}$, $\overset{\frown}{CD}$ をとり，それぞれの弧に対する円周角∠APB，∠CQDをかいたものです。
このとき，∠APBと∠CQDの間にどんな関係が成り立つでしょうか。

教科書 p.171

考え方 おうぎ形OABとOCDを考えます。1つの円で，おうぎ形の弧の長さは中心角に比例するから，等しい弧に対する中心角は等しくなります。

解答 中心角は円周角の2倍だから

∠AOB = 2∠APB, ∠COD = 2∠CQD

1つの円で，おうぎ形の弧の長さは中心角に比例するから，等しい弧に対する中心角は等しい。よって

∠AOB = ∠COD

したがって

∠APB = ∠CQD

∠APBと∠CQDは等しい。

ポイント

円周角と弧

定理　1つの円において

① 等しい円周角に対する弧は等しい。

② 等しい弧に対する円周角は等しい。

問2

右の図で，$\overparen{AB} = \overparen{CD}$ ならば AB = CD です。

このことを証明しなさい。

また，円周角 ∠APB と ∠CQD が等しいとき，

AB = CD であるといえますか。

教科書 p.171

→ 教科書 p.250 ⑳
（ガイド p.283）

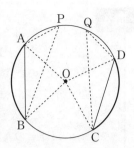

考え方 円周角と弧の定理を利用して証明します。

証明 「$\overparen{AB} = \overparen{CD}$ ならば AB = CD」の証明

△OAB と △OCD において

$\overparen{AB} = \overparen{CD}$ より，1つの円において，等しい弧に対する中心角は等しいから

∠AOB = ∠COD …①

半径の長さは等しいから

OA = OC …②

OB = OD …③

①，②，③より，2組の辺とその間の角がそれぞれ等しいから

△OAB ≡ △OCD

合同な図形で，対応する辺は等しいから

AB = CD

「∠APB = ∠CQD のとき AB = CD となること」の証明

∠APB = ∠CQD のとき，1つの円において，等しい円周角に対する弧は等しいから

$\overparen{AB} = \overparen{CD}$

したがって，上で証明したことから

AB = CD

問3

右の図のように，1つの円で，平行な弦 AB，CD にはさまれた $\overparen{AC}$，$\overparen{BD}$ の長さは等しい。

このことを証明しなさい。

教科書 p.172

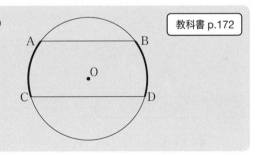

考え方 点BとCを結び，平行線と角の関係「2直線に1つの直線が交わるとき，2直線が平行ならば，錯角は等しい」ことを利用します。

証明 点BとCを結ぶ。

AB∥CD で，錯角は等しいから

∠ABC = ∠BCD

1つの円において，等しい円周角に対する弧は等しいから

$\overparen{AC} = \overparen{BD}$

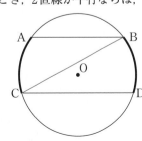

201

問4

右の図のように，円を5等分した点を結んで，正五角形ABCDEをつくります。
AC，BEの交点をFとすると，△FABは二等辺三角形になります。

(1) このことを証明しなさい。

(2) ∠BFCの大きさを求めなさい。

教科書 p.172

● 教科書 p.250 **81**
（ガイドp.283）

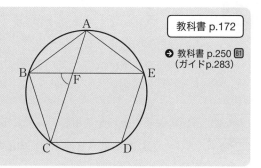

考え方 (1) 二等辺三角形になることを証明するには，下のどちらかを示せばよい。

> 2辺が等しいこと，2角が等しいこと

解答 (1) 1つの円において，等しい弧に対する円周角は等しい。

A，B，C，D，Eは円を5等分する点であるから

$$\overarc{BC} = \overarc{AE}$$

1つの円において，等しい弧に対する円周角は等しいから

$$\angle BAC = \angle ABE$$

すなわち

$$\angle BAF = \angle ABF$$

2つの角が等しいから，△FABは二等辺三角形になる。

(2) 三角形の外角は，それととなり合わない2つの内角の和に等しいから

$$\angle BFC = \angle BAF + \angle ABF = 2\angle BAF$$

$\overarc{BC}$ に対する中心角は，360°を5等分した1つ分だから　　360°÷5＝72°

円周角と中心角の関係から

$$\angle BAF = \angle BAC = \frac{1}{2} \times 72° = 36°$$

したがって

$$\angle BFC = 2\angle BAF = 2 \times 36° = 72°$$

答　72°

数学のまど　　星形の角の和

教科書 p.172

考え方 $\overarc{CD}$，$\overarc{DE}$，$\overarc{EA}$，$\overarc{AB}$，$\overarc{BC}$ に対する円周角の和は，円周1周分の弧に対する円周角となります。

(ア) 点を2つおきに結ぶと，1つの角は，円周を7つに分けた1つ分の弧に対する円周角となります。

したがって，7つの角をすべて加えると，円周1周分の弧に対する円周角と等しくなります。

(イ) (ア)と同様に考えると，1つの角は，となりあう3つ分の弧に対する円周角になります（右の図）。したがって，7つの角を全部加えると，円周3周分の弧に対する円周角となります。

解答 $\angle A$, $\angle B$, $\angle C$, $\angle D$, $\angle E$ はそれぞれ $\overset{\frown}{CD}$, $\overset{\frown}{DE}$, $\overset{\frown}{EA}$, $\overset{\frown}{AB}$, $\overset{\frown}{BC}$ に対する円周角だから，5つの角の和は，$\overset{\frown}{CD}$, $\overset{\frown}{DE}$, $\overset{\frown}{EA}$, $\overset{\frown}{AB}$, $\overset{\frown}{BC}$ の和に対する円周角，つまり，円周1周分の弧に対する円周角となる。

したがって，その大きさは

$$\frac{1}{2} \times 360° = 180°$$

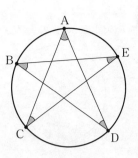

(ア) 右の図のように，点A，B，C，D，E，F，G とすると，$\angle A$, $\angle B$, $\angle C$, $\angle D$, $\angle E$, $\angle F$, $\angle G$ はそれぞれ $\overset{\frown}{DE}$, $\overset{\frown}{EF}$, $\overset{\frown}{FG}$, $\overset{\frown}{GA}$, $\overset{\frown}{AB}$, $\overset{\frown}{BC}$, $\overset{\frown}{CD}$ に対する円周角となる。

したがって，この7つの角の和は，円周1周分の弧に対する円周角となり

$$\frac{1}{2} \times 360° = 180°$$

(ア)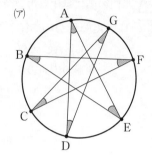

(イ) 右の図より

$$\angle A は \overset{\frown}{CD} + \overset{\frown}{DE} + \overset{\frown}{EF} に対する円周角$$
$$\angle B は \overset{\frown}{DE} + \overset{\frown}{EF} + \overset{\frown}{FG} に対する円周角$$
$$\angle C は \overset{\frown}{EF} + \overset{\frown}{FG} + \overset{\frown}{GA} に対する円周角$$
$$\cdots$$

となるから，7つの角の和は

$$3\left(\overset{\frown}{AB} + \overset{\frown}{BC} + \overset{\frown}{CD} + \overset{\frown}{DE} + \overset{\frown}{EF} + \overset{\frown}{FG} + \overset{\frown}{GA}\right)$$

に対する円周角となる。したがって，7つの角の和は，円周3周分の弧に対する円周角となり

$$\frac{1}{2} \times 360° \times 3 = 540°$$

(イ)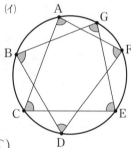

ポイント

直径と円周角

定理 線分ABを直径とする円の周上にA，Bと異なる点Pをとれば，$\angle APB = 90°$ である。

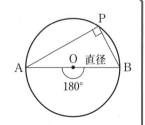

6章

円

203

問 5

下の図で，∠xの大きさを求めなさい。

教科書 p.173

➡ 教科書 p.251 ⑧⃞
（ガイドp.283）

(1)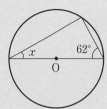

(2)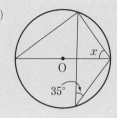

(3)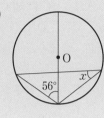

考え方 半円の弧に対する円周角は90°であることを利用します。

解答 (1) BCは円Oの直径だから

$$\angle BAC = 90°$$

三角形の内角の和は180°だから，△ABCで

$$\angle x = 180° - (90° + 62°) = 28°$$

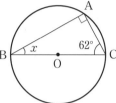

(2) $\overset{\frown}{AC}$ に対する円周角だから

$$\angle ABC = \angle ADC = 35°$$

BCは円Oの直径だから

$$\angle BAC = 90°$$

三角形の内角の和は180°だから，△ABCで

$$\angle x = 180° - (90° + 35°) = 55°$$

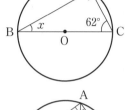

(3) 点Dと点Cを結ぶ。

$\overset{\frown}{AD}$ に対する円周角だから

$$\angle DCA = \angle DBA = 56°$$

DBは円Oの直径だから

$$\angle DCB = 90°$$

よって

$$\angle x = 90° - 56° = 34°$$

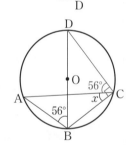

問 6

右の図のように，△ABCの辺ABを直径とする
円Oをかき，辺BCとの交点をDとします。
AD⊥BCとなる理由を説明しなさい。

教科書 p.173

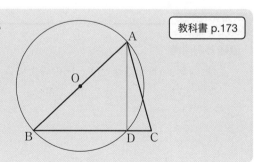

解答 点Aと点Dを結ぶ。ABは円Oの直径だから

$$\angle ADB = 90°$$

したがって　AD⊥BC

問7
下の図のように，三角定規を使って円の中心を求めることができます。
この理由を説明しなさい。

教科書 p.173

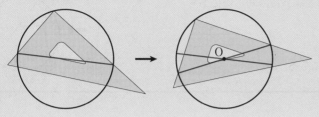

考え方 上の図で，赤い線は円の何になっているか考えよう。

解答 三角定規の直角の頂点を円周上におき，そのときの直角をはさむ2辺と円との交点を結ぶ線分をひくと，この線分は直径となる。次に，三角定規を異なる位置に移し，別の直径をひく。円の中心は直径上にあり，2つの直径の交点は円の中心だから，図のようにして求めた点Oは，円の中心となる。

2 円周角の定理の逆

Q
下の図のように，点Pが円Oの周上や内部，外部にあるとき，
∠APBと∠aの大きさを比べてみましょう。

教科書 p.174

①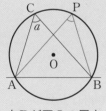
点Pが円Oの周上

②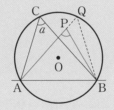
点Pが円Oの内部

③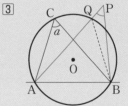
点Pが円Oの外部

考え方 ② ∠APBは△PQBの外角になっています。
③ ∠AQBは△PQBの外角になっています。

解答 ① 円周角の定理より ∠APB = ∠a

② △PQBで，三角形の外角は，それととなり合わない2つの内角の和に等しいから
∠APB = ∠PQB + ∠PBQ = ∠a + ∠PBQ
したがって ∠APB > ∠a ←∠APBは∠aより∠PBQの分だけ大きい。

③ △PQBで，三角形の外角は，それととなり合わない2つの内角の和に等しいから
∠AQB = ∠QPB + ∠QBP
したがって
∠APB = ∠QPB = ∠AQB − ∠QBP = ∠a − ∠QBP
したがって ∠APB < ∠a ←∠APBは∠aより∠QBPの分だけ小さい。

ポイント

円周角の定理の逆

4点A, B, P, Qについて, P, Qが直線ABの同じ側にあって

$$\angle APB = \angle AQB$$

ならば, この4点は1つの円周上にある。

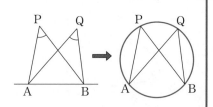

問 1

右の図で, ∠xの大きさが何度のとき, 4点A, B, C, Dは1つの円周上にあるといえますか。

教科書 p.175

◎ 教科書 p.251 [83]
（ガイドp.284）

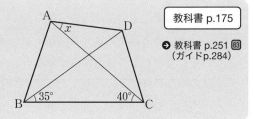

解答 ∠$x = 35°$のとき, 2点A, Bが直線CDの同じ側にあって, ∠DAC = ∠DBCとなるから, 4点A, B, C, Dは1つの円周上にあるといえる。

問 2

右の図のように, 線分ABを直径とする円Oの周上に, 2点C, Dをとり, 直線AD, CBの交点をE, 直線AC, DBの交点をFとすると, 4点C, D, E, Fは1つの円周上にあります。
このことを証明しなさい。

教科書 p.175

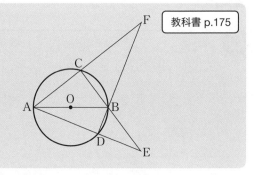

考え方 4点が1つの円周上にあることを示すには, 円周角の定理の逆を利用します。
ABは円Oの直径だから, ∠ACB = ∠ADB = 90°となります。
∠ECF = ∠EDFを示して, 円周角の定理の逆を利用しよう。

証明 ABは円Oの直径であるから

$$\angle ACB = \angle ADB = 90°$$

よって

$$\angle ECF = 180° - \angle ACB = 90° \quad \cdots ①$$

$$\angle EDF = 180° - \angle ADB = 90° \quad \cdots ②$$

①, ②より

$$\angle ECF = \angle EDF = 90°$$

4点C, D, E, Fについて, C, Dが直線FEの同じ側にあって, ∠ECF = ∠EDFであるから, 4点C, D, E, Fは1つの円周上にある。

基 本 の 問 題

教科書 ➡ p.176

1 下の図で，∠xの大きさを求めなさい。

(1)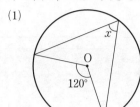

(2)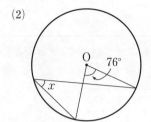

(3)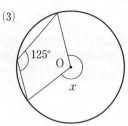

(4)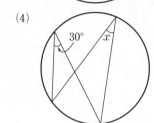

(5)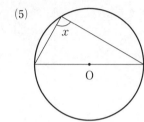

(6)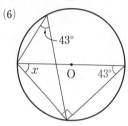

考え方 (1)～(3) 円周角と中心角の関係を利用します。

(4) 1つの弧に対する円周角は一定です。

(5), (6) 直径と円周角の定理を利用します。

解答 (1) ∠$x = \dfrac{1}{2} \times 120° = 60°$ 　　　　(2) ∠$x = \dfrac{1}{2} \times 76° = 38°$

(3) ∠$x = 2 \times 125° = 250°$ 　　　　(4) ∠$x = 30°$

(5) ∠$x = 90°$

(6) 三角形の内角の和は180°だから

$$∠x = 180° - (90° + 43°) = 47°$$

2 右の図のように，△ABCの頂点B，Cから辺AC，ABに垂線を
ひき，その交点をそれぞれD，Eとし，BDとCEの交点をFと
します。
点A，B，C，D，E，Fのうち，1つの円周上にある4点の組を
いいなさい。

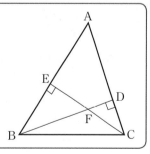

考え方 円周角の定理の逆と，直径と円周角の定理を利用します。

解答 ・点B，C，D，E

　　　（点D，Eが直線BCの同じ側にあって，∠BDC = ∠BECだから。）

　　　・点A，E，F，D

　　　（∠AEF = ∠ADF = 90°で，点D，EがAFを直径とする円の周上にあるから。）

2節 円周角の定理の利用

Q 三角定規の30°と90°の角を使って，船の位置を求めてみましょう。

教科書 p.177

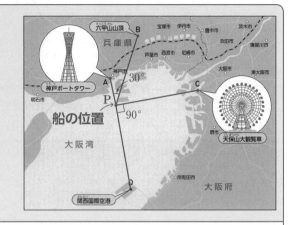

考え方　教科書177ページの上の条件から…∠APB = 30°

教科書177ページの下の条件から…∠CPD = 90°

1組の三角定規の30°と90°の角を利用して見つけてみよう。

解答　上の図

1 円周角の定理の利用

Q 下の図（省略）のように，円Oと円外の点Aがあたえられているとき，点A　教科書 p.178
から，円Oへの接線を作図してみましょう。

❶ 点Aから円Oに接線がひけたとします。

その接点をP，P′とすると，OPとAP，OP′とAP′の
間に，どのような性質が成り立つでしょうか。
また，その理由を説明してみましょう。

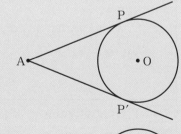

❷ ❶の性質が成り立つような点P，P′を作図によって見つ
けるには，どうしたらよいでしょうか。
その方法を説明してみましょう。

❸ 円O外の点Aから円Oへの接線AP，AP′を作図して
みましょう。

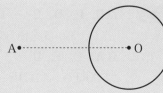

解答 ❶ 円の接線は，接点を通る半径に垂直だから

  OP⊥AP，OP′⊥AP′

❷ OP⊥AP，OP′⊥AP′だから，接点P，P′はAOを
直径とする円周上にある。したがって，AOを直径と
する円をかけば，その円と円Oとの交点が，求める
接点となる。

❸ 次の手順で作図する。

  ① 点AとOを結ぶ。

  ② 線分AOの垂直二等分線をひき，AOとの交点を
   O′とする。

  ③ 点O′を中心として半径OO′の円をかき，円Oと
   の交点をP，P′とする。

  ④ 直線AP，AP′をひく。

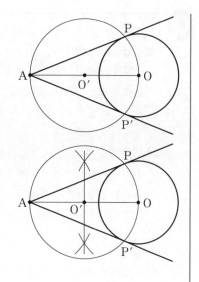

問 1

教科書177ページの **Q** で，海上にいる船の位置を，作図によって求めなさい。　　教科書 p.179

考え方 (ア) ∠APB＝30°より，点Pは，2点A，Bを通り，円周角が30°となる円周上にあります。
中心角が60°となることより，円の中心をOとするとき，△AOBが正三角形になればよい。

(イ) ∠CPD＝90°より，点Pは，CDを直径とする円の周上にあります。

解答 (ア) 点A，Bを頂点とする正三角形AOBをかき，点Oを中心として，半径ABの円をかく。

(イ) CDの垂直二等分線を作図し，CDの中点を求め，その点を中心として直径CDの円をかく。

(ア)，(イ)でかいた円の交点が船の位置になる。

（交点のうちの1つは陸地となるから，

問題に適していない。）

そうたさん

  ∠APB＝30°の点P…右の図で，△AOBは

      正三角形だから，中心

      角∠AOB＝60°

      したがって，円周角

      ∠APB＝30°となる。

  ∠CPD＝90°の点P…右の図でCDは円の

      直径だから，

      ∠CPD＝90°となる。

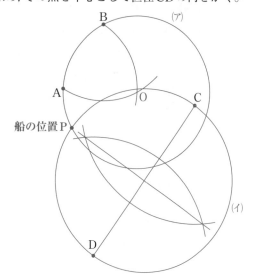

右の図は，円の内部に点Pをとり，Pを通る2つの直線をひいたものです。

この図で，円と直線の交点どうしを結び，相似な三角形の組を見つけてみましょう。

教科書 p.180

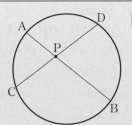

❶ 右の図のように，点Aと点D，点Cと点Bを結ぶと，△ADP ∽ △CBPとなります。

このことを証明してみましょう。

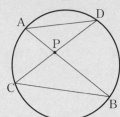

❷ 右の図のように，円の外部の点Pを通る2つの直線をひき，円と直線の交点AとD，CとBを結ぶと，△APD ∽ △CPBとなります。

このことを証明してみましょう。

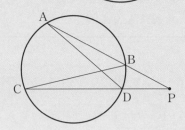

解答 相似な三角形の組は

$\qquad$ △ACPと△DBP

$\qquad$ △ADPと△CBP

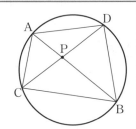

❶ △ADPと△CBPにおいて

$\overgroup{\mathrm{AC}}$ に対する円周角は等しいから

$\qquad$ ∠ADP = ∠CBP …①

対頂角は等しいから

$\qquad$ ∠APD = ∠CPB …②

①，②より，2組の角がそれぞれ等しいから

$\qquad$ △ADP ∽ △CBP

❷ △APD ∽ △CPBにおいて

$\overgroup{\mathrm{BD}}$ に対する円周角は等しいから

$\qquad$ ∠PAD = ∠PCB …①

∠Pは共通だから

$\qquad$ ∠APD = ∠CPB …②

①，②より，2組の角がそれぞれ等しいから

$\qquad$ △APD ∽ △CPB

問2

右の図のように，2つの弦AB，CDの交点をPとします。PDの長さを求めなさい。

教科書 p.181

→ 教科書 p.251 84
（ガイドp.284）

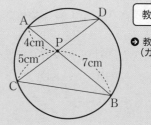

考え方 PA：PC＝PD：PBを利用して求めます。

解答 PA：PC＝PD：PBだから，PD＝$x$cmとすると

$$4 : 5 = x : 7$$
$$5x = 28$$
$$x = \frac{28}{5}$$

答 $\frac{28}{5}$cm（5.6cm）

問3

右の図で，A，B，C，Dは円周上の点で，$\overset{\frown}{AB} = \overset{\frown}{AC}$です。弦AD，BCの交点をPとするとき，△ABP ∽ △ADBとなります。
このことを証明しなさい。

教科書 p.181

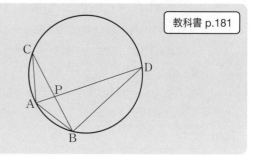

考え方 どの相似条件が使えるか考えよう。

証明 △ABPと△ADBにおいて

$$\angle PAB = \angle BAD \quad \cdots ①$$

$\overset{\frown}{AB} = \overset{\frown}{AC}$ より，1つの円において，等しい弧に対する円周角は等しいから

$$\angle PBA = \angle BDA \quad \cdots ②$$

①，②より，2組の角がそれぞれ等しいから

$$△ABP ∽ △ADB$$

辺の長さが示されていないので，角の関係を考えよう。

問4

右の図で，A，B，Cは円Oの周上の点で，BCは直径です。∠ABC＝60°で，その角の二等分線と弦AC，円Oとの交点をそれぞれD，Eとするとき，△ABC∽△EDCとなります。
このことを証明しなさい。

教科書 p.181

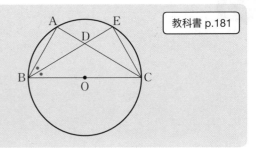

証明

△ABCと△EDCにおいて

BCは円Oの直径であるから

$$\angle BAC = \angle DEC = 90° \quad \cdots①$$

BEが∠ABCの二等分線で，∠ABC＝60°であるから

$$\angle ABE = \angle EBC = 30°$$

$\overparen{AE}$ に対する円周角は等しいから

$$\angle ABE = \angle DCE = 30°$$

三角形の内角の和は180°であるから

$$\angle EDC = 180° - (90° + 30°) = 60°$$

よって，∠ABC＝∠EDC ⋯②

①，②より，2組の角がそれぞれ等しいから

$$△ABC \backsim △EDC$$

数学のまど 平方根の長さの作図

教科書 p.181

レベルアップ このようにして，$\sqrt{6}$ の長さが作図できる理由を考えてみよう。

右の図のように，点R，S，Tを定める。

教科書181ページ16行目に書かれたことから

$$PQ : PT = PR : PS \quad \cdots①$$

RTは円の直径だから，この円はRTについて線対称な図形である。

したがって

$$PQ = PS$$

PQ＝PS＝xとおくと，①より

$$x : 3 = 2 : x$$
$$x^2 = 6$$

$x > 0$だから $x = \sqrt{6}$

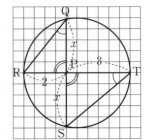

要 点 チ ェ ッ ク

□円周角	円Oにおいて，$\overset{\frown}{AB}$を除く円周上の点をPとするとき，∠APBを$\overset{\frown}{AB}$に対する**円周角**という。 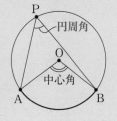
□円周角の定理	1つの弧に対する円周角の大きさは一定であり，その弧に対する中心角の半分である。
□円周角と弧	1つの円において ① 等しい円周角に対する弧は等しい。 ② 等しい弧に対する円周角は等しい。
□直径と円周角	線分ABを直径とする円の周上にA，Bと異なる点Pをとれば，∠APB = 90°である。 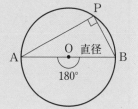
□円周角の定理の逆	4点A，B，P，Qについて，P，Qが直線ABの同じ側にあって 　　∠APB = ∠AQB ならば，この4点は1つの円周上にある。

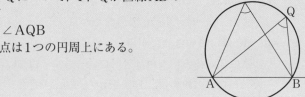

✓を入れて，理解を確認しよう。

6章

円

章 の 問 題 A

教科書 ➔ p.182

1 右の図で，Oは円の中心で
　　∠BAC = 58°
です。
次の角の大きさを求めなさい。
(1) ∠BPC　　　(2) ∠BOC
(3) ∠BCA

解答 (1) $\overset{\frown}{BC}$に対する円周角は等しいから
　　∠BPC = ∠BAC = 58°
(2) ∠BOCは，$\overset{\frown}{BC}$に対する中心角だから
　　∠BOC = 2∠BPC = 2×58° = 116°
(3) ABは円Oの直径だから
　　∠BCA = 90°

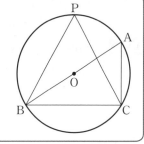

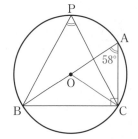

2　下の図で，∠xの大きさを求めなさい。

(1) 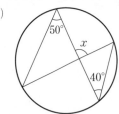　　(2) 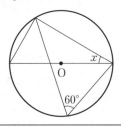　　(3)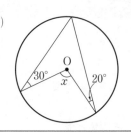

考え方　それぞれ次のように記号をつけて考えよう。

(1) 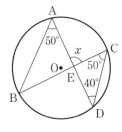　　(2) 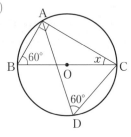　　(3)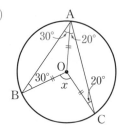

解答　(1)　$\overparen{BD}$ に対する円周角は等しいから　　　∠BAD ＝ ∠BCD ＝ 50°

また，∠xは△EDCの外角だから　　　∠x ＝ 50° ＋ 40° ＝ 90°　　　　　　　　答　90°

(2)　BCは円Oの直径だから　　　∠BAC ＝ 90°

$\overparen{AC}$ に対する円周角は等しいから　　　∠ABC ＝ ∠ADC ＝ 60°

三角形の内角の和は180°だから，△ABCで

　　　∠x ＝ 180° － (90° ＋ 60°) ＝ 30°　　　　　　　　答　30°

(3)　OとAを結ぶと，△OABはOA ＝ OB，△OACはOA ＝ OCの二等辺三角形になるから

　　　∠BAC ＝ ∠BAO ＋ ∠CAO ＝ ∠ABO ＋ ∠ACO ＝ 30° ＋ 20° ＝ 50°

∠xは，$\overparen{BC}$ に対する中心角になっている。

円周角と中心角の関係から

　　　∠x ＝ 2 × 50° ＝ 100°　　　　　　　　答　100°

3　右の図で，4点A，B，C，Dは1つの円周上にあるといえますか。
また，そのように考えた理由も説明しなさい。

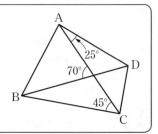

考え方　円周角の定理の逆を利用して考えます。∠DACと∠DBCの大き
さ（または，∠ADBと∠ACBの大きさ）に着目しよう。

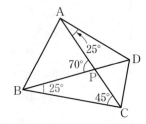

解答 1つの円周上にある。

理由 ACとBDの交点をPとする。

三角形の外角は，それととなり合わない2つの内角の和に等しいから

$$\angle PBC + \angle PCB = \angle APB$$
$$\angle PBC = 70° - 45°$$
$$= 25°$$

よって $\angle DAC = \angle DBC$

したがって，点A，Bが直線DCの同じ側にあって，

$\angle DAC = \angle DBC$だから，4点A，B，C，Dは1つの円周上にある。

4 右の図は平行四辺形ABCDの紙を対角線ACで折った図で，点Bが移動した点をB′とします。このとき，A，B′，C，Dは1つの円周上にあることを証明しなさい。

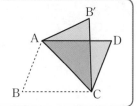

証明 平行四辺形の対角はそれぞれ等しいから

$$\angle B = \angle D \quad \cdots ①$$

また，点B′は，平行四辺形ABCDを対角線ACで折ったとき，点Bが移動した点であるから

$$\angle B' = \angle B \quad \cdots ②$$

①，②から $\angle B' = \angle D$

点B′，Dが直線ACの同じ側にあって，$\angle B' = \angle D$であるから，

4点A，B′，C，Dは1つの円周上にある。

5 右の図で，A，B，C，Dは円周上の点で，AB＝ACです。弦AD，BCの交点をEとするとき，△ABD ∽ △AEBとなります。このことを証明しなさい。

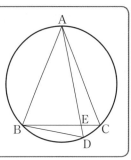

考え方 角の大きさが等しいことは，円周角の定理や二等辺三角形の底角の性質を利用して示すことができます。

証明 △ABDと△AEBにおいて

AB＝ACより，△ABCは二等辺三角形であるから

$$\angle ABC = \angle ACB \quad \cdots ①$$

$\overset{\frown}{AB}$に対する円周角は等しいから

$$\angle ADB = \angle ACB \quad \cdots ②$$

①，②より $\angle ADB = \angle ABE \quad \cdots ③$

また $\angle BAD = \angle EAB \quad \cdots ④$

③，④より，2組の角がそれぞれ等しいから

$$\triangle ABD \backsim \triangle AEB$$

章 の 問 題 B

教科書 ➡ p.183〜184

1 下の図で，∠xの大きさを求めなさい。

(1)

(2)

(3)

解答 (1) $\angle x + 56° + 69° + \dfrac{1}{2}(360° - \angle x) = 360°$ ← 四角形ABOCの内角の和は360°

$\dfrac{1}{2}\angle x + 305° = 360°$　　$\dfrac{1}{2}\angle x = 55°$　　$\angle x = 110°$　　　　　答　110°

(2) 円の中心OとAを結ぶと，△AOCはOA＝OCの二等辺三角

形だから　　∠OAC＝∠OCA＝∠x

∠AOCは $\overparen{AC}$ に対する中心角だから

　　∠AOC＝2×67°＝134°

△AOCについて

　　∠x＝(180°−134°)÷2＝23°　　　　　　　　　　答　23°

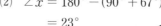

(3) ∠x＝∠OPA＝∠OPB−∠APB ← △OAP，△OBPは二等辺三角形

　　　　＝71°−32°＝39°　　　　　　　　　　　　　　　答　39°

別解 (1) 円の中心OとAを結ぶと，△OAB，

△OACは二等辺三角形だから

　　∠BAC＝56°+69°＝125°

2∠BAC＝360°−∠x　だから

　　2×125°＝360°−∠x

　　　∠x＝110°

(2) ∠x＝180°−(90°+67°)

　　　＝23°

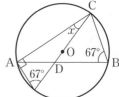

(3) ∠AOB＝2×32°＝64°　だから

　　∠x+64°＝32°+71°

　　　　∠x＝39°

2 右の図で，∠BAC＝90°，∠CDB＝90°，

∠ABD＝∠CBDであるとします。

(1) 点A，B，C，Dは1つの円周上にあることを証明

しなさい。

(2) △DACが二等辺三角形になることを，(1)を使って

証明しなさい。

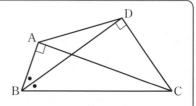

考え方 (2) 4点A，B，C，Dを通る円をかいて考えます。

二等辺三角形になることを示すには，三角形の2つの角が等しいことを証明すればよい。

証明 (1) 仮定から

∠BAC ＝ ∠CDB

点A，Dが直線BCの同じ側にあって，∠BAC ＝ ∠CDBであるから，

4点A，B，C，Dは1つの円周上にある。

(2) 仮定から

∠ABD ＝ ∠CBD …①

(1)から，4点A，B，C，Dを通る円において

$\overset{\frown}{AD}$ に対する円周角は等しいから

∠ABD ＝ ∠ACD …②

$\overset{\frown}{CD}$ に対する円周角は等しいから

∠CBD ＝ ∠CAD …③

①，②，③から

∠ACD ＝ ∠CAD

2つの角が等しいから，△DACは二等辺三角形になる。

---

3 右の図で，A，B，C，Dは円周上の点です。弦BD上に，AB∥EC となる点Eをとるとき，△ACD ∽ △BECとなります。
このことを証明しなさい。

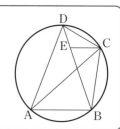

考え方 角の大きさが等しいことは，円周角の定理，平行線と角の関係を利用して示すことができます。

∠DACと∠DBCは$\overset{\frown}{DC}$に対する円周角で等しい。

∠ACDと∠ABDは$\overset{\frown}{AD}$に対する円周角で等しい。

AB∥ECより，錯角は等しいから　　∠ABD ＝ ∠BEC

証明 △ACDと△BECにおいて

$\overset{\frown}{DC}$ に対する円周角は等しいから

∠DAC ＝ ∠CBE …①

$\overset{\frown}{AD}$ に対する円周角は等しいから

∠ACD ＝ ∠ABD …②

AB∥ECより，平行線の錯角は等しいから

∠ABD ＝ ∠BEC …③

②，③より

∠ACD ＝ ∠BEC …④

①，④より，2組の角がそれぞれ等しいから

△ACD ∽ △BEC

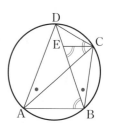

4 右の図で，△ABCは，∠ABC＝90°の直角三角形で，点Dは，△ABCの外部の点です。下の条件㋐，㋑をともにみたす点Pを作図しなさい。

条件㋐　点Pは，半直線BD上にある。
　　　㋑　∠APB＝∠ACBである。

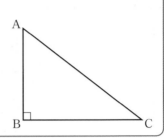

考え方 ∠APB＝∠ACBだから，4点A，B，C，Pは1つの円周上にあることがわかります。また，その円は，∠ABC＝90°だから，ACが直径となります。

解答

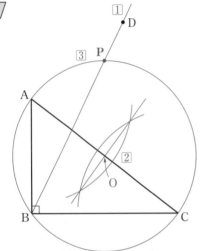

① 半直線BDをひく。
② 辺ACの垂直二等分線を作図し，ACとの交点をOとする。
③ Oを中心として，半径OAの円をかく。円OとBDの交点がPである。

5 高知県（こうち）の桂浜（かつらはま）には，坂本龍馬（さかもとりょうま）の銅像が立っています。

活用の問題

銅像の高さは5.3mで，台座をふくめた全体の高さは13.5mあるそうです。

いま，この銅像の下端Bから上端Aを見上げる角∠APBがもっとも大きくなるような位置から，銅像の写真を撮りたいと思います。

そうたさんは，この位置について次のように考えました。

図のように，点A，Bを通り，直線ℓに接する円をかき，その接点をPとする。このとき，点Pから見上げる角∠APBが，もっとも大きくなる。

(1) 図の点Pから見上げる角∠APBが，直線ℓ上の点Pより左側の点Qから見上げる角∠AQBや，点Pより右側の点Rから見上げる角∠ARBよりも大きくなる理由を，図の直線ℓ上に点Q，Rをかき入れて説明しなさい。

(2) 図は，目の高さOCを1.5mとし，それぞれの長さを $\frac{1}{300}$ にして縮図をかいたものです。

そうたさんの考えをもとにして円を作図し，CPの距離を求めなさい。

考え方 (1) ∠AQB，∠ARBと円周角∠APBの大きさを考えます。

(2) 点A，Bを通る円の中心は，線分ABの垂直二等分線上にあります。また，線分ABの垂直二等分線とABとの交点からCまでの長さが，円の半径となります。

解答 (1)

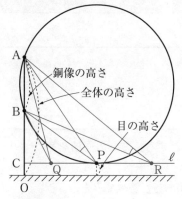

理由の例

点Q，Rは円の外部にあるから，教科書174ページで学んだように，円周角∠APBは∠AQB，∠ARBよりも大きい。

(2) **作図の例**

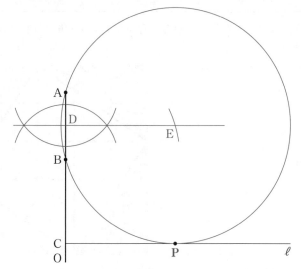

1　線分ABの垂直二等分線を作図し，ABとの交点をDとする。

2　Bを中心として，半径DCの円をかき，1で作図した垂直二等分線との交点をEとする。

3　Eを中心として，半径BEの円をかく。ℓとの接点がPである。

CPの長さ

CPの長さは，縮図ではおよそ3.0cmである。

したがって，実際の長さは

$$3.0 \times 300 = 900 \,(\text{cm})$$

$$900\,\text{cm} = 9.0\,\text{m}$$

答　およそ9.0m

6章

円

7章 [三平方の定理] 三平方の定理を活用しよう

1節 三平方の定理

 直角三角形ABCの3つの辺BC，CA，ABを1辺とする正方形の面積をそれ

教科書 p.186〜187

ぞれP，Q，Rとします。

P，Q，Rの面積を求め，それらの間にどんな関係があるか調べてみましょう。

❶ 自分で直角三角形を決めて，その各辺を1辺とする正方形をかき，P，Q，Rの面積を求めてみましょう。

❷ これまで調べたことを表にまとめてみましょう。

どんなことがわかるでしょうか。

考え方 ❷ Rは，4つの頂点を通る大きな正方形の面積から，合同な4つの直角三角形の面積をひいて求めます。

右の図では，大きな正方形の1辺が5cmだから，その面積は

$$5^2 = 25 \,(\text{cm}^2)$$

また，直角三角形⑦の面積は

$$\frac{1}{2} \times 3 \times 2 = 3 \,(\text{cm}^2)$$

①，⑦，④は⑦と合同だから，Rの面積は

$$25 - 3 \times 4 = 13 \,(\text{cm}^2)$$

と求められます。

また，Rの内部に，右の図のように4つの合同な直角三角形⑦，⑦，⑦，⑦をかいて

$$\left(\frac{1}{2} \times 3 \times 2\right) \times 4 + 1 = 13 \,(\text{cm}^2)$$

として求めることもできます。

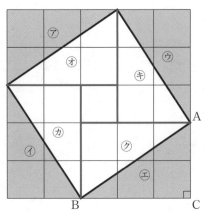

解答 ❶ (例)

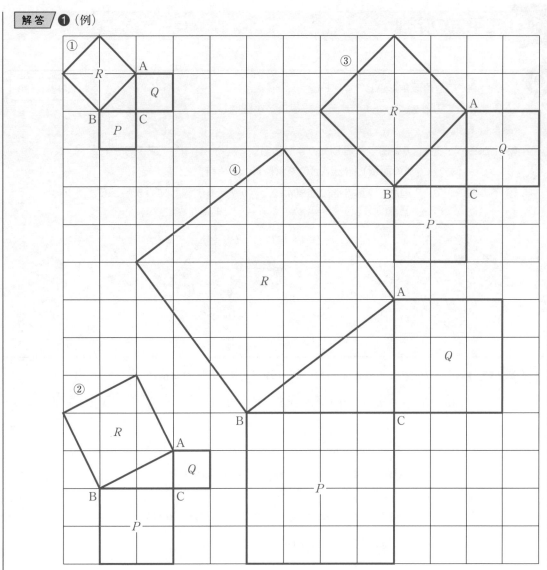

❷

	P	Q	R
①	1	1	2
②	4	1	5
③	4	4	8
④	16	9	25

$P + Q = R$ になっている。

7章

三平方の定理

1　三平方の定理

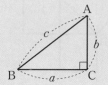

Q $\angle C = 90°$の直角三角形ABCで，$BC = a$，$CA = b$，
AB $= c$とするとき，$a^2 + b^2 = c^2$であることを証明して
みましょう。

教科書 p.188

❶ (1)から，c^2をa，bを使って表してみましょう。

　　（外側の正方形の面積）$-$（△ABCの面積）$\times 4$　…(1)

❷ 下の右の図で，1辺がcの正方形の面積c^2をa，bを使って表してみましょう。

❶
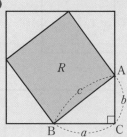

❷
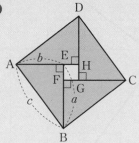

解答 ❶ 外側の正方形の1辺は$a + b$だから，1辺がcの正方形の面積は

$$(a + b)^2 - \frac{1}{2}ab \times 4 = (a^2 + 2ab + b^2) - 2ab$$

$$= a^2 + b^2$$

したがって　　$c^2 = a^2 + b^2$

❷　　$c^2 = （\underline{△ABEの面積}）\times 4 + （\underline{内側の正方形の面積}）$

と表せる。

内側の正方形の1辺は$a - b$だから，1辺がcの正方形の面積は

$$\underline{\frac{1}{2}ab} \times 4 + \underline{(a - b)^2} = 2ab + (a^2 - 2ab + b^2)$$

$$= a^2 + b^2$$

したがって　$c^2 = a^2 + b^2$

ポイント

三平方の定理

　直角三角形の直角をはさむ2辺の長さをa，b，斜辺の長さをcとすると，
次の関係が成り立つ。

　　$a^2 + b^2 = c^2$

この定理を**三平方の定理**という。

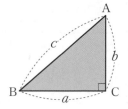

問 1

下の図の直角三角形で，xの値をそれぞれ求めなさい。

教科書 p.189

➡ 教科書 p.252 85
（ガイドp.285）

(1) 　(2)　(3)
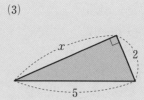

考え方 斜辺はどの辺かを考えよう。

解答
(1) 斜辺が17だから
$$15^2 + x^2 = 17^2$$
$$x^2 = 289 - 225 = 64$$
$x > 0$だから　$x = 8$

(3) 斜辺が5だから
$$x^2 + 2^2 = 5^2$$
$$x^2 = 25 - 4 = 21$$
$x > 0$だから　$x = \sqrt{21}$

(2) 斜辺がxだから
$$5^2 + 5^2 = x^2$$
$$x^2 = 25 + 25 = 50$$
$x > 0$だから　$x = 5\sqrt{2}$

(3) 斜めになっている辺が斜辺ではないよ。

レベルアップ 因数分解の公式を利用して，次のように計算することもできる。
(1) $x^2 = 17^2 - 15^2 = (17 + 15) \times (17 - 15) = 32 \times 2 = 64$

2 三平方の定理の逆

Q
$AB = 5cm$，$BC = 4cm$，$CA = 3cm$の
$\triangle ABC$をかいてみましょう。
$\triangle ABC$はどんな三角形になるでしょうか。

教科書 p.190

考え方 点Bを中心として半径5cmの円，点Cを中心として
半径3cmの円をかき，2つの円の交点をAとします。
$\angle C$の大きさをはかってみよう。

解答 右の図。$\triangle ABC$は$\angle C = 90°$の直角三角形になる。

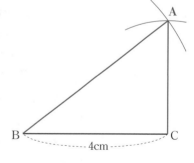

ポイント

三平方の定理の逆

三角形の3辺の長さa，b，cの間に
$$a^2 + b^2 = c^2$$
という関係が成り立てば，その三角形は，長さcの辺を斜辺とする直角
三角形である。

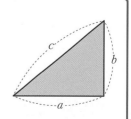

問 1

次の長さを3辺とする三角形のうち，直角三角形はどれですか。

教科書 p.191

➔ 教科書 p.252 86
(ガイドp.285)

㋐　2cm，3cm，4cm

㋑　8cm，15cm，17cm

㋒　24cm，25cm，7cm

㋓　$3\sqrt{2}$ cm，$\sqrt{11}$cm，$\sqrt{7}$ cm

考え方 もっとも長い辺を見つけ，$c$cmとし，もっとも長い辺の長さの2乗が，残りの辺の長さの2乗の和になっているかどうかを調べよう。

㋓　根号のついた数の大小は，それぞれの数を2乗して考えます。

$(3\sqrt{2})^2=(\sqrt{18})^2=18$，$(\sqrt{11})^2=11$，$(\sqrt{7})^2=7$

$7<11<18$だから

$\sqrt{7}<\sqrt{11}<\sqrt{18}$

すなわち

$\sqrt{7}<\sqrt{11}<3\sqrt{2}$

$0<a<b$ならば
$\sqrt{a}<\sqrt{b}$

解答 ㋐　$a=2$，$b=3$，$c=4$とすると

$a^2+b^2=2^2+3^2=4+9=13$

$c^2=4^2=16$

したがって，$a^2+b^2=c^2$という関係が成り立たない。

㋑　$a=8$，$b=15$，$c=17$とすると

$a^2+b^2=8^2+15^2=64+225=289$

$c^2=17^2=289$

したがって，$a^2+b^2=c^2$という関係が成り立つ。

㋒　$a=7$，$b=24$，$c=25$とすると

$a^2+b^2=7^2+24^2=49+576=625$

$c^2=25^2=625$

したがって，$a^2+b^2=c^2$という関係が成り立つ。

㋓　$\sqrt{7}<\sqrt{11}<3\sqrt{2}$ だから

$a=\sqrt{7}$，$b=\sqrt{11}$，$c=3\sqrt{2}$ とすると

$a^2+b^2=(\sqrt{7})^2+(\sqrt{11})^2=7+11=18$

$c^2=(3\sqrt{2})^2=18$

したがって，$a^2+b^2=c^2$という関係が成り立つ。

したがって，直角三角形であるといえるのは　㋑，㋒，㋓

基 本 の 問 題

教科書 ➜ p.192

1 下の図の直角三角形で, x の値をそれぞれ求めなさい。

(1)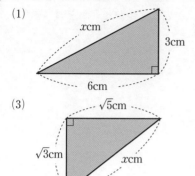

(2)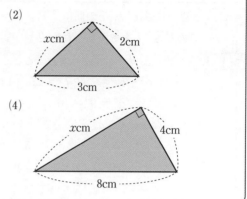

(3)

(4)

考え方 三平方の定理を利用して求めます。

長さを求める辺は斜辺であるか, 直角をはさむ辺であるかに注意しよう。

解答 (1) 斜辺が x cmだから

$$6^2 + 3^2 = x^2$$
$$x^2 = 36 + 9 = 45$$

$x > 0$ だから

$$x = \sqrt{45} = \sqrt{3^2 \times 5}$$
$$= 3\sqrt{5}$$

(2) 斜辺が3cmだから

$$2^2 + x^2 = 3^2$$
$$x^2 = 9 - 4 = 5$$

$x > 0$ だから

$$x = \sqrt{5}$$

(3) 斜辺が x cmだから

$$(\sqrt{5})^2 + (\sqrt{3})^2 = x^2$$
$$x^2 = 5 + 3 = 8$$

$x > 0$ だから

$$x = \sqrt{8}$$
$$= \sqrt{2^2 \times 2}$$
$$= 2\sqrt{2}$$

(4) 斜辺が8cmだから

$$4^2 + x^2 = 8^2$$
$$x^2 = 64 - 16 = 48$$

$x > 0$ だから

$$x = \sqrt{48}$$
$$= \sqrt{4^2 \times 3}$$
$$= 4\sqrt{3}$$

答

(1) $x = 3\sqrt{5}$

(2) $x = \sqrt{5}$

(3) $x = 2\sqrt{2}$

(4) $x = 4\sqrt{3}$

7章

三平方の定理

225

2 次の長さを3辺とする三角形のうち，直角三角形はどれですか。

　⑦　5cm，7cm，9cm

　⑦　0.6m，0.8m，1m

　④　$\sqrt{2}$ cm，$\sqrt{3}$ cm，$\sqrt{5}$ cm

　⑨　1cm，2cm，$\sqrt{3}$ cm

考え方 3辺の長さa，b，cの間に，$a^2+b^2=c^2$という関係が成り立つかどうかを調べます。
このとき，cをもっとも長い辺とします。

解答
⑦　$a=5$，$b=7$，$c=9$とすると
$$a^2+b^2=5^2+7^2=25+49=74$$
$$c^2=9^2=81$$
したがって，$a^2+b^2=c^2$という関係が成り立たない。

④　$a=\sqrt{2}$，$b=\sqrt{3}$，$c=\sqrt{5}$とすると
$$a^2+b^2=(\sqrt{2})^2+(\sqrt{3})^2=2+3=5$$
$$c^2=(\sqrt{5})^2=5$$
したがって，$a^2+b^2=c^2$という関係が成り立つ。

⑨　$a=0.6$，$b=0.8$，$c=1$とすると
$$a^2+b^2=0.6^2+0.8^2=0.36+0.64=1$$
$$c^2=1^2=1$$
したがって，$a^2+b^2=c^2$という関係が成り立つ。

⑤　$a=1$，$b=\sqrt{3}$，$c=2$とすると
$$a^2+b^2=1^2+(\sqrt{3})^2=1+3=4$$
$$c^2=2^2=4$$
したがって，$a^2+b^2=c^2$という関係が成り立つ。

直角三角形は　④，⑨，⑤

数学のまど　サッカーコートをつくるには？　　　　　教科書 p.192

$AB=30m$，$AC=40m$，$BC=90-40=50\,(m)$　となるから
$$AB^2+AC^2=30^2+40^2=900+1600=2500$$
$$BC^2=50^2=2500$$
したがって，$AB^2+AC^2=BC^2$という関係が成り立つから，$\triangle ABC$は
$\angle A=90°$の直角三角形になる。

上の90°のつくり方は，いろんなところで利用できるね。

2節 三平方の定理の利用

Q イルミネーションの飾りつけを完成するのに，全部でどれくらいの長さの
コードを用意すればよいでしょうか。

教科書 p.193

考え方 図に表すと右のようになります。

解答 右の図で，コードの長さを xm とする。

モニュメントの高さ　6m

花だんの直径が8mだから，半径は

$$8 \div 2 = 4 \, (\text{m})$$

したがって，コード1本分の長さは，三平方の定理を
利用して

$$x^2 = 4^2 + 6^2 = 16 + 36 = 52$$

$x > 0$ だから

$$x = \sqrt{52} = 2\sqrt{13} \, (\text{m})$$

全部で8本のコードを取りつけるから

$$2\sqrt{13} \times 8 = 16\sqrt{13} \, (\text{m})$$

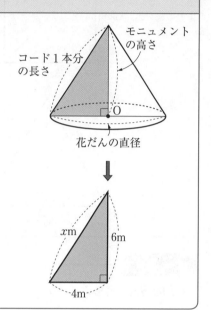

1 三平方の定理の利用

問1 教科書193ページの **Q** で，コードは全部で何m用意すればよいですか。
ただし，$\sqrt{13} = 3.6$ とします。

教科書 p.194

解答 $2\sqrt{13} \times 8 = 16\sqrt{13}$

$\qquad = 16 \times 3.6$

$\qquad = 57.6$

答　57.6m

正方形の対角線の長さや正三角形の高さを求めてみましょう。　　　教科書 p.194

(ア)　1辺が3cmの正方形の対角線の長さ

(イ)　1辺が4cmの正三角形の高さ

考え方　対角線や高さを表す線分を図にかき入れて考えてみよう。

解答　(ア)

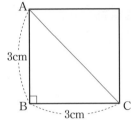

△ABCで三平方の定理を利用すると

対角線の長さACは

$$AC^2 = 3^2 + 3^2 = 9 + 9 = 18$$

AC > 0だから

$$AC = \sqrt{18} = 3\sqrt{2} \ (cm)$$

(イ)

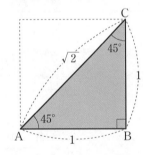

高さAHをひくと，BH = 2cmとなる。

△ABHで三平方の定理を利用すると

高さAHは

$$AH^2 = 4^2 - 2^2 = 16 - 4 = 12$$

AH > 0だから

$$AH = \sqrt{12} = 2\sqrt{3} \ (cm)$$

ポイント

特別な直角三角形の3辺の比

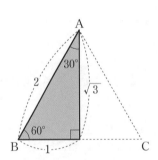

問2　下の図で，x，yの値を求めなさい。　　　教科書 p.195

→ 教科書 p.252 87
（ガイドp.285）

(1)

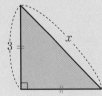

(2)

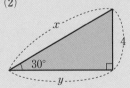

解答　(1)　$3 : x = 1 : \sqrt{2}$

$$x = 3\sqrt{2}$$

(2)　$4 : x = 1 : 2$

$$x = 8$$

$4 : y = 1 : \sqrt{3}$

$$y = 4\sqrt{3}$$

問 3

1組の三角定規では，辺の長さの関係は，右の図のようになっています。

AC＝8cmのとき，残りの辺の長さを求めなさい。

教科書 p.195

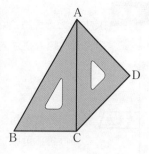

考え方　△ABCは3つの角が30°，60°，90°の直角三角形，△ACDは3つの角が45°，45°，90°の直角二等辺三角形です。

解答　BC：AC＝1：$\sqrt{3}$，AB：BC＝2：1だから

$$BC = \frac{1}{\sqrt{3}}AC = \frac{1}{\sqrt{3}} \times 8 = \frac{8}{\sqrt{3}} = \frac{8 \times \sqrt{3}}{\sqrt{3} \times \sqrt{3}} = \frac{8\sqrt{3}}{3}\ (cm)$$

$$AB = 2BC = 2 \times \frac{8\sqrt{3}}{3} = \frac{16\sqrt{3}}{3}\ (cm)$$

AD：AC＝1：$\sqrt{2}$，AD＝CDだから

$$AD = CD = \frac{1}{\sqrt{2}}AC = \frac{1}{\sqrt{2}} \times 8 = \frac{8}{\sqrt{2}} = \frac{8 \times \sqrt{2}}{\sqrt{2} \times \sqrt{2}} = \frac{8\sqrt{2}}{2} = 4\sqrt{2}\ (cm)$$

答　BC　$\dfrac{8\sqrt{3}}{3}$ cm

　　AB　$\dfrac{16\sqrt{3}}{3}$ cm

　　AD，CD　$4\sqrt{2}$ cm

問 4

1辺の長さがaの正三角形の高さを求めなさい。

また，正三角形の面積をSとするとき，$S = \dfrac{\sqrt{3}}{4}a^2$であることを示しなさい。

教科書 p.195

考え方　正三角形ABCで，頂点Aから辺BCにひいた垂線とBCとの交点をHとすると，△ABHは，30°，60°，90°の直角三角形になります。

解答　右の図のように，1辺の長さがaの正三角形ABCで，頂点Aから辺BCにひいた垂線とBCとの交点をHとすると，△ABHは，30°，60°，90°の直角三角形になる。

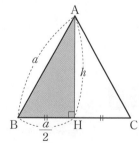

したがって，AB：AH＝2：$\sqrt{3}$だから

$$AH = \frac{\sqrt{3}}{2}AB = \frac{\sqrt{3}}{2}a$$

よって，1辺の長さがaの正三角形の高さは　$\dfrac{\sqrt{3}}{2}a$

また，その面積は　$S = \dfrac{1}{2} \times a \times \dfrac{\sqrt{3}}{2}a = \dfrac{\sqrt{3}}{4}a^2$

7章

三平方の定理

229

問 5　長方形のとなり合った2辺の長さがa, bであるとき，対角線の長さxをa, bを使って表しなさい。

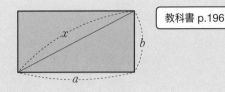

教科書 p.196

考え方　長方形のとなり合う2辺と対角線で直角三角形ができます。

この直角三角形で，三平方の定理を使って考えよう。

解答　　$x^2 = a^2 + b^2$

$x > 0$だから　$x = \sqrt{a^2 + b^2}$

問 6　右の図の二等辺三角形ABCの高さAHと，面積を求めなさい。

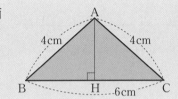

教科書 p.196

● 教科書 p.252 <u>88</u>
（ガイド p.285）

考え方　△ABCは二等辺三角形だから，点Hは辺BCの中点になります。

直角三角形ABHで，三平方の定理を利用します。

解答　点Hは辺BCの中点だから

$$BH = \frac{1}{2}BC = \frac{1}{2} \times 6 = 3 \,(cm)$$

直角三角形ABHで，三平方の定理より，$AH^2 + BH^2 = AB^2$だから

$$AH^2 + 3^2 = 4^2$$

$$AH^2 = 16 - 9 = 7$$

$AH > 0$だから　$AH = \sqrt{7}$ cm

また，△ABCの面積は

$$\frac{1}{2} \times BC \times AH = \frac{1}{2} \times 6 \times \sqrt{7} = 3\sqrt{7} \,(cm^2)$$

答　高さAH　$\sqrt{7}$ cm，面積　$3\sqrt{7}$ cm²

問 7　函館山ロープウェーは，ふもとの駅と山頂の駅の間の水平距離が約800m，垂直距離が約300mです。

教科書 p.196

ロープウェーが直線であると考えると，その長さは約何mになりますか。

考え方　図をかくと，右のようになります。

解答　ロープウェーの長さをxmとすると

$$x^2 = 800^2 + 300^2 = 730000$$

$x > 0$だから　　$x = \sqrt{730000} = 100\sqrt{73}$

電卓を使って求めると$\sqrt{73} = 8.544\cdots$だから　　$x = 854.4\cdots$

したがって，ロープウェーの長さは　約854m

山頂の駅

300m

ふもとの駅

800m

数学の
まど　　　平方根の長さの作図　　　　　　　　　　　　　　　　　　　　　教科書 p.196

解答

左の図の説明

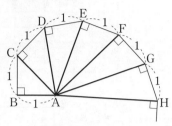

AB ＝ 1 より

$$AC = \sqrt{AB^2 + 1^2} = \sqrt{1+1} = \sqrt{2}$$

$$AD = \sqrt{AC^2 + 1^2} = \sqrt{2+1} = \sqrt{3}$$

$$AE = \sqrt{AD^2 + 1^2} = \sqrt{3+1} = \sqrt{4}$$

$$AF = \sqrt{AE^2 + 1^2} = \sqrt{4+1} = \sqrt{5}$$

$$AG = \sqrt{AF^2 + 1^2} = \sqrt{5+1} = \sqrt{6}$$

$$AH = \sqrt{AG^2 + 1^2} = \sqrt{6+1} = \sqrt{7}$$

$$\vdots$$

となる。

右の図の説明

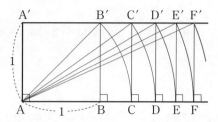

上の図のように，点 A′，B′，C′，D′，E′，F′，
…を定める。

$$AB = 1$$

$$AC = AB' = \sqrt{AB^2 + 1^2} = \sqrt{1+1} = \sqrt{2}$$

$$AD = AC' = \sqrt{AC^2 + 1^2} = \sqrt{2+1} = \sqrt{3}$$

$$AE = AD' = \sqrt{AD^2 + 1^2} = \sqrt{3+1} = \sqrt{4}$$

$$AF = AE' = \sqrt{AE^2 + 1^2} = \sqrt{4+1} = \sqrt{5}$$

$$\vdots$$

となる。

問 8

次の(1)，(2)について，2点 A，B の間の距離を
求めなさい。

(1) 右の図の2点 A，B

(2) A(3, 2)，B(−3, 4)

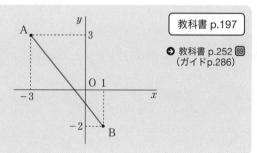

教科書 p.197

◯ 教科書 p.252 [89]
（ガイドp.286）

考え方 AB を斜辺とする直角三角形をつくり，三平方の定理を利用し
て求めます。

解答 (1) 点 C(−3, −2)をとり，直角三角形 ABC をつくる。

$$BC = 1 - (-3) = 4$$

$$AC = 3 - (-2) = 5$$

だから，AB ＝ d とすると

$$d^2 = 4^2 + 5^2 = 41$$

$d > 0$ だから　　$d = \sqrt{41}$

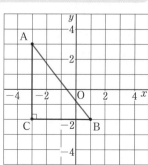

(2) 点C$(-3, 2)$をとり，直角三角形ABCをつくる。

$$BC = 4 - 2 = 2$$
$$AC = 3 - (-3) = 6$$

だから，AB $= d$とすると

$$d^2 = 2^2 + 6^2 = 40$$

$d > 0$だから　$d = \sqrt{40} = 2\sqrt{10}$

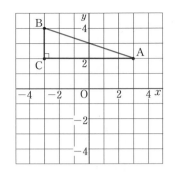

問9 半径が6cmの円Oで，弦ABの長さが8cmのとき，円の中心Oと弦ABとの距離を求めなさい。　教科書 p.198

考え方 右の図のように，円の中心Oから弦ABに垂線をひき，ABとの交点をHとすると，教科書198ページの例2の考え方で示したように，HはABの中点になります。

解答 右の図のように，OからABに垂線をひき，ABとの交点をHとする。AH $= 4$cmであり，OH $= x$cmとすると，△OAHは直角三角形だから

$$x^2 + 4^2 = 6^2$$
$$x^2 = 36 - 16 = 20$$

$x > 0$だから　$x = \sqrt{20} = 2\sqrt{5}$

したがって，円の中心Oと弦ABとの距離は　$2\sqrt{5}$ cm

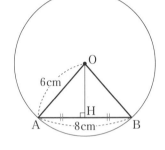

問10 半径が2cmの円Oと，円の中心Oから6cmの距離に点Aがあります。点Aから円Oへの接線をひいたとき，この接線の長さを求めなさい。　教科書 p.198

教科書 p.253 ⑨⓪（ガイドp.286）

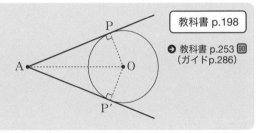

考え方 円の接線は，接点を通る半径に垂直だから，△APOは直角三角形になります。

解答 △APOは∠APO $= 90°$の直角三角形で，PO $= 2$cm，AO $= 6$cmだから

$$AP^2 + 2^2 = 6^2$$
$$AP^2 = 36 - 4 = 32$$

AP > 0だから　AP $= \sqrt{32} = 4\sqrt{2}$

答　$4\sqrt{2}$ cm

問11 縦3cm，横5cm，高さ4cmの直方体の対角線の長さを求めなさい。　教科書 p.199

考え方 底面の長方形の対角線の長さを求め，それを使って直方体の対角線の長さを求めます。

解答 右の図のように点を定める。

△FGHは直角三角形だから

$$FH^2 = 3^2 + 5^2 \quad \cdots ①$$

△BFHも直角三角形だから

$$BH^2 = FH^2 + 4^2 \quad \cdots ②$$

①，②から $BH^2 = (3^2 + 5^2) + 4^2 = 50$

BH > 0 だから $BH = \sqrt{50} = 5\sqrt{2}$ **答** $5\sqrt{2}$ cm

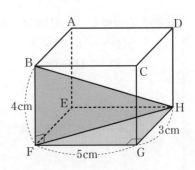

問 12

縦，横，高さが，それぞれ a，b，c の直方体では，対角線の長さは $\sqrt{a^2 + b^2 + c^2}$ になります。このことを示しなさい。

教科書p.199

解答 右の図のように点を定める。

△FGHは直角三角形だから

$$FH^2 = a^2 + b^2 \quad \cdots ①$$

△BFHも直角三角形だから

$$BH^2 = FH^2 + c^2 \quad \cdots ②$$

①，②から

$$BH^2 = (a^2 + b^2) + c^2 = a^2 + b^2 + c^2$$

BH > 0 だから $BH = \sqrt{a^2 + b^2 + c^2}$

したがって，直方体の対角線の長さは

$$\sqrt{a^2 + b^2 + c^2}$$

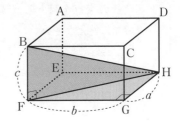

問 13

1辺が6cmの立方体の対角線の長さを求めなさい。

教科書p.199

→ 教科書 p.253 [91]
（ガイドp.286）

考え方 縦6cm，横6cm，高さ6cmの直方体と考えて，上の問12で得られた式 $\sqrt{a^2 + b^2 + c^2}$ に $a = 6$，$b = 6$，$c = 6$ を代入します。

解答 $\sqrt{6^2 + 6^2 + 6^2} = 6\sqrt{3}$ （cm）

レベルアップ 1辺が a の立方体の対角線の長さは $a\sqrt{3}$ になる。

問 14

母線の長さが6cm，高さが4cmの円錐の体積を求めなさい。

教科書p.200

→ 教科書 p.253 [92]
（ガイドp.286）

考え方 （円錐の体積）$= \dfrac{1}{3} \times$（底面積）$\times$（高さ）

で求められます。体積を求めるには，底面の半径がわかればよい。底面の半径は，頂点から底面に垂線をひいて直角三角形をつくり，三平方の定理を使って求めます。

7章

三平方の定理

233

解答 右の図で，△ABOは直角三角形だから，
BO＝$r$cmとすると
$$r^2＋4^2＝6^2$$
$$r^2＝36－16＝20$$
$r＞0$だから　$r＝\sqrt{20}＝2\sqrt{5}$
したがって，円錐の体積は
$$\frac{1}{3}×\pi×(2\sqrt{5})^2×4＝\frac{80}{3}\pi \text{ (cm}^3)$$

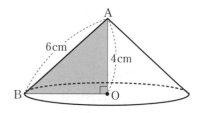

問 15 底面が1辺6cmの正方形で，他の辺が5cm
の正四角錐があります。底面の正方形の対
角線の交点をHとします。このとき，次
の問に答えなさい。

（1）AHの長さを求めなさい。

（2）OHの長さを求め，この正四角錐の体
積を求めなさい。

教科書 p.200

→ 教科書 p.253 93
（ガイドp.286）

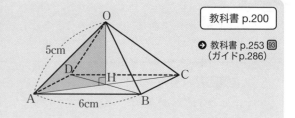

考え方 （1）△ABCは，3つの角が45°，45°，90°の直角二等辺三角形です。

（2）△OAHで，三平方の定理を利用します。

解答 （1）△ABCは3つの角が45°，45°，90°の直角三角形だから
$$AC：AB＝\sqrt{2}：1$$
$AC＝x$cmとすると
$$x：6＝\sqrt{2}：1$$
$$x＝6\sqrt{2}$$
$AC＝2AH$だから
$$AH＝\frac{1}{2}AC＝\frac{1}{2}×6\sqrt{2}＝3\sqrt{2} \text{ (cm)}$$

答　$3\sqrt{2}$ cm

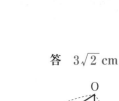

（2）△OAHは直角三角形だから，$OH＝h$cmとすると
$$h^2＋(3\sqrt{2})^2＝5^2$$
$$h^2＝25－18＝7$$
$h＞0$だから　　$h＝\sqrt{7}$
すなわち　$OH＝\sqrt{7}$
したがって，正四角錐の体積は
$$\frac{1}{3}×(6×6)×\sqrt{7}＝12\sqrt{7} \text{ (cm}^3)$$

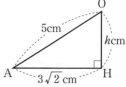

答　OHの長さ　$\sqrt{7}$ cm
体積　　　　$12\sqrt{7}$ cm³

深い学び　どれくらい遠くから見えるかな？

教科書 → p.201～202

 富士山の山頂はどれくらい遠くから見えるでしょうか。

❶ 図に表して考えてみましょう。

❷ 富士山の山頂をP，地球の中心をOとして，Pが見えるもっとも遠い位置Aを図に表してみましょう。

❸ 線分PAの長さを求めてみましょう。

ただし，富士山の高さは3776m（3.776km），地球の半径は6378kmとします。

❹ 富士山を中心に，❸で求めた線分PAの長さを半径とする円を図にかき入れてみましょう。

❺ 実際には，❹で調べた範囲よりも遠くから見える場合もあります。

それはどんな場合でしょうか。

解答　❶ 地面を直線でかくと

　　　どんなに遠くはなれても，望遠鏡を使えば見える。

　　地球を球とみて，地面を切り口の円周と考えると

　　　円周上の点から見たとき，その点を通る接線より上側は見える。

❷ 右の図

点Pを通る円Oの接線をひき，

接点をAとする。

❸ 　　OP

　　＝（地球の半径）＋（富士山の高さ）

　　＝ 6378 ＋ 3.776

　　＝ 6381.776

円の接線は，接点を通る半径に
垂直だから，△PAOは直角三
角形となる。したがって

　　$PA^2 = OP^2 - OA^2$

となる。したがって

　　$PA^2 = OP^2 - OA^2$

　　　　＝ $6381.776^2 - 6378^2$

　　　　≒ 48181

PA ＞ 0 だから　　PA ＝ $\sqrt{48181}$ ≒ 219.5（km）

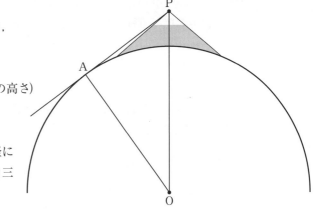

❹ 富士山を中心に半径219.5kmの円をかく。（図は略）

　（縮尺に合わせると，半径22mmの円）

❺ 接線の点Aより左側の場所でも，接線よりも高い位置であれば，見える場合がある。

2　いろいろな問題

Q 右の図の直方体の表面に，点Bから点Hまで
糸をかけます。どのように糸をかければ，その
長さがもっとも短くなるでしょうか。

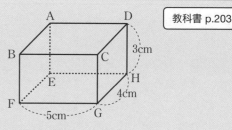

教科書 p.203

❶ はるかさんは，辺CGを通るように糸をかけ
れば，その長さがもっとも短くなると予想し，
展開図の一部を使って考えています。
そのときの糸のようすを図にかき入れて，長さを求めてみましょう。

❷ ひろとさんは，糸が辺CDや辺FGを通る場合についても考えています。
それぞれの場合について，糸の長さを求めてみましょう。

❸ どのように糸をかけたとき，その長さがもっとも短くなるでしょうか。

考え方 ❶ 展開図で，2点B，Hを結ぶ線の長さがもっとも短くなるのは，その線が線分BHにな
るときです。

解答 ❶ 糸のようすは右の図のようになる。
　　△BFHは直角三角形だから

$$BH^2 = BF^2 + FH^2$$
$$= 3^2 + (5+4)^2$$
$$= 9 + 81$$
$$= 90$$

BH > 0 だから　　$BH = \sqrt{90} = 3\sqrt{10}$ (cm)

❷ **辺CDを通るとき**

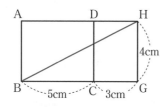

$$BH^2 = BG^2 + HG^2 = (5+3)^2 + 4^2 = 64 + 16 = 80$$

BH > 0 だから　　$BH = \sqrt{80} = 4\sqrt{5}$ (cm)

辺FGを通るとき

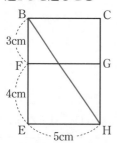

$$BH^2 = BE^2 + EH^2 = (3+4)^2 + 5^2 = 49 + 25 = 74$$

BH > 0 だから　　$BH = \sqrt{74}$ (cm)

❸ $\sqrt{74} < 4\sqrt{5} < 3\sqrt{10}$ だから，**FG**を通るように糸をかけたとき，もっとも短くなる。

問1

右の図のように，縦が4cm，横が8cmの長方形ABCDの紙を，対角線BDを折り目として折ります。

このとき，次の問に答えなさい。

(1) △FBDは，どんな三角形になりますか。また，その理由を説明しなさい。

(2) (1)のことから，AF $= x$ cmとして，BFの長さを，xを使って表しなさい。

(3) (2)をもとにして，AFとBFの長さを求めなさい。

教科書 p.204

→ 教科書 p.253 **94**
（ガイドp.287）

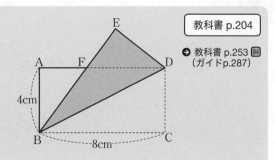

解答

(1)　△BEDは△BCDを折り返したものだから

$$\angle EBD = \angle CBD \quad \cdots ①$$

AD∥BCより，錯角が等しいから　$\angle FDB = \angle CBD \quad \cdots ②$

①，②より　　$\angle FBD = \angle FDB$

したがって，△FBDは，2つの角が等しいから二等辺三角形になる。

(2)　AF $= x$ cmとすると，BF $=$ FD $=$ AD $-$ AF $= 8 - x$ (cm)　　　　　　　**答**　$(8 - x)$ cm

(3)　△ABFは直角三角形だから，三平方の定理より

$$4^2 + x^2 = (8 - x)^2$$

これを解くと

$$16 + x^2 = 64 - 16x + x^2$$

$$16x = 48$$

$$x = 3$$

したがって　　AF $= 3$ cm

また，(2)より　BF $= 8 - 3 = 5$ (cm)

答　AF $= 3$ cm，BF $= 5$ cm

問2

右の図のように，縦が4cm，横が6cmの長方形ABCDの紙を，頂点Dが辺BCの中点Mと重なるように折ります。

このとき，CFの長さを求めなさい。

教科書 p.204

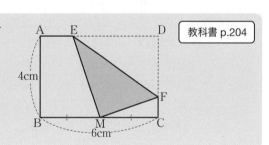

考え方　△EMFは△EDFを折り返したものだから，CF $= x$ cmとすると

$$MF = DF = 4 - x \, (cm)$$

解答　CF $= x$ cmとすると

$$MF = DF = CD - CF = 4 - x \, (cm)$$

また，MC $= \dfrac{1}{2}$ BC $= 3$ (cm)

△FMCは直角三角形だから，三平方の定理より

$$3^2 + x^2 = (4 - x)^2$$

これを解くと

$$9 + x^2 = 16 - 8x + x^2$$

$$8x = 7$$

$$x = \frac{7}{8}$$

答　$\dfrac{7}{8}$ cm

7章

三平方の定理

問3

右の図のように，ABを直径とする半円と，その周上の点Pを通る接線があります。また，A，Bを通る直径ABの垂線と接線との交点をそれぞれC，Dとします。

AC = 16cm，BD = 25cmのとき，直径ABの長さを求めなさい。

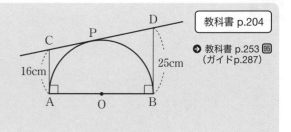

教科書 p.204

→ 教科書 p.253 ⑨⑤
（ガイドp.287）

考え方

はるかさんの考え

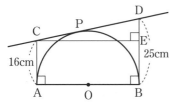

△CDEは∠CED = 90°の直角三角形で，四角形ABECは長方形となるから

　　CE = AB

△CDEで三平方の定理を使います。

ひろとさんの考え

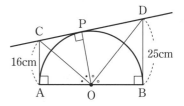

合同な三角形に着目すると，
∠COD = 90°だから
　　△CAO ∽ △OBD
したがって
　　CA : OB = AO : BD
AO = OBから，AOを求めます。

解答

はるかさんの考え

△CDEは，∠CED = 90°の直角三角形だから

　　$CE^2 + DE^2 = CD^2$

CPとCAは点Cから円にひいた接線，DPとDBは点Dから円にひいた接線だから

　　CP = CA = 16cm
　　DP = DB = 25cm

したがって

　　CD = CP + DP = CA + DB
　　　　= 16 + 25
　　　　= 41 (cm)

また　　DE = 25 − 16 = 9 (cm)

CE = AB = $x$cmとすると

　　$x^2 + 9^2 = 41^2$
　　　$x^2 = 1600$ ╲※

$x > 0$だから　$x = 40$

　　　　　　　　　　　　答　40cm

※$x^2 = 41^2 − 9^2 = (41 + 9) × (41 − 9)$
　　　= 50 × 32

ひろとさんの考え

△CAO ≡ △CPO，△OBD ≡ △OPD
（3組の辺がそれぞれ等しい）

∠AOC = •，∠BOD = ○ とすると

　　• × 2 + ○ × 2 = 180°
　　　　• + ○ = 90°　…①

△CAOにおいて

　　• + ∠ACO = 90°　…②

①，②より　　∠ACO = ○ = ∠BOD

同様にして　　∠COA = • = ∠ODB

△CAOと△OBDは，2組の角がそれぞれ等しいから

　　△CAO ∽ △OBD

AO = OB = $x$cmとすると

　　CA : OB = AO : BD
　　　16 : x = x : 25
　　　　　x^2 = 400

$x > 0$だから　$x = 20$

よって

　　AB = 2x = 40 (cm)　　　**答　40cm**

基 本 の 問 題

教科書 ➔ p.205

 下の図で，x，y の値を求めなさい。

(1) 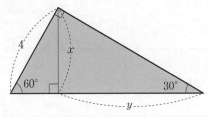　　　(2)

考え方　特別な直角三角形の辺の比の関係を使います。

解答　(1)　左側の直角三角形の辺の比より

$$4 : x = 2 : \sqrt{3}$$
$$2x = 4\sqrt{3}$$
$$x = 2\sqrt{3}$$

右側の直角三角形の辺の比より

$$2\sqrt{3} : y = 1 : \sqrt{3}$$
$$y = 2\sqrt{3} \times \sqrt{3}$$
$$= 6$$

答　$x = 2\sqrt{3}$
　　$y = 6$

(2)　左側の直角二等辺三角形の辺の比より

$$4 : x = \sqrt{2} : 1$$
$$\sqrt{2}\,x = 4$$
$$x = \frac{4}{\sqrt{2}}$$
$$= 2\sqrt{2}$$

右側の直角三角形の直角をはさむ辺のうち，x ではないほうの辺を z とする。

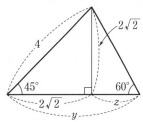

直角三角形の辺の比より

$$2\sqrt{2} : z = \sqrt{3} : 1$$
$$\sqrt{3}\,z = 2\sqrt{2}$$
$$z = \frac{2\sqrt{2}}{\sqrt{3}} \quad \left(\frac{2\sqrt{2} \times \sqrt{3}}{\sqrt{3} \times \sqrt{3}} \right)$$
$$= \frac{2\sqrt{6}}{3}$$

よって　$y = x + z = 2\sqrt{2} + \dfrac{2\sqrt{6}}{3}$

答　$x = 2\sqrt{2}$
　　$y = 2\sqrt{2} + \dfrac{2\sqrt{6}}{3}$

特別な直角三角形の辺の比は，よく使われるので，しっかり覚えておこう。

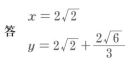

7章

三平方の定理

2　次の(1)～(4)を求めなさい。

(1)　1辺が10cmの正方形の対角線の長さ

(2)　1辺が12cmの正三角形の高さ

(3)　2点A$(-3,\ 3)$, B$(-1,\ -3)$の間の距離

(4)　右の円の弦ABの長さ

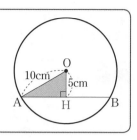

考え方 (1), (2)　特別な直角三角形の辺の比の関係を使います。

(3)　ABを斜辺として, 他の2辺が座標軸に平行な直角三角形をつくります。

解答 (1)　正方形の対角線の長さを$x$cmとすると

$$10 : x = 1 : \sqrt{2}$$
$$x = 10\sqrt{2}$$

したがって, 対角線の長さは　$10\sqrt{2}$ cm

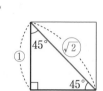

(2)　正三角形の高さを$h$cmとすると

$$12 : h = 2 : \sqrt{3}$$
$$2h = 12\sqrt{3}$$
$$h = 6\sqrt{3}$$

したがって, 高さは　$6\sqrt{3}$ cm

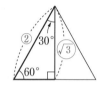

(3)　点C$(-3,\ -3)$をとり, 直角三角形ABCをつくる。

$$BC = (-1) - (-3) = 2$$
$$AC = 3 - (-3) = 6$$

だから, AB$= d$とすると

$$d^2 = 2^2 + 6^2 = 40$$

$d > 0$だから　$d = 2\sqrt{10}$

したがって, 2点A, Bの間の距離は　$2\sqrt{10}$

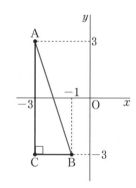

(4)　中心Oから弦ABにひいた垂線とABとの交点をHとし,

AH$= x$cmとする。

△OAHは直角三角形だから

$$x^2 + 5^2 = 10^2$$
$$x^2 = 100 - 25 = 75$$

$x > 0$だから　$x = 5\sqrt{3}$

したがって, 弦ABの長さは

$$AB = 2AH = 2 \times 5\sqrt{3} = 10\sqrt{3} \ (cm)$$

3 次の(1)，(2)を求めなさい。

(1) 縦3cm，横4cm，高さ12cmの直方体の対角線の長さ

(2) 底面の半径が6cm，母線の長さが10cmの円錐の体積

考え方 (1) 直方体の縦をa，横をb，高さをcとすると，対角線の長さは$\sqrt{a^2+b^2+c^2}$と表せます。この式に$a=3$，$b=4$，$c=12$を代入して求めます。

(2) まず，三平方の定理を利用して，円錐の高さを求めます。

解答 (1) $\sqrt{3^2+4^2+12^2}=\sqrt{169}=13\,(\text{cm})$ 　　　　**答　13cm**

(2) 円錐の高さを$h$cmとすると

$$6^2+h^2=10^2$$
$$h^2=100-36=64$$

$h>0$だから　$h=8$

したがって，円錐の体積は

$$\frac{1}{3}\times\pi\times6^2\times8=96\pi\,(\text{cm}^3)$$

答　$96\pi\text{cm}^3$

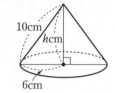

数学のまど 　**ヒポクラテスの月形** 　　　　　　　　　　　　　　　　　　　**教科書 p.205**

$AB=a$，$AC=b$，$BC=c$とし，色をつけた部分㋐，㋑の面積の和をSとする。

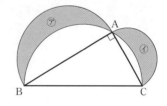

$S=$（直径ABの半円の面積）＋（直径ACの半円の面積）

　　　　＋（△ABCの面積）−（直径BCの半円の面積）

だから

$$S=\pi\times\left(\frac{a}{2}\right)^2\times\frac{1}{2}+\pi\times\left(\frac{b}{2}\right)^2\times\frac{1}{2}+\frac{1}{2}ab-\pi\times\left(\frac{c}{2}\right)^2\times\frac{1}{2}$$

$$=\frac{\pi}{8}a^2+\frac{\pi}{8}b^2+\frac{1}{2}ab-\frac{\pi}{8}c^2$$

$$=\frac{\pi}{8}(a^2+b^2-c^2)+\frac{1}{2}ab \quad \cdots①$$

ここで，△ABCは∠A$=90°$の直角三角形だから，$a^2+b^2=c^2$が成り立つ。

したがって　　$a^2+b^2-c^2=0$

これを①に代入すると　　$S=\dfrac{1}{2}ab$

右辺の$\dfrac{1}{2}ab$は△ABCの面積を表すから，

ヒポクラテスの月形の面積は，直角三角形ABCの面積と等しくなる。

7章

三平方の定理

要 点 チ ェ ッ ク

□**三平方の定理**

直角三角形の直角をはさむ2辺の長さを a，b，斜辺の長さを c とすると，次の関係が成り立つ。

$$a^2 + b^2 = c^2$$

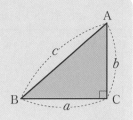

□**三平方の定理の逆**

三角形の3辺の長さ a，b，c の間に

$$a^2 + b^2 = c^2$$

という関係が成り立てば，その三角形は，長さ c の辺を斜辺とする直角三角形である。

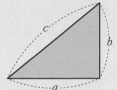

□**特別な直角三角形の3辺の比**

3つの角が45°，45°，90°である直角三角形と，30°，60°，90°である直角三角形の3辺の長さの間には，次のような関係が成り立つ。

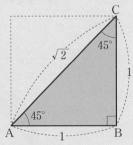

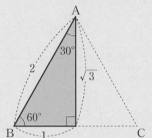

✓を入れて，
理解を確認しよう。

章 の 問 題 A

教科書 ➡ p.206

1 下の図の直角三角形で，xの値をそれぞれ求めなさい。

(1)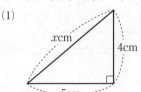

(2)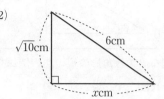

考え方 三平方の定理を利用します。長さを求める辺は斜辺であるか，直角をはさむ辺であるかに注意しよう。

解答 (1) $5^2 + 4^2 = x^2$ より

$x^2 = 25 + 16 = 41$

$x > 0$だから $x = \sqrt{41}$

(2) $(\sqrt{10})^2 + x^2 = 6^2$ より

$x^2 = 36 - 10 = 26$

$x > 0$だから $x = \sqrt{26}$

2 次の長さを3辺とする三角形のうち，直角三角形はどれですか。

㋐ 5cm，6cm，7cm ㋑ 1.5cm，2cm，2.5cm

㋒ $\sqrt{3}$ cm，2cm，$\sqrt{7}$ cm

考え方 3辺の長さa, b, cの間に，$a^2 + b^2 = c^2$という関係が成り立つかどうかを調べます。このとき，もっとも長い辺を見つけてcとします。

解答 ㋐ $a = 5$, $b = 6$, $c = 7$とすると

$a^2 + b^2 = 5^2 + 6^2 = 25 + 36 = 61$

$c^2 = 7^2 = 49$

したがって，$a^2 + b^2 = c^2$という関係が成り立たない。

㋑ $a = 1.5$, $b = 2$, $c = 2.5$とすると

$a^2 + b^2 = 1.5^2 + 2^2 = 2.25 + 4 = 6.25$

$c^2 = 2.5^2 = 6.25$

したがって，$a^2 + b^2 = c^2$という関係が成り立つ。

㋒ $a = \sqrt{3}$, $b = 2$, $c = \sqrt{7}$ とすると ← $\sqrt{3} < 2 < \sqrt{7}$

$a^2 + b^2 = (\sqrt{3})^2 + 2^2 = 3 + 4 = 7$

$c^2 = (\sqrt{7})^2 = 7$

したがって，$a^2 + b^2 = c^2$という関係が成り立つ。

したがって，直角三角形は ㋑，㋒

7章

三平方の定理

243

3 下の図の直角三角形で，残りの2辺の長さを求めなさい。

(1)

(2)

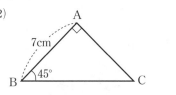

考え方 特別な直角三角形の辺の比の関係を使います。

解答 (1)　AB：AC ＝ 2：1より

$$AC = \frac{1}{2}AB = \frac{1}{2} \times 6 = 3$$

AB：BC ＝ 2：$\sqrt{3}$ より

$$BC = \frac{\sqrt{3}}{2}AB = \frac{\sqrt{3}}{2} \times 6 = 3\sqrt{3}$$
答　AC ＝ 3cm，BC ＝ $3\sqrt{3}$ cm

(2)　AB：AC ＝ 1：1より

$$AC = AB = 7$$

AB：BC ＝ 1：$\sqrt{2}$ より

$$BC = \sqrt{2}\,AB = \sqrt{2} \times 7 = 7\sqrt{2}$$
答　AC ＝ 7cm，BC ＝ $7\sqrt{2}$ cm

4 側面の展開図が，半径10cmの半円となる円錐があります。
この円錐の高さと体積をそれぞれ求めなさい。

考え方 側面になるおうぎ形の中心角は180°です。底面の円の半径は，展開図の側面になるおうぎ形の弧の長さと底面の円の周の長さが等しいことから求めます。
また，母線の長さは，側面になるおうぎ形の半径に等しくなります。

解答 側面になるおうぎ形の弧の長さは

$$2\pi \times 10 \times \frac{1}{2} = 10\pi \ (\mathrm{cm})$$

円錐の底面の半径を$r$cmとすると，その円周は
$2\pi r$cmで，側面になるおうぎ形の弧の長さに等しいから

$$2\pi r = 10\pi$$
$$r = 5$$

円錐の高さを$h$cmとすると

$$5^2 + h^2 = 10^2$$
$$h^2 = 100 - 25 = 75$$

$h > 0$だから　$h = 5\sqrt{3}$

円錐の体積は

$$\frac{1}{3} \times \pi \times 5^2 \times 5\sqrt{3} = \frac{125\sqrt{3}}{3}\pi$$

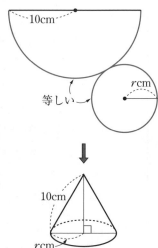

答　高さ　$5\sqrt{3}$ cm，体積　$\dfrac{125\sqrt{3}}{3}\pi$ cm³

5 右の図で，A，Bは，関数$y = 2x^2$のグラフ上の点で，x座標は
それぞれ-1と2です。線分ABの長さを求めなさい。

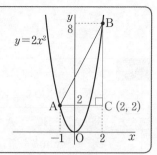

考え方 2点A，Bは関数$y = 2x^2$のグラフ上の点だから，$y = 2x^2$にxの値を代入すれば，yの値が
求められ，A，Bの座標がわかります。線分ABの長さは2点A，Bの間の距離を求めます。

解答 $y = 2x^2$に$x = -1$を代入すると，$y = 2 \times (-1)^2 = 2$より　　Aの座標は$(-1,\ 2)$
$y = 2x^2$に$x = 2$を代入すると，$y = 2 \times 2^2 = 8$より　　Bの座標は$(2,\ 8)$
点C$(2,\ 2)$をとり，直角三角形ABCをつくる。

$$AC = 2 - (-1) = 3$$
$$BC = 8 - 2 = 6$$

だから，ABの長さをdとすると

$$d^2 = 3^2 + 6^2 = 9 + 36 = 45$$

$d > 0$だから　$d = 3\sqrt{5}$

答　$3\sqrt{5}$

6 直角三角形のそれぞれの辺を1辺とする正三角形を，右の図の
ようにかきます。
このとき，正三角形の面積P，Q，Rの間には，どんな関係が
ありますか。

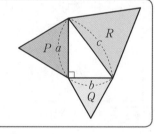

解答 1辺の長さがaの正三角形の高さは$\dfrac{\sqrt{3}}{2}a$だから，その面積Pは

$$P = \frac{1}{2} \times a \times \frac{\sqrt{3}}{2}a = \frac{\sqrt{3}}{4}a^2$$

同様にして

$$Q = \frac{\sqrt{3}}{4}b^2,\quad R = \frac{\sqrt{3}}{4}c^2$$

三平方の定理より，$a^2 + b^2 = c^2$という関係が成り立つから

$$P + Q = \frac{\sqrt{3}}{4}a^2 + \frac{\sqrt{3}}{4}b^2$$
$$= \frac{\sqrt{3}}{4}(a^2 + b^2)$$
$$= \frac{\sqrt{3}}{4}c^2$$
$$= R$$

したがって　　$P + Q = R$

三平方の定理で，
正方形ではなく，
正三角形の場合だね。

7章 三平方の定理

245

章 の 問 題 B

教科書 ➡ p.207〜208

1 直角三角形ABCで，ABはBCより8cm長く，BCはCAより1cm長くなっています。斜辺の長さを求めなさい。

考え方 3辺AB，BC，CAのうち，もっとも長い辺はABだから，ABがこの直角三角形の斜辺です。BC $= x$ cmとして，三平方の定理を使って方程式をつくります。

解答 BC $= x$ cmとすると

AB $= x + 8$ (cm)，CA $= x - 1$ (cm)

もっとも長い辺はABで斜辺となるから

$$(x + 8)^2 = x^2 + (x - 1)^2$$

$$x^2 + 16x + 64 = x^2 + x^2 - 2x + 1$$

$$x^2 - 18x - 63 = 0$$

$$(x + 3)(x - 21) = 0$$

$$x = -3, \quad x = 21$$

$x > 1$ でなければならないから，

$x = -3$ は問題に適していない。

$x = 21$ は問題に適している。

したがって，斜辺の長さは

$$AB = 21 + 8 = 29$$

答　29cm

2 右の図のような△ABCの面積を，次の①〜③の手順で求めなさい。

① AH $= h$，BH $= x$ として，△ABHと△ACHで三平方の定理を使い，h^2 をそれぞれ x の式で表す。

② ①で求めた式から h^2 を消去して x の値を求める。

③ h の値を求め，△ABCの面積を求める。

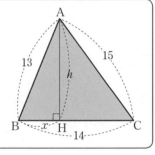

解答 ① △ABHにおいて，三平方の定理より

$$x^2 + h^2 = 13^2$$

したがって　$h^2 = 169 - x^2$　……①

△ACHにおいて，三平方の定理より

$$(14 - x)^2 + h^2 = 15^2$$

$$196 - 28x + x^2 + h^2 = 225$$

したがって　$h^2 = 29 + 28x - x^2$　……②

② ①の①，②で，右辺はそれぞれ h^2 に等しいから

$$169 - x^2 = 29 + 28x - x^2$$

$$28x = 140$$

$$x = 5$$

③ ①の①より

$$h^2 = 169 - 25 = 144$$

$h > 0$ だから　$h = 12$

したがって　　△ABC $= \dfrac{1}{2} \times 14 \times 12 = 84$

3 右の図のように，点A(5, 0)と，関数$y = \dfrac{1}{2}x$の

グラフ上に点Pがあります。

△OAPがOA = OPの二等辺三角形になるとき，

点Pの座標を求めなさい。

ただし，点Pのx座標は正の数とします。

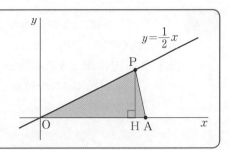

考え方 点Pのx座標をpとして，OP²をpで表し，方程式をつくります。

解答 点Pのx座標をpとすると，点Pの座標は $\left(p,\ \dfrac{1}{2}p\right)$

PからOAに垂線をひき，OAとの交点をHとすると，△OPHは直角三角形だから

$$OP^2 = p^2 + \left(\frac{1}{2}p\right)^2 = \frac{5}{4}p^2$$

OA = OPとなるとき，OA² = OP² だから

$$5^2 = \frac{5}{4}p^2 \qquad p^2 = 20$$

$p > 0$だから $p = 2\sqrt{5}$

したがって，点Pの座標は $(2\sqrt{5},\ \sqrt{5})$

4 右の図のように，円錐上の点Aから円錐の側面にそって，1周するように

ひもをかけます。このひもがもっとも短くなるときの長さを求めなさい。

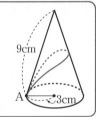

9cm

3cm

考え方 ひもがもっとも短くなるのは，円錐の展開図で，右の図のように

ひもをかけたときです。

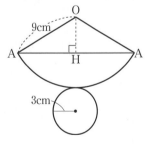

解答 展開図の側面になるおうぎ形の弧の長さは，底面の円周の長さと

等しいから，展開図の側面になるおうぎ形の中心角は

$$360° \times \frac{2\pi \times 3}{2\pi \times 9} = 120°$$

したがって $\angle AOH = 60°$

直角三角形AOHにおいて

$$OA : AH = 2 : \sqrt{3}$$
$$9 : AH = 2 : \sqrt{3}$$
$$2AH = 9\sqrt{3}$$

したがって，ひもの長さは $2AH = 9\sqrt{3}$

答 $9\sqrt{3}$ cm

5 右の図の立体は，1辺が6cmの立方体で，M，Nはそれぞれ辺 BF，DHの中点です。

(1) 線分BNの長さを求めなさい。

(2) 4点A，M，G，Nを頂点とする四角形の周の長さと面積を求めなさい。

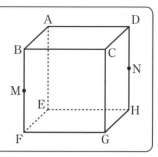

考え方 (1) BNを斜辺とする直角三角形を考えよう。

(2) 四角形AMGNがどんな四角形になるかを考えよう。

解答 (1) 右の図で，BD⊥DNだから，△DBNは直角三角形になる。

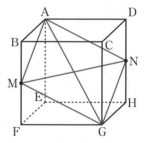

BDは1辺が6cmの正方形の対角線だから

$$BD : 6 = \sqrt{2} : 1$$
$$BD = 6\sqrt{2} \text{ cm}$$

NはDHの中点だから

$$DN = 3 \text{ cm}$$

したがって，直角三角形DBNにおいて，三平方の定理より

$$BN^2 = (6\sqrt{2})^2 + 3^2 = 81$$

BN > 0だから　BN $= \sqrt{81} = 9$ (cm)　　　　**答　9cm**

(2) 四角形AMGNで

$$AM = MG = GN = NA$$

だから，四角形AMGNはひし形になる。

△MFGは直角三角形だから，ひし形AMGNの辺MGの長さは

$$MG^2 = MF^2 + FG^2$$
$$= 3^2 + 6^2 = 45$$

MG > 0だから　MG $= \sqrt{45} = 3\sqrt{5}$ (cm)

したがって，周の長さは

$$3\sqrt{5} \times 4 = 12\sqrt{5} \text{ (cm)}$$

ひし形の面積は

$$(1つの対角線) \times (もう1つの対角線) \div 2$$

で求められる。

対角線AGは立方体の対角線だから

$$AG = \sqrt{6^2 + 6^2 + 6^2} = 6\sqrt{3} \text{ (cm)}$$

対角線MNは1つの面の正方形の対角線に等しいから

$$MN = 6\sqrt{2} \text{ cm}$$

したがって，四角形AMGNの面積は

$$6\sqrt{3} \times 6\sqrt{2} \div 2 = 18\sqrt{6} \text{ (cm}^2)$$

答　周の長さ　$12\sqrt{5}$ cm，面積　$18\sqrt{6}$ cm^2

6 江戸時代に書かれた数学書「塵劫記（じんこうき）」には，次のような木の高さを求める方法が紹介されて（しょうかい）います。

活用の問題

(1) 上の方法（省略）で，木の高さ AB が求められる理由を説明しなさい。

(2) P，Q 間の距離を実際にはかったら，98.5m でした。

　　目の高さを1.5m として，塔のおよその高さを，小数第1位まで求めなさい。

考え方 3つの角が45°，45°，90°の直角三角形と，30°，60°，90°の直角三角形の3辺の比を利用して考えよう。

解答 (1) **理由の例**

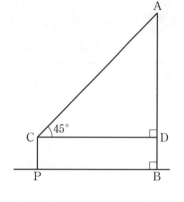

点Cから AB にひいた垂線と AB との交点をDとする。

∠ACD ＝ 45°だから，△ACD は直角二等辺三角形である。

よって

$$AD = DC \quad \cdots ①$$

また，四角形 CPBD は長方形だから

$$DC = BP \quad \cdots ②$$
$$DB = CP \quad \cdots ③$$

①，②より

$$BP = AD \quad \cdots ④$$

木の高さ AB は

$$AB = AD + DB$$

だから，③，④より

$$AB = AD + DB = BP + CP$$

となる。

(2) 右の図のように，C，D，E を定める。

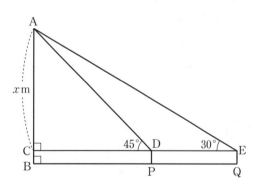

AC ＝ xm とすると

AC：CD ＝ 1：1だから

$$CD = x\text{m}$$

DE ＝ PQ ＝ 98.5m だから

$$CE = (x + 98.5)\text{m}$$

AC：CE ＝ 1：$\sqrt{3}$ だから

$$x : (x + 98.5) = 1 : \sqrt{3}$$
$$x + 98.5 = \sqrt{3}\,x$$

$\sqrt{3}$ ＝ 1.732とすると

$$x + 98.5 = 1.732x$$
$$0.732x = 98.5$$
$$x ≒ 134.6$$

これに目の高さ1.5m を加えて

$$134.6 + 1.5 = 136.1\,(\text{m})$$

答　約136.1m

因島大橋の塔の実際の高さは，136mだよ。

8章 [標本調査] 集団全体の傾向を推測しよう

1節 標本調査

Q 「自分の中学校の全校生徒の，昼休みに流してほしい卒業ソング」を調査しようと思います。どのように調べればよいでしょうか。

教科書 p.210〜211

考え方 かたよりなく正しい結果が得られる調べ方，手間や時間をかけずに調べる方法を考えよう。

解答 ・全員にアンケートなどで調査する。
　　　・一部の生徒を選ぶときは，くじびきなどかたよりの出ない方法で何人かを選び，その人に対して調査する。

1 標本調査

ことばの意味

● 全数調査，標本調査
　全数調査…調査の対象となる集団全部について調査すること
　標本調査…集団の一部分を調査して，集団全体の傾向を推測する調査

Q 私たちの身のまわりでは，どのような調査が行われているでしょうか。

教科書 p.212

　　⑦ テレビ番組の視聴率調査　　　　　④ 国勢調査
　　⑦ 学校での健康診断　　　　　　　　⑤ 世論調査

❶ ⑦，⑤は，それぞれ全数調査，標本調査のどちらですか。

❷ 標本調査が行われるのはどのような場合でしょうか。

解答 **❶** ⑦　全数調査　　　⑤　標本調査
　　　❷ 全数調査を行うと，多くの手間や時間，費用などがかかる場合

問1 缶詰の品質調査では，ふつう全数調査ではなく標本調査が行われます。その理由を説明しなさい。 | 教科書 p.213

> **考え方** 品質調査では，食品を解体して中身を調べなければいけません。

> **解答** 全数調査で全部の缶詰を調べてしまうと，商品として売り物にならなくなり，販売する商品がなくなってしまうから。

ことばの意味

● **母集団，標本**

標本調査を行うとき，傾向を知りたい集団全体を**母集団**という。また，母集団の一部分として取り出して実際に調べたものを**標本**といい，取り出したデータの個数を，標本の大きさという。

問2 ある都市の有権者74358人から，1000人を選び出して世論調査を行いました。この調査の母集団，標本はそれぞれ何ですか。また，標本の大きさをいいなさい。 | 教科書 p.213

> **解答** 母集団……ある都市の有権者74358人
>
> 標本………選び出した1000人
>
> 標本の大きさ……1000

Q ある中学校の全校生徒300人から30人を選んで，昼休みに流してほしい卒業ソングを調査するとき，30人をどのように選べばよいでしょうか。 | 教科書 p.213

❶ この調査の母集団，標本はそれぞれ何ですか。

❷ 標本をかたよりなく取り出すくふうについて，話し合ってみましょう。

> **解答** ❶ 母集団…ある中学校の全校生徒300人
>
> 標本…選び出した30人
>
> ❷（例）・300本のうち30本のあたりがあるくじを1人ずつひき，あたりをひいた生徒を選ぶ。
>
> ・生徒に1から300までの番号をつけておき，1から300までの数を書いた番号札から30枚取り出し，それに書かれた番号の生徒を選ぶ。

ことばの意味

● **無作為に抽出する**

母集団から，かたよりのないように標本を取り出すことを，**無作為に抽出する**という。

8章

標本調査

251

Q 野菜やくだものの収穫時期を決めるため，糖度を調べることがあります。 教科書 p.215

糖度とは，果汁100gに糖分が何gふくまれているかを表したものです。

ミニトマト300個の糖度の平均値を，標本調査で推定してみましょう。

❶ 次ページの表（省略）は，ミニトマト300個の糖度のデータです。

10個を無作為に抽出して，平均値を求めてみましょう。

❷ 下の図（省略）は，標本の大きさを5，10，50にして，それぞれ20回ずつ

無作為に抽出して平均値を求め，その分布を箱ひげ図に表したものです。

この図から，どのようなことが読みとれるでしょうか。

考え方 ❷ 箱ひげ図

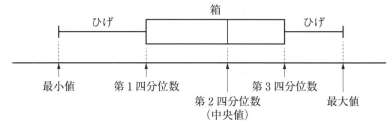

ひげの長さや，箱の長さから，標本の平均値のばらつきを考えよう。

解答 ❶ 省略

❷・標本の大きさが大きくなるほど，ひげや箱の長さは短くなっている。

・標本が大きさが大きくなるほど，範囲（最大値−最小値），四分位範囲（第3四分位
数−第1四分位数）が小さくなっている。（範囲はひげ全体の長さ，四分位範囲は箱
の長さを表している。）

・標本の大きさが大きくなるほど，標本の平均値のばらつきは小さくなり，母集団の平
均値に近づいていくことがわかる。

問 3 アルミ缶とスチール缶が合わせて240個あります。この中から32個の缶を 教科書 p.217
無作為に抽出したら，アルミ缶が28個ありました。

アルミ缶は全部でおよそ何個あると考えられますか。

考え方 無作為に抽出した32個（標本）の中のアルミ缶の割合と240個（母集団）の中のアルミ缶の
割合が等しいと考えて求めます。

解答 240個の缶全体におけるアルミ缶の割合は

$$\frac{28}{32} = \frac{7}{8}$$

であると推定できる。

したがって，240個の缶にふくまれるアルミ缶の個数は，およそ

$$240 \times \frac{7}{8} = 210 \,(個)$$

答 およそ210個

別解 求める個数をx個とする。

アルミ缶の割合が，標本と母集団でほぼ等しいと考えて，比例式で表すと

$$28 : 32 = x : 240$$
$$32x = 28 \times 240$$
$$x = 210 \,(個)$$

$a : b = c : d$　ならば　$ad = bc$

問 4

ある湖にいる魚の数を，次のような方法で調べました。

教科書 p.217

　[1]　湖の10か所に，えさを入れたわなをしかけて魚を捕獲した。捕獲した魚は全部で1890匹であった。これらの魚全部に印をつけて，湖に返した。

　[2]　10日後に同じようにして魚を捕獲した。捕獲した魚の総数は1525匹であった。

　[3]　2度目に捕獲した魚の中に，印をつけた魚が215匹いた。

(1)　母集団と標本はそれぞれ何と考えればよいですか。

(2)　[2]で，10日後に捕獲した理由を説明しなさい。

(3)　印をつけた魚の割合が，標本と母集団でほぼ等しいと考えて，湖全体の魚の数を計算し，十の位を四捨五入して答えなさい。

解答 (1)　母集団…湖にいる魚全体

　　　標本……2度目に捕獲した魚

(2)　湖全体に，印をつけた魚とついていない魚がかたよりなくよく混ざり，無作為に抽出することができるため。

(3)　湖全体の魚の数をx匹とする。印をつけた魚の割合が，標本と母集団でほぼ等しいと考えて，比例式で表すと

$$215 : 1525 = 1890 : x$$
$$215x = 1525 \times 1890$$
$$x = 13405.8\cdots$$

十の位を四捨五入して　　$x = 13400$

答　およそ13400匹

---

2 標本調査の利用

教科書210ページの「みんなが選ぶ 卒業ソングランキング」は，ある駅前の街頭で，100人にアンケート調査を行った結果をまとめたものです。

この調査の方法や結論は，適切であるといえるでしょうか。

教科書 p.218

解答 適切ではない。

ある駅前の街頭でアンケート調査を行っており，年齢や職業，性別などにかたよりがあると考えられ，無作為に抽出したとはいえないから。

問 1 インターネットで,ある食品に関する右のような記事（省略）を見つけました。 教科書 p.218
この調査の結果をもとにして
「この食品を購入した人のうち,95％が満足している。」
といってよいでしょうか。

考え方 標本が無作為に抽出されているかどうかを考えよう。

解答 よくない。

　理由の例
　　・アンケート調査の対象者を,定期購入を利用している人から無作為に抽出しており,食品を
　　　購入したすべての人から無作為に抽出したとはいえず,かたよりがあると考えられるから。
　　・回収率が40％で,実際には20名しか回答しておらず,標本の大きさも十分であるとはいえ
　　　ないから。

Q 「自分の中学校の全校生徒の,昼休みに流してほしい卒業ソング」について, 教科書 p.219
標本調査を行って調べてみましょう。
❶ 調査の計画を立てて,質問紙の作り方や,標本の取り出し方について
　話し合ってみましょう。
❷ 実際に調査を行い,その結果をまとめて発表してみましょう。

解答 ❶,❷ 省略

要 点 チ ェ ッ ク

□全数調査,標本調査	調査の対象となる集団全部について調査することを**全数調査**という。 集団の一部分を調査して,集団全体の傾向を推測する調査を**標本調査**という。
□母集団,標本	標本調査を行うとき,傾向を知りたい集団全体を**母集団**という。また,母集団の一部分として取り出して実際に調べたものを**標本**といい,取り出したデータの個数を,標本の大きさという。
□無作為に抽出する	母集団から,かたよりのないように標本を取り出すことを**無作為に抽出する**という。

✓を入れて,
理解を確認しよう。

章 の 問 題 A

教科書 ➡ p.220

1 次の調査は，それぞれ全数調査，標本調査のどちらですか。
(1) ある川の水質調査
(2) 学校で行う進路調査
(3) ある植物の種の発芽率の調査
(4) 学校で行う体力テスト

解答 (1) 標本調査　　　　(2) 全数調査　　　　(3) 標本調査　　　　(4) 全数調査

2 袋の中に赤球と白球が合わせて600個入っています。袋の中をよくかき混ぜたあと，その中から30個の球を無作為に抽出して，それぞれの色の球の個数を数えて袋の中にもどします。下の表は，これを5回行ったときの結果をまとめたものです。

	1回目	2回目	3回目	4回目	5回目
赤球	19	22	21	18	20
白球	11	8	9	12	10

(1) 上の表で，取り出した赤球の個数の平均値を求めなさい。
(2) (1)で求めた平均値から，取り出した30個の球にふくまれる赤球の割合はどれくらいと推定できますか。
(3) 袋の中に赤球と白球はそれぞれおよそ何個あると考えられますか。

解答 (1) $(19 + 22 + 21 + 18 + 20) \div 5 = 20$　　　　　　　　　　　　　　　　答　20個

(2) $20 \div 30 = \dfrac{2}{3}$

(3) 600個の球にふくまれる赤球は，およそ

$$600 \times \dfrac{2}{3} = 400 \text{（個）}$$

したがって，白球はおよそ

$$600 - 400 = 200 \text{（個）}$$

答　赤球　およそ400個，白球　およそ200個

8章

標本調査

3　袋の中に白色の卓球のボールがたくさん入っています。

白色のボールが何個あるかを，次のような方法で推定しました。

　　① オレンジ色の卓球のボール50個を袋の中に入れ，よくかき混ぜる。

　　② 袋の中から30個のボールを無作為に抽出し，オレンジ色のボールの個数を調べる。

②で，オレンジ色のボールが3個あったとき，袋の中に白色のボールはおよそ何個あると考えられますか。

考え方　母集団は袋の中の卓球のボール全体，標本は②で無作為に抽出した30個の球となります。オレンジ色のボールの割合が，標本と母集団でほぼ等しいと考えて求めます。

解答　白色のボールがx個あるとする。

オレンジ色のボールを50個入れたから，全体でボールは$(x+50)$個ある。

オレンジ色のボールの割合が，標本と母集団でほぼ等しいと考えて，比例式で表すと

$$3:30 = 50:(x+50)$$
$$3(x+50) = 30 \times 50$$
$$x+50 = 500$$
$$x = 450$$

答　およそ450個

4　「日本に住んでいる人はどんな歌が好きか」を知りたいとき，若者の集まる場所で，集まった人に対してアンケート調査をし，その結果をまとめました。この調査方法は適切といえますか。あなたの考えを説明しなさい。

考え方　標本が無作為に抽出されているかどうかを考えよう。

解答　適切といえない。

理由の例

若者の集まる場所でアンケート調査をすれば，若者のデータが多く集まり，かたよった標本を抽出したことになってしまう。標本を無作為に抽出したことにはならないため，日本に住んでいる人の傾向はつかめないから。

章 の 問 題 B

教科書 ❷ p.221

1 | **活用の問題**
琵琶湖では，固有種であるホンモロコの資源量を毎年，次のような方法（省略）で調査しています。

(1) この調査は，標本調査の方法で行われていると考えられます。

次の㋐〜㋓のうち，この調査での母集団と標本はそれぞれどれですか。

㋐ ①で放流したホンモロコ

㋑ ②で捕獲したホンモロコ

㋒ ②で捕獲したうち，標識のついたホンモロコ

㋓ 琵琶湖のホンモロコの全体

(2) この調査では，放流してから捕獲するまでの間に，新たにホンモロコを放流したとすると，推定した結果は正しいとはいえません。

その理由を説明しなさい。

(3) 平成24年度から28年度までの琵琶湖全体のホンモロコの数を推定し，百の位を四捨五入して答えなさい。

(4) (3)で調べたことから，琵琶湖のホンモロコの全体の数についてどのようなことがいえますか。

考え方 (3) 標識のついたホンモロコの数の割合が標本と母集団でほぼ等しいと考えて求めます。

解答 (1) 母集団…㋓，標本…㋑

(2) **理由の例**

新たにホンモロコを放流すると，最初に放流したときと，捕獲するときで，琵琶湖のホンモロコ全体に対する標識のついたホンモロコの割合が等しくなくなる。したがって，推定した結果は正しいとはいえない。

(3) （標識のついた数）：（捕獲した数）＝（放流した数）：（全体の数）

となる。この比例式にそれぞれの年の値を代入して，全体の数を求める。

それぞれの年度の全体の数を x とすると

平成24年度	$54 : 4921 = 95000 : x$	$x = 8657000$（匹）
平成25年度	$209 : 4628 = 141000 : x$	$x = 3122000$（匹）
平成26年度	$267 : 6224 = 111000 : x$	$x = 2588000$（匹）
平成27年度	$227 : 5681 = 138700 : x$	$x = 3471000$（匹）
平成28年度	$134 : 5960 = 112200 : x$	$x = 4990000$（匹）

(4) **例**

平成26年度までは，ホンモロコの数は減っていたが，平成26年度以降は，数は増えてきている。

【大切にしたい見方・考え方】 図形の形を変えて辺や角の関係を調べる ［教科書 p.226〜227］

点Dが下の図のような位置にある場合について，四角形EFGHがどうなるかを同じ方法で調べてみましょう。

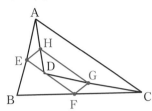

同じようにして，ACをひくと，△ABCにおいて，中点連結定理より

$$EF /\!/ AC, \quad EF = \frac{1}{2}AC$$

△ADCにおいて，中点連結定理より

$$HG /\!/ AC, \quad HG = \frac{1}{2}AC$$

したがって，$EF /\!/ HG$，$EF = HG$

1組の対辺が平行でその長さが等しいから，

四角形EFGHは平行四辺形である。

【数学の自由研究】 パスカルの三角形 ［教科書 p.232］

やってみよう

❶
$$
\begin{aligned}
(a+b)^3 &= (a+b)^2 \times (a+b)\\
&= (a^2+2ab+b^2) \times (a+b)\\
&= (a^2+2ab+b^2) \times a + (a^2+2ab+b^2) \times b\\
&= a^3+2a^2b+ab^2+a^2b+2ab^2+b^3\\
&= a^3+3a^2b+3ab^2+b^3
\end{aligned}
$$

各項の係数は1，3，3，1で，パスカルの三角形の3段目の数の並びと同じになる。

$(a+b)^4 = (a+b)^3 \times (a+b)$ として展開すると

$$(a+b)^4 = a^4+4a^3b+6a^2b^2+4ab^3+b^4$$

となり，各項の係数は，パスカルの三角形の4段目の数の並びと同じになる。

❷ （例）

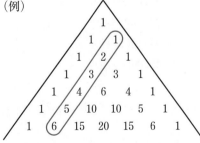

斜めに見ると，2つ目の数の並びは

1，2，3，4，…となっている。

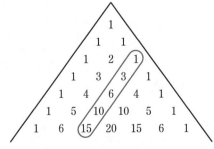

斜めに見ると，3つ目の数の並びは

1，3，6，10，15，…

となり，数の増え方が1ずつ大きくなっている。

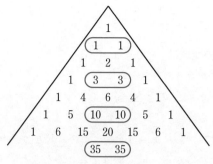

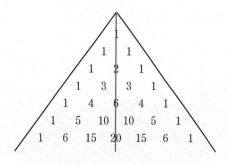

偶数段目の真ん中の2つの数は
等しくなっている。

数の並びが，左右対称になっている。

【数学の自由研究】 瞬間の速さ

教科書 p.233

❶ 1秒後から1.01秒後までの間の平均の速さ

$$\frac{2 \times 1.01^2 - 2 \times 1^2}{1.01 - 1} = \frac{2(1.01^2 - 1^2)}{1.01 - 1} = \frac{2(1.01+1)(1.01-1)}{1.01-1} = 2 \times 2.01 = 4.02 \,(\mathrm{m/s})$$

1秒後から1.001秒後までの間の平均の速さ

$$\frac{2 \times 1.001^2 - 2 \times 1^2}{1.001 - 1} = 2(1.001+1) = 4.002 \,(\mathrm{m/s})$$

時間の幅をさらに短くしていくと，平均の速さはかぎりなく4m/sに近づいていく。

❷ そうたさん…直線APの傾きは，平均の速さを表している。

はるかさん…時間の幅をかぎりなく0に近づけるということは，点Pと点Aがかぎりなく近づくということで，直線APは放物線の接線に近づく。点Pと点Aが一致するとき，直線は放物線の接線となり，その傾きは瞬間の速さを表す。

【数学の自由研究】 容積を最大にするには？

教科書 p.234

箱の縦の長さ　　$(20-2x)$cm

箱の横の長さ　　$(28-2x)$cm

箱の高さ　　　　$x$cm

となるから，箱の容積は

❶ 　　$(20-2x) \times (28-2x) \times x$ 　…①

となる。

①の式のxに，1，2，3，…，9を代入してyの値を求めると，次の表のようになる。

x	1	2	3	4	5	6	7	8	9
y	468	768	924	960	900	768	588	384	180

259

そうたさん…縦の長さは正だから　　$20-2x>0$

　　　　　　すなわち　　$x<10$

　　　　　　また，xは正でなければならないから，xの変域は　　$0<x<10$

❷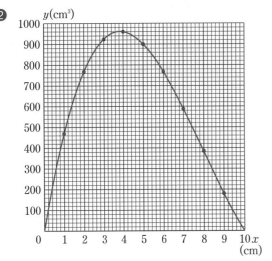

　　　　　　　　　$x=0$のとき　　$y=0$

　　　　　　　　　$x=10$のとき　　$y=0$

となる。

グラフから，$x=4$を境として，増加から減少に変わるから，最大値は$x=4$のときと考えられる。

したがって，容積が最大になるときの，切り取る正方形の1辺の長さは，4cmと予想できる。

❸　①を展開して整理すると

$$y=(20-2x)\times(28-2x)\times x$$
$$=(560-96x+4x^2)\times x$$
$$=4x^3-96x^2+560x$$

したがって　　$y=4x^3-96x^2+560x$

（作図ソフトを使ったグラフは省略）

【数学の自由研究】黄金比

教科書 p.235

❶　　　　　　　$1:x=(x-1):1$

　　　　$x(x-1)=1$

　　　　$x^2-x-1=0$

解の公式を使って解くと

$$x=\frac{-(-1)\pm\sqrt{(-1)^2-4\times1\times(-1)}}{2\times1}$$

$$=\frac{1\pm\sqrt{5}}{2}$$

$x>0$より　$x=\dfrac{1+\sqrt{5}}{2}$

したがって，縦と横の長さの比は　　$1:\dfrac{1+\sqrt{5}}{2}$

❷　△DJCと△ACDにおいて，2組の角がそれぞれ等しいから

　　　　△DJC ∽ △ACD

相似な図形で，対応する辺の比は等しいから

$\qquad$ DJ：AC ＝ JC：CD　…①

△DCJ，△JADは2つの角が等しく，二等辺三角形である。

AC ＝ x，CD ＝ 1とすると

$\qquad$ CD ＝ DJ ＝ AJ ＝ 1　…②

$\qquad$ JC ＝ AC － AJ ＝ $x-1$　…③

①，②，③より

$\qquad$ $1：x ＝ (x-1)：1$

となる。これは，❶で解いた比例式と同じだから

$\qquad$ $x = \dfrac{1+\sqrt{5}}{2}$

正五角形の1辺の長さを1としたときの対角線の長さは

$\qquad$ $\dfrac{1+\sqrt{5}}{2}$

となる。

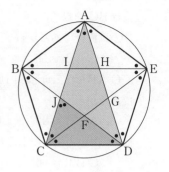

【数学の自由研究】 円周角を動かすと？

教科書 p.237

❶ 省略

❷ ③　点Pを点Bに重ねる

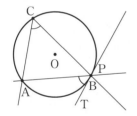

$\qquad$ ∠Pは，上の図の∠ABTにあらわれ，直線BTは円Oの接線になる。

④　点Pを，点Bをこえて $\overgroup{\text{AB}}$ 上にとる

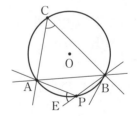

$\qquad$ ∠Pは，上の図の∠APEにあらわれ，四角形APBCの頂点Pにおける外角になる。

予想できる性質

③　円周上の1点（点B）からひいた接線（BT）と弦（AB）のつくる角（∠ABT）は，その角の内部にある弧（$\overgroup{\text{AB}}$）に対する円周角（∠ACB）に等しい。

④　4点が円周上にある四角形（四角形APBC）では，外角（∠APE）は，それととなり合う内角（∠APB）の対角（∠ACB）に等しい。

$\qquad$ （円に内接する四角形では，対角の和は180°である。）

レベルアップ　ゆうなさん

③の証明

直径BC′をひく。

BC′は直径であるから

　　$\angle C'AB = 90°$

△C′ABで，三角形の内角の和は180°であるから

　　$\angle AC'B = 90° - \angle C'BA$　…①

BTは円Oの接線であるから

　　$\angle C'BT = 90°$

したがって

　　$\angle ABT = 90° - \angle C'BA$　…②

①，②より

　　$\angle AC'B = \angle ABT$

円周角の定理より

　　$\angle ACB = \angle AC'B$

したがって

　　$\angle ACB = \angle ABT$

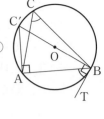

④の証明

四角形APBCの対角線CPをひく。

　　$\angle ACB = \angle ACP + \angle BCP$　…①

1つの弧に対する円周角は等しいから

　　$\angle ACP = \angle ABP$　…②

　　$\angle BCP = \angle BAP$　…③

①，②，③より

　　$\angle ACB = \angle ABP + \angle BAP$　…④

三角形の外角は，それととなり合わない2つの内角の和に等しいから，△ABPにおいて

　　$\angle ABP + \angle BAP = \angle APE$　…⑤

④，⑤より

　　$\angle ACB = \angle APE$

対角の和が180°になることの証明

　　$\angle APE + \angle APB = 180°$

上で証明したことから，$\angle ACB = \angle APE$であるから

　　$\angle ACB + \angle APB = 180°$

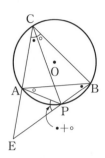

【数学の自由研究】 三平方の定理のいろいろな証明

教科書 p.238

やってみよう

❶

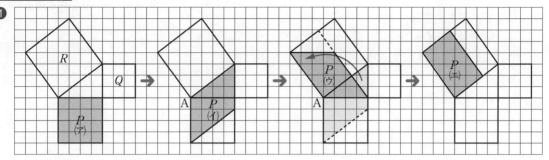

正方形(ア)と平行四辺形(イ)は，底辺が共通で高さが等しいから，面積が等しい。

平行四辺形(イ)を，点Aを中心に，反時計回りに90°だけ回転移動させる。
（平行四辺形(ウ)）

平行四辺形(ウ)と長方形(エ)は，底辺が共通で高さが等しいから，面積が等しい。

これらのことから，正方形(ア)と長方形(エ)は面積が等しい。

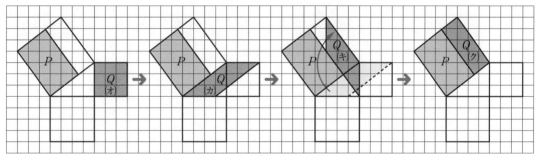

上と同じように考えて，正方形(オ)と長方形(ク)は面積が等しい。

したがって $P + Q = (エ) + (ク) = R$

❷

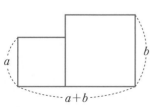 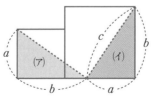 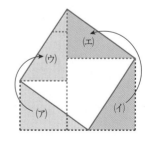

(ア)，(イ)，(ウ)，(エ)の三角形は，どれも，3辺が a, b, c の直角三角形になる。

1辺が a の正方形と1辺が b の正方形を，真ん中の図のように切って，右端の図のように並べ変えると，1辺が c の正方形をつくることができる。

したがって $a^2 + b^2 = c^2$

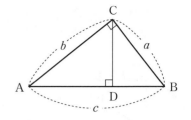

❸　△CBDと△ACDは相似で，その相似比は$a:b$だから

　　　面積比は　　$a^2:b^2$

　　△CBDと△ABCは相似で，その相似比は$a:c$だから

　　　面積比は　　$a^2:c^2$

　　$P = ka^2$とすると

　　　$Q = kb^2,\ R = kc^2$

　　△CBD＋△ACD＝△ABCだから　　$P + Q = R$

　　したがって

　　　$ka^2 + kb^2 = kc^2$

　　両辺をkでわると

　　　$a^2 + b^2 = c^2$

【補充の問題】

1章　多項式　　p.240

1
(1) $5a(a-4b)$
$= 5a \times a - 5a \times 4b$
$= 5a^2 - 20ab$

(2) $-\dfrac{3}{4}x(8x+12)$
$= -\dfrac{3}{4}x \times 8x - \dfrac{3}{4}x \times 12$
$= -6x^2 - 9x$

(3) $(4x - y - 3) \times (-2x)$
$= 4x \times (-2x) - y \times (-2x)$
$\qquad\qquad - 3 \times (-2x)$
$= -8x^2 + 2xy + 6x$

2
(1) $3x(x-7) + 4x(x+5)$
$= 3x^2 - 21x + 4x^2 + 20x$
$= 7x^2 - x$

(2) $2a(4a+3) - 6a(a-1)$
$= 8a^2 + 6a - 6a^2 + 6a$
$= 2a^2 + 12a$

3
(1) $(16ab^2 - 20a^2b) \div 4ab$
$= (16ab^2 - 20a^2b) \times \dfrac{1}{4ab}$
$= \dfrac{16ab^2}{4ab} - \dfrac{20a^2b}{4ab}$
$= 4b - 5a$

(2) $(9xy + 12x^2) \div \left(-\dfrac{3}{5}x\right)$
$= (9xy + 12x^2) \times \left(-\dfrac{5}{3x}\right)$
$= -\dfrac{9xy \times 5}{3x} - \dfrac{12x^2 \times 5}{3x}$
$= -15y - 20x$

4
(1) $(a+2)(b-3)$

$= ab - 3a + 2b - 6$

(2) $(a+b)(c+2d)$
$= ac + 2ad + bc + 2bd$

(3) $(x-5)(4y-6)$
$= 4xy - 6x - 20y + 30$

5
(1) $(x-6)(x-9)$
$= x^2 - 9x - 6x + 54$
$= x^2 - 15x + 54$

(2) $(2x-y)(x+4y)$
$= 2x^2 + 8xy - xy - 4y^2$
$= 2x^2 + 7xy - 4y^2$

(3) $(7+x)(5+x)$
$= 35 + 7x + 5x + x^2$
$= 35 + 12x + x^2$

6
(1) $(x+4)(x-3y+7)$
$= x(x-3y+7) + 4(x-3y+7)$
$= x^2 - 3xy + 7x + 4x - 12y + 28$
$= x^2 - 3xy + 11x - 12y + 28$

(2) $(3a-5b-1)(b-2a)$
$= 3a(b-2a) - 5b(b-2a) - (b-2a)$
$= 3ab - 6a^2 - 5b^2 + 10ab - b + 2a$
$= 13ab - 6a^2 - 5b^2 - b + 2a$

7
(1) $(a+6)(a+9)$
$= a^2 + (6+9)a + 6 \times 9$
$= a^2 + 15a + 54$

(2) $(x+3)(x-7)$
$= (x+3)\{x+(-7)\}$
$= x^2 + \{3+(-7)\}x + 3 \times (-7)$
$= x^2 - 4x - 21$

(3) $(y-1)(y+9)$
$= \{y+(-1)\}(y+9)$
$= y^2 + \{(-1)+9\}y + (-1) \times 9$
$= y^2 + 8y - 9$

(4) $(a-0.8)(a-0.4)$
$= \{a+(-0.8)\}\{a+(-0.4)\}$
$= a^2 + \{(-0.8)+(-0.4)\}a$

$$+(-0.8) \times (-0.4)$$
$$= a^2 - 1.2a + 0.32$$

(5) $\left(x - \dfrac{5}{2}\right)\left(x + \dfrac{3}{2}\right)$

$$= \left\{x + \left(-\dfrac{5}{2}\right)\right\}\left(x + \dfrac{3}{2}\right)$$

$$= x^2 + \left\{\left(-\dfrac{5}{2}\right) + \dfrac{3}{2}\right\}x + \left(-\dfrac{5}{2}\right) \times \dfrac{3}{2}$$

$$= x^2 - x - \dfrac{15}{4}$$

(6) $\left(a - \dfrac{1}{6}\right)\left(a - \dfrac{3}{4}\right)$

$$= \left\{a + \left(-\dfrac{1}{6}\right)\right\}\left\{a + \left(-\dfrac{3}{4}\right)\right\}$$

$$= a^2 + \left\{\left(-\dfrac{1}{6}\right) + \left(-\dfrac{3}{4}\right)\right\}a$$
$$+ \left(-\dfrac{1}{6}\right) \times \left(-\dfrac{3}{4}\right)$$

$$= a^2 - \dfrac{11}{12}a + \dfrac{1}{8}$$

8

(1) $(a+4)^2$
$$= a^2 + 2 \times 4 \times a + 4^2$$
$$= a^2 + 8a + 16$$

(2) $(x-9)^2$
$$= x^2 - 2 \times 9 \times x + 9^2$$
$$= x^2 - 18x + 81$$

(3) $(a-6)^2$
$$= a^2 - 2 \times 6 \times a + 6^2$$
$$= a^2 - 12a + 36$$

(4) $\left(x - \dfrac{1}{5}\right)^2$

$$= x^2 - 2 \times \dfrac{1}{5} \times x + \left(\dfrac{1}{5}\right)^2$$

$$= x^2 - \dfrac{2}{5}x + \dfrac{1}{25}$$

(5) $(x+y)^2$
$$= x^2 + 2 \times y \times x + y^2$$
$$= x^2 + 2xy + y^2$$

(6) $(-x-7)^2$
$$= (-x)^2 - 2 \times 7 \times (-x) + 7^2$$
$$= x^2 + 14x + 49$$

9

(1) $(x+8)(x-8)$
$$= x^2 - 8^2$$
$$= x^2 - 64$$

(2) $(x-4)(x+4)$
$$= x^2 - 4^2$$
$$= x^2 - 16$$

(3) $\left(x + \dfrac{3}{2}\right)\left(x - \dfrac{3}{2}\right)$

$$= x^2 - \left(\dfrac{3}{2}\right)^2$$

$$= x^2 - \dfrac{9}{4}$$

(4) $(10+a)(10-a)$
$$= 10^2 - a^2$$
$$= 100 - a^2$$

(5) $(x+y)(x-y)$
$$= x^2 - y^2$$

(6) $(6-y)(y+6)$
$$= (6-y)(6+y)$$
$$= 6^2 - y^2$$
$$= 36 - y^2$$

10

(1) $(3x+9)(3x-1)$
$$= (3x)^2 + 8 \times 3x - 9$$
$$= 9x^2 + 24x - 9$$

(2) $(4a-5b)^2$
$$= (4a)^2 - 2 \times 5b \times 4a + (5b)^2$$
$$= 16a^2 - 40ab + 25b^2$$

(3) $(-6a+b)(-6a-b)$
$$= (-6a)^2 - b^2$$
$$= 36a^2 - b^2$$

11

(1) $a+b = X$ とおくと
$$(a+b-4)(a+b-6)$$
$$= (X-4)(X-6)$$
$$= X^2 - 10X + 24$$
$$= (a+b)^2 - 10(a+b) + 24$$
$$= a^2 + 2ab + b^2 - 10a - 10b + 24$$

(2) $x - y = A$ とおくと

$(x - y + z)^2$

$= (A + z)^2$

$= A^2 + 2zA + z^2$

$= (x - y)^2 + 2z(x - y) + z^2$

$= x^2 - 2xy + y^2 + 2xz$

$\qquad\qquad - 2yz + z^2$

12

(1) $(x - 2)(x - 4) + (x + 3)^2$

$= (x^2 - 6x + 8) + (x^2 + 6x + 9)$

$= x^2 - 6x + 8 + x^2 + 6x + 9$

$= 2x^2 + 17$

(2) $3(x + 2)^2 - (2x + 5)(2x - 5)$

$= 3(x^2 + 4x + 4) - (4x^2 - 25)$

$= 3x^2 + 12x + 12 - 4x^2 + 25$

$= -x^2 + 12x + 37$

13

(1) $ax + 2bx = x(a + 2b)$

(2) $6x^2 - 9xy = 3x(2x - 3y)$

(3) $-4a^3b - 8a^2b^2 + 6a^2b$

$= -2a^2b(2a + 4b - 3)$

14

(1) $y^2 + 8y + 15 = (y + 3)(y + 5)$

(2) $x^2 - 15x + 56 = (x - 7)(x - 8)$

(3) $a^2 - 13a + 42 = (a - 6)(a - 7)$

15

(1) $a^2 + a - 42 = (a - 6)(a + 7)$

(2) $x^2 - 6x - 27 = (x + 3)(x - 9)$

(3) $x^2 + 16x - 36 = (x - 2)(x + 18)$

16

(1) $y^2 + 8y + 16$

$= y^2 + 2 \times 4 \times y + 4^2$

$= (y + 4)^2$

(2) $y^2 - 6y + 9$

$= y^2 - 2 \times 3 \times y + 3^2$

$= (y - 3)^2$

(3) $x^2 - 30x + 225$

$= x^2 - 2 \times 15 \times x + 15^2$

$= (x - 15)^2$

17

(1) $x^2 - 81$

$= x^2 - 9^2$

$= (x + 9)(x - 9)$

(2) $a^2 - 100$

$= a^2 - 10^2$

$= (a + 10)(a - 10)$

(3) $\dfrac{1}{9} - x^2$

$= \left(\dfrac{1}{3}\right)^2 - x^2$

$= \left(\dfrac{1}{3} + x\right)\left(\dfrac{1}{3} - x\right)$

18

(1) $3x^2 + 21x - 90$

$= 3(x^2 + 7x - 30)$

$= 3(x - 3)(x + 10)$

(2) $-2a^2 + 24a - 72$

$= -2(a^2 - 12a + 36)$

$= -2(a - 6)^2$

(3) $2x^2 - 50$

$= 2(x^2 - 25)$

$= 2(x + 5)(x - 5)$

19

(1) $25x^2 + 20x + 4$

$= (5x)^2 + 2 \times 2 \times 5x + 2^2$

$= (5x + 2)^2$

(2) $9a^2 - 16b^2$

$= (3a)^2 - (4b)^2$

$= (3a + 4b)(3a - 4b)$

(3) $16x^2 - 48xy + 36y^2$

$= 4(4x^2 - 12xy + 9y^2)$

$= 4\{(2x)^2 - 2 \times 3y \times 2x + (3y)^2\}$

$= 4(2x - 3y)^2$

20

(1) $x - 4 = A$ とおくと

$(x - 4)a - (x - 4)b$

$= Aa - Ab$

$= A(a - b)$

$= (x - 4)(a - b)$

(2) $x-y=A$ とおくと
$\quad (x-y)^2-(x-y)-6$
$=A^2-A-6$
$=(A+2)(A-3)$
$=(x-y+2)(x-y-3)$

(3) $3x-1=A$, $2x-5=B$ とおくと
$\quad (3x-1)^2-(2x-5)^2$
$=A^2-B^2$
$=(A+B)(A-B)$
$=\{(3x-1)+(2x-5)\}$
$\qquad \times\{(3x-1)-(2x-5)\}$
$=(5x-6)(x+4)$

(4) $\quad a^2+6a+9-b^2$
$=(a^2+6a+9)-b^2$
$=(a+3)^2-b^2$
$a+3=X$ とおくと
$\quad (a+3)^2-b^2$
$=X^2-b^2$
$=(X+b)(X-b)$
$=(a+3+b)(a+3-b)$
$=(a+b+3)(a-b+3)$

21
(1) $53^2-47^2=(53+47)\times(53-47)$
$\qquad\qquad =100\times 6$
$\qquad\qquad =600$

(2) $99^2=(100-1)^2$
$\qquad =100^2-2\times 1\times 100+1^2$
$\qquad =10000-200+1$
$\qquad =9800+1$
$\qquad =9801$

(3) $7.5\times 6.5=(7+0.5)\times(7-0.5)$
$\qquad\qquad =7^2-0.5^2$
$\qquad\qquad =49-0.25$
$\qquad\qquad =48.75$

22
$x^2-4xy+4y^2=(x-2y)^2$
$\qquad\qquad =(58-2\times 24)^2$
$\qquad\qquad =10^2$
$\qquad\qquad =100$

2章　平方根　p.242

23
(1) 1 と -1

(2) $\dfrac{3}{8}$ と $-\dfrac{3}{8}$

(3) 0.9 と -0.9

24
(1) $\pm\sqrt{13}$

(2) $\pm\sqrt{0.6}$

(3) $\pm\sqrt{\dfrac{11}{3}}$

25
(1) $\sqrt{4}=2$

(2) $\sqrt{900}=30$

(3) $-\sqrt{(-12)^2}=-\sqrt{144}$
$\qquad\qquad\qquad =-12$

26
(1) $(\sqrt{5})^2=5$

(2) $(-\sqrt{10})^2=10$

(3) $-(-\sqrt{36})^2=-36$

27
(1) $18<20$ だから
$\quad \sqrt{18}<\sqrt{20}$

(2) $7<10$ だから
$\quad \sqrt{7}<\sqrt{10}$
すなわち　$-\sqrt{7}>-\sqrt{10}$

(3) $2^2=4$, $(\sqrt{3})^2=3$, $(\sqrt{5})^2=5$ で,
$3<4<5$ だから
$\quad \sqrt{3}<\sqrt{4}<\sqrt{5}$
すなわち　$\sqrt{3}<2<\sqrt{5}$
したがって
$\quad -\sqrt{5}<-2<-\sqrt{3}$

28
(1) $(-\sqrt{27})\times(-\sqrt{3})$
$=\sqrt{27\times 3}$
$=\sqrt{81}$
$=\sqrt{9^2}$
$=9$

(2) $\dfrac{\sqrt{24}}{\sqrt{8}} = \sqrt{\dfrac{24}{8}}$
$= \sqrt{3}$

(3) $(-\sqrt{192}) \div \sqrt{12}$
$= -\dfrac{\sqrt{192}}{\sqrt{12}}$
$= -\sqrt{\dfrac{192}{12}}$
$= -\sqrt{16}$
$= -\sqrt{4^2}$
$= -4$

29

(1) $2\sqrt{10} = \sqrt{4} \times \sqrt{10}$
$= \sqrt{4 \times 10}$
$= \sqrt{40}$

(2) $3\sqrt{5} = \sqrt{9} \times \sqrt{5}$
$= \sqrt{9 \times 5}$
$= \sqrt{45}$

(3) $15\sqrt{2} = \sqrt{225} \times \sqrt{2}$
$= \sqrt{225 \times 2}$
$= \sqrt{450}$

30

(1) $\sqrt{75} = \sqrt{25 \times 3}$
$= \sqrt{25} \times \sqrt{3}$
$= 5\sqrt{3}$

(2) $\sqrt{180} = \sqrt{2^2 \times 3^2 \times 5}$
$= \sqrt{2^2} \times \sqrt{3^2} \times \sqrt{5}$
$= 2 \times 3 \times \sqrt{5}$
$= 6\sqrt{5}$

(3) $\sqrt{567} = \sqrt{3^4 \times 7}$
$= \sqrt{3^2} \times \sqrt{3^2} \times \sqrt{7}$
$= 3 \times 3 \times \sqrt{7}$
$= 9\sqrt{7}$

31

(1) $\sqrt{\dfrac{7}{36}} = \dfrac{\sqrt{7}}{\sqrt{36}}$
$= \dfrac{\sqrt{7}}{6}$

(2) $\sqrt{0.06} = \sqrt{\dfrac{6}{100}}$
$= \dfrac{\sqrt{6}}{\sqrt{100}}$
$= \dfrac{\sqrt{6}}{10}$

(3) $\sqrt{0.25} = \sqrt{\dfrac{25}{100}}$
$= \dfrac{\sqrt{25}}{\sqrt{100}}$
$= \dfrac{5}{10}$
$= \dfrac{1}{2}$

32

(1) $\sqrt{600} = \sqrt{6 \times 100}$
$= \sqrt{6} \times \sqrt{10^2}$
$= \sqrt{6} \times 10$
$= 2.449 \times 10$
$= 24.49$

(2) $\sqrt{0.006} = \sqrt{\dfrac{60}{10000}}$
$= \dfrac{\sqrt{60}}{\sqrt{10000}}$
$= \dfrac{\sqrt{60}}{100}$
$= \dfrac{7.746}{100}$
$= 0.07746$

(3) $\sqrt{150} = \sqrt{25 \times 6}$
$= \sqrt{25} \times \sqrt{6}$
$= 5 \times \sqrt{6}$
$= 5 \times 2.449$
$= 12.245$

(4) $\sqrt{2.4} = \sqrt{\dfrac{240}{100}}$
$= \dfrac{\sqrt{2^2 \times 60}}{10}$
$= \dfrac{2\sqrt{60}}{10}$
$= \dfrac{\sqrt{60}}{5}$

$$= \frac{7.746}{5}$$

$$= 1.5492$$

33 (1) $\dfrac{7}{\sqrt{6}} = \dfrac{7 \times \sqrt{6}}{\sqrt{6} \times \sqrt{6}}$

$$= \frac{7\sqrt{6}}{6}$$

(2) $\dfrac{\sqrt{5}}{3\sqrt{3}} = \dfrac{\sqrt{5} \times \sqrt{3}}{3\sqrt{3} \times \sqrt{3}}$

$$= \frac{\sqrt{5} \times \sqrt{3}}{3 \times 3}$$

$$= \frac{\sqrt{15}}{9}$$

(3) $\dfrac{4\sqrt{2}}{\sqrt{24}} = \dfrac{4\sqrt{2}}{2\sqrt{6}}$

$$= \frac{2\sqrt{2}}{\sqrt{6}}$$

$$= \frac{2\sqrt{2} \times \sqrt{6}}{\sqrt{6} \times \sqrt{6}}$$

$$= \frac{2\sqrt{2} \times \sqrt{6}}{6}$$

$$= \frac{\sqrt{12}}{3}$$

$$= \frac{2\sqrt{3}}{3}$$

34 (1) $3\sqrt{5} \times 2\sqrt{10}$

$$= 3 \times 2 \times \sqrt{5} \times \sqrt{10}$$

$$= 6 \times \sqrt{5} \times \sqrt{5} \times \sqrt{2}$$

$$= 6 \times 5 \times \sqrt{2}$$

$$= 30\sqrt{2}$$

(2) $\sqrt{48} \times \sqrt{30} = 4\sqrt{3} \times \sqrt{3} \times \sqrt{10}$

$$= 4 \times 3 \times \sqrt{10}$$

$$= 12\sqrt{10}$$

(3) $(-\sqrt{24}) \times \sqrt{75}$

$$= -2\sqrt{6} \times 5\sqrt{3}$$

$$= -2 \times 5 \times \sqrt{6} \times \sqrt{3}$$

$$= -10 \times \sqrt{2} \times \sqrt{3} \times \sqrt{3}$$

$$= -10 \times 3 \times \sqrt{2}$$

$$= -30\sqrt{2}$$

35 (1) $\sqrt{28} \div \sqrt{3} = \dfrac{\sqrt{28}}{\sqrt{3}}$

$$= \frac{2\sqrt{7}}{\sqrt{3}}$$

$$= \frac{2\sqrt{7} \times \sqrt{3}}{\sqrt{3} \times \sqrt{3}}$$

$$= \frac{2\sqrt{21}}{3}$$

(2) $(-\sqrt{24}) \div (-\sqrt{40}) = \dfrac{\sqrt{24}}{\sqrt{40}}$

$$= \frac{2\sqrt{6}}{2\sqrt{10}}$$

$$= \frac{\sqrt{6}}{\sqrt{10}}$$

$$= \frac{\sqrt{6} \times \sqrt{10}}{\sqrt{10} \times \sqrt{10}}$$

$$= \frac{\sqrt{60}}{10}$$

$$= \frac{2\sqrt{15}}{10}$$

$$= \frac{\sqrt{15}}{5}$$

(3) $\dfrac{\sqrt{45}}{2} \div \dfrac{\sqrt{10}}{4} = \dfrac{3\sqrt{5}}{2} \times \dfrac{4}{\sqrt{10}}$

$$= \frac{3\sqrt{5} \times 4}{2 \times \sqrt{10}}$$

$$= \frac{6\sqrt{5}}{\sqrt{10}}$$

$$= \frac{6\sqrt{5}}{\sqrt{5} \times \sqrt{2}}$$

$$= \frac{6}{\sqrt{2}}$$

$$= \frac{6 \times \sqrt{2}}{\sqrt{2} \times \sqrt{2}}$$

$$= \frac{6\sqrt{2}}{2}$$

$$= 3\sqrt{2}$$

36 (1) $\sqrt{6} + 3\sqrt{6}$

$$= (1+3)\sqrt{6}$$

$$= 4\sqrt{6}$$

(2) $2\sqrt{7}-3\sqrt{7}$

$=(2-3)\sqrt{7}$

$=-\sqrt{7}$

(3) $-5\sqrt{2}+8\sqrt{2}-\sqrt{2}$

$=(-5+8-1)\sqrt{2}$

$=2\sqrt{2}$

37 (1) $3\sqrt{5}+2\sqrt{10}-7\sqrt{5}-4\sqrt{10}$

$=(3-7)\sqrt{5}+(2-4)\sqrt{10}$

$=-4\sqrt{5}-2\sqrt{10}$

(2) $\sqrt{3}-6+\dfrac{\sqrt{3}}{2}-9$

$=\dfrac{2\sqrt{3}}{2}+\dfrac{\sqrt{3}}{2}-6-9$

$=\dfrac{3\sqrt{3}}{2}-15$

38 (1) $\sqrt{20}+\sqrt{80}$

$=2\sqrt{5}+4\sqrt{5}$

$=6\sqrt{5}$

(2) $\sqrt{48}-\sqrt{12}$

$=4\sqrt{3}-2\sqrt{3}$

$=2\sqrt{3}$

(3) $\sqrt{18}-\sqrt{98}+\sqrt{32}$

$=3\sqrt{2}-7\sqrt{2}+4\sqrt{2}$

$=0$

39 (1) $\dfrac{21}{\sqrt{7}}-\sqrt{175}$

$=\dfrac{21\sqrt{7}}{7}-5\sqrt{7}$

$=3\sqrt{7}-5\sqrt{7}$

$=-2\sqrt{7}$

(2) $\dfrac{1}{3\sqrt{2}}+\dfrac{\sqrt{2}}{2}$

$=\dfrac{\sqrt{2}}{6}+\dfrac{3\sqrt{2}}{6}$

$=\dfrac{4\sqrt{2}}{6}$

$=\dfrac{2\sqrt{2}}{3}$

(3) $2\sqrt{40}-\dfrac{8}{\sqrt{10}}-\sqrt{\dfrac{5}{2}}$

$=2\times2\sqrt{10}-\dfrac{8\sqrt{10}}{10}-\dfrac{\sqrt{5}}{\sqrt{2}}$

$=4\sqrt{10}-\dfrac{4\sqrt{10}}{5}-\dfrac{\sqrt{10}}{2}$

$=\left(4-\dfrac{4}{5}-\dfrac{1}{2}\right)\sqrt{10}$

$=\left(\dfrac{40}{10}-\dfrac{8}{10}-\dfrac{5}{10}\right)\sqrt{10}$

$=\dfrac{27\sqrt{10}}{10}$

40 (1) $\sqrt{6}(\sqrt{2}-4)$

$=\sqrt{6}\times\sqrt{2}-\sqrt{6}\times4$

$=(\sqrt{3}\times\sqrt{2})\times\sqrt{2}-\sqrt{6}\times4$

$=2\sqrt{3}-4\sqrt{6}$

(2) $2\sqrt{2}(\sqrt{12}+\sqrt{2})$

$=2\sqrt{2}(2\sqrt{3}+\sqrt{2})$

$=2\sqrt{2}\times2\sqrt{3}+2\sqrt{2}\times\sqrt{2}$

$=4\sqrt{6}+4$

(3) $\sqrt{7}(-2\sqrt{14}+\sqrt{35})$

$=-\sqrt{7}\times2\sqrt{14}+\sqrt{7}\times\sqrt{35}$

$=-2\times\sqrt{7}\times(\sqrt{7}\times\sqrt{2})$

$\qquad\qquad+\sqrt{7}\times(\sqrt{7}\times\sqrt{5})$

$=-14\sqrt{2}+7\sqrt{5}$

41 (1) $(\sqrt{3}+4)(\sqrt{3}-7)$

$=(\sqrt{3})^2+(4-7)\sqrt{3}+4\times(-7)$

$=3-3\sqrt{3}-28$

$=-25-3\sqrt{3}$

(2) $(\sqrt{7}-\sqrt{2})^2$

$=(\sqrt{7})^2-2\times\sqrt{2}\times\sqrt{7}+(\sqrt{2})^2$

$=7-2\sqrt{14}+2$

$=9-2\sqrt{14}$

(3) $(\sqrt{5}+3)(\sqrt{5}-3)$

$=(\sqrt{5})^2-3^2$

$=5-9$

$=-4$

42

(1) $\sqrt{5}(\sqrt{2}-\sqrt{5})+(\sqrt{2}+\sqrt{5})^2$

$= \sqrt{5}\times\sqrt{2}-(\sqrt{5})^2+(\sqrt{2})^2$
$\qquad\qquad +2\times\sqrt{5}\times\sqrt{2}+(\sqrt{5})^2$

$= \sqrt{10}-5+2+2\sqrt{10}+5$

$= 2+3\sqrt{10}$

(2) $(\sqrt{3}-2)(\sqrt{3}-6)-2(\sqrt{3}-2)^2$

$= (\sqrt{3})^2+(-2-6)\sqrt{3}$
$\qquad\qquad +(-2)\times(-6)$
$\qquad -2\{(\sqrt{3})^2-2\times2\times\sqrt{3}+2^2\}$

$= 3-8\sqrt{3}+12-2(3-4\sqrt{3}+4)$

$= 15-8\sqrt{3}-2(7-4\sqrt{3})$

$= 15-8\sqrt{3}-14+8\sqrt{3}$

$= 1$

43

(1)① $x^2-2xy+y^2$

$= (x-y)^2$

$= \{(\sqrt{3}+\sqrt{5})-(\sqrt{3}-\sqrt{5})\}^2$

$= (2\sqrt{5})^2$

$= 20$

② x^2y+xy^2

$= xy(x+y)$

$= (\sqrt{3}+\sqrt{5})(\sqrt{3}-\sqrt{5})$
$\qquad \times\{(\sqrt{3}+\sqrt{5})+(\sqrt{3}-\sqrt{5})\}$

$= \{(\sqrt{3})^2-(\sqrt{5})^2\}\times2\sqrt{3}$

$= (3-5)\times2\sqrt{3}$

$= -4\sqrt{3}$

(2)① $a^2+8a+16$

$= (a+4)^2$

$= (\sqrt{2}-4+4)^2$

$= (\sqrt{2})^2$

$= 2$

② a^2+2a-8

$= (a-2)(a+4)$

$= \{(\sqrt{2}-4)-2\}\times\{(\sqrt{2}-4)+4\}$

$= (\sqrt{2}-6)\times\sqrt{2}$

$= 2-6\sqrt{2}$

3章　2次方程式　　p.244

44

(1) $x^2-8=0$

$x^2=8$

$x=\pm2\sqrt{2}$

(2) $2x^2-98=0$

$2x^2=98$

$x^2=49$

$x=\pm7$

(3) $9x^2-2=0$

$9x^2=2$

$x^2=\dfrac{2}{9}$

$x=\pm\dfrac{\sqrt{2}}{3}$

45

(1) $(x+5)^2=36$

$x+5=\pm6$

すなわち

$x+5=6,\ \ x+5=-6$

したがって

$x=1,\ \ x=-11$

(2) $(x-7)^2-5=0$

$(x-7)^2=5$

$x-7=\pm\sqrt{5}$

$x=7\pm\sqrt{5}$

(3) $(x-3)^2-1=0$

$(x-3)^2=1$

$x-3=\pm1$

すなわち

$x-3=1,\ \ x-3=-1$

したがって

$x=4,\ \ x=2$

(4) $(x+8)^2=12$

$x+8=\pm2\sqrt{3}$

$x=-8\pm2\sqrt{3}$

46

(1) $x^2+8x=3$

$x^2+8x+\boxed{4^2}=3+\boxed{4^2}$

$$(x + \boxed{4})^2 = \boxed{19}$$
$$x + 4 = \pm\sqrt{19}$$
$$x = -4 \pm\sqrt{19}$$

(2)
$$x^2 - 12x = -9$$
$$x^2 - 12x + \boxed{6^2} = -9 + \boxed{6^2}$$
$$(x - \boxed{6})^2 = \boxed{27}$$
$$x - 6 = \pm 3\sqrt{3}$$
$$x = 6 \pm 3\sqrt{3}$$

47

(1)
$$x^2 - 6x = 16$$
$$x^2 - 6x + 3^2 = 16 + 3^2$$
$$(x - 3)^2 = 25$$
$$x - 3 = \pm 5$$
$$x = 3 \pm 5$$
$$x = 3 + 5, \quad x = 3 - 5$$
$$x = 8, \quad x = -2$$

(2)
$$x^2 + 18x + 81 = 0$$
$$x^2 + 18x = -81$$
$$x^2 + 18x + 9^2 = -81 + 9^2$$
$$(x + 9)^2 = 0$$
$$x + 9 = 0$$
$$x = -9$$

48

(1)
$$x^2 + 7x + 9 = 0$$
$$x^2 + 7x = -9$$
$$x^2 + 7x + \left(\frac{7}{2}\right)^2 = -9 + \left(\frac{7}{2}\right)^2$$
$$\left(x + \frac{7}{2}\right)^2 = \frac{13}{4}$$
$$x + \frac{7}{2} = \pm\frac{\sqrt{13}}{2}$$
$$x = -\frac{7}{2} \pm \frac{\sqrt{13}}{2}$$

したがって $x = \dfrac{-7 \pm \sqrt{13}}{2}$

(2)
$$x^2 - x + 1 = 2$$
$$x^2 - x = 1$$
$$x^2 - x + \left(\frac{1}{2}\right)^2 = 1 + \left(\frac{1}{2}\right)^2$$
$$\left(x - \frac{1}{2}\right)^2 = \frac{5}{4}$$

$$x - \frac{1}{2} = \pm\frac{\sqrt{5}}{2}$$
$$x = \frac{1}{2} \pm \frac{\sqrt{5}}{2}$$

したがって $x = \dfrac{1 \pm \sqrt{5}}{2}$

49

(1) $a = 2, \ b = -5, \ c = 1$

(2)
$$x = \frac{-(-5) \pm \sqrt{(-5)^2 - 4 \times 2 \times 1}}{2 \times 2}$$
$$= \frac{5 \pm \sqrt{25 - 8}}{4}$$
$$= \frac{5 \pm \sqrt{17}}{4}$$

したがって $x = \dfrac{5 \pm \sqrt{17}}{4}$

50

(1) 解の公式に, $a = 5, \ b = 3,$
$c = -1$を代入すると
$$x = \frac{-3 \pm \sqrt{3^2 - 4 \times 5 \times (-1)}}{2 \times 5}$$
$$= \frac{-3 \pm \sqrt{9 + 20}}{10}$$
$$= \frac{-3 \pm \sqrt{29}}{10}$$

したがって $x = \dfrac{-3 \pm \sqrt{29}}{10}$

(2) 解の公式に, $a = 1, \ b = -7,$
$c = 8$を代入すると
$$x = \frac{-(-7) \pm \sqrt{(-7)^2 - 4 \times 1 \times 8}}{2 \times 1}$$
$$= \frac{7 \pm \sqrt{49 - 32}}{2}$$
$$= \frac{7 \pm \sqrt{17}}{2}$$

したがって $x = \dfrac{7 \pm \sqrt{17}}{2}$

(3) 解の公式に, $a = 1, \ b = -3,$
$c = -9$を代入すると
$$x = \frac{-(-3) \pm \sqrt{(-3)^2 - 4 \times 1 \times (-9)}}{2 \times 1}$$
$$= \frac{3 \pm \sqrt{9 + 36}}{2}$$

$$= \frac{3 \pm \sqrt{45}}{2}$$

$$= \frac{3 \pm 3\sqrt{5}}{2}$$

したがって $x = \dfrac{3 \pm 3\sqrt{5}}{2}$

(4) 解の公式に，$a = 5$，$b = 7$，$c = -7$ を代入すると

$$x = \frac{-7 \pm \sqrt{7^2 - 4 \times 5 \times (-7)}}{2 \times 5}$$

$$= \frac{-7 \pm \sqrt{49 + 140}}{10}$$

$$= \frac{-7 \pm \sqrt{189}}{10}$$

$$= \frac{-7 \pm 3\sqrt{21}}{10}$$

したがって $x = \dfrac{-7 \pm 3\sqrt{21}}{10}$

51 (1) 解の公式に，$a = 1$，$b = 6$，$c = -9$ を代入すると

$$x = \frac{-6 \pm \sqrt{6^2 - 4 \times 1 \times (-9)}}{2 \times 1}$$

$$= \frac{-6 \pm \sqrt{72}}{2}$$

$$= \frac{-6 \pm 6\sqrt{2}}{2}$$

$$= -3 \pm 3\sqrt{2}$$

したがって $x = -3 \pm 3\sqrt{2}$

(2) $\quad 4x^2 - 3 = 2x$

$\quad 4x^2 - 2x - 3 = 0$

解の公式に，$a = 4$，$b = -2$，$c = -3$ を代入すると

$$x = \frac{-(-2) \pm \sqrt{(-2)^2 - 4 \times 4 \times (-3)}}{2 \times 4}$$

$$= \frac{2 \pm \sqrt{52}}{8}$$

$$= \frac{2 \pm 2\sqrt{13}}{8}$$

$$= \frac{1 \pm \sqrt{13}}{4}$$

したがって $x = \dfrac{1 \pm \sqrt{13}}{4}$

52 (1) 解の公式に，$a = 3$，$b = -1$，$c = -4$ を代入すると

$$x = \frac{-(-1) \pm \sqrt{(-1)^2 - 4 \times 3 \times (-4)}}{2 \times 3}$$

$$= \frac{1 \pm \sqrt{49}}{6}$$

$$= \frac{1 \pm 7}{6}$$

$$x = \frac{1 + 7}{6}, \quad x = \frac{1 - 7}{6}$$

したがって

$$x = \frac{4}{3}, \quad x = -1$$

(2) 解の公式に，$a = 4$，$b = 12$，$c = 9$ を代入すると

$$x = \frac{-12 \pm \sqrt{12^2 - 4 \times 4 \times 9}}{2 \times 4}$$

$$= \frac{-12 \pm \sqrt{0}}{8}$$

$$= -\frac{12}{8} = -\frac{3}{2}$$

したがって $x = -\dfrac{3}{2}$

53 (1) $\quad (x + 3)(x - 6) = 0$

$x + 3 = 0$ または $x - 6 = 0$

$x = -3, \quad x = 6$

(2) $\quad (x - 4)(x - 7) = 0$

$x - 4 = 0$ または $x - 7 = 0$

$x = 4, \quad x = 7$

(3) $\quad x(x + 2) = 0$

$x = 0$ または $x + 2 = 0$

$x = 0, \quad x = -2$

(4) $\quad (x - 5)(3x + 1) = 0$

$x - 5 = 0$ または $3x + 1 = 0$

$x = 5, \quad x = -\dfrac{1}{3}$

54 (1) $\quad x^2 - 11x + 24 = 0$

$\quad (x - 3)(x - 8) = 0$

$x - 3 = 0$ または $x - 8 = 0$

$x = 3, \quad x = 8$

(2) $x^2 + 8x - 48 = 0$

$(x-4)(x+12) = 0$

$x - 4 = 0$　または　$x + 12 = 0$

$x = 4,\ x = -12$

(3) $x^2 + 8x + 16 = 0$

$(x+4)^2 = 0$

$x + 4 = 0$

$x = -4$

(4) $x^2 = 16x - 64$

$x^2 - 16x + 64 = 0$

$(x-8)^2 = 0$

$x - 8 = 0$

$x = 8$

55 (1) $x^2 = -6x$

$x^2 + 6x = 0$

$x(x+6) = 0$

$x = 0$　または　$x + 6 = 0$

$x = 0,\ x = -6$

(2) $x^2 - 9x = 0$

$x(x-9) = 0$

$x = 0$　または　$x - 9 = 0$

$x = 0,\ x = 9$

56 (1) $6x^2 + 30x = x^2 - 25$

$5x^2 + 30x + 25 = 0$

$x^2 + 6x + 5 = 0$

$(x+1)(x+5) = 0$

$x + 1 = 0$　または　$x + 5 = 0$

$x = -1,\ x = -5$

(2) $(x-1)(x+7) + 5 = 0$

$x^2 + 6x - 7 + 5 = 0$

$x^2 + 6x - 2 = 0$

解の公式に, $a = 1$, $b = 6$, $c = -2$
を代入すると

$$x = \frac{-6 \pm \sqrt{6^2 - 4 \times 1 \times (-2)}}{2 \times 1}$$

$$= \frac{-6 \pm \sqrt{44}}{2}$$

$$= \frac{-6 \pm 2\sqrt{11}}{2}$$

$$= -3 \pm \sqrt{11}$$

したがって　$x = -3 \pm \sqrt{11}$

(3) $(x+4)^2 = 2x + 16$

$x^2 + 8x + 16 = 2x + 16$

$x^2 + 6x = 0$

$x(x+6) = 0$

$x = 0$　または　$x + 6 = 0$

$x = 0,\ x = -6$

(4) $x + 3 = X$ とおくと

$X^2 - 4X + 4 = 0$

$(X-2)^2 = 0$

$(x+3-2)^2 = 0$

$(x+1)^2 = 0$

$x + 1 = 0$

$x = -1$

57 小さいほうの整数を x とすると, 大きい
ほうの整数は $x + 4$ と表される。
それぞれの2乗の和が106だから

$x^2 + (x+4)^2 = 106$

$x^2 + x^2 + 8x + 16 = 106$

$2x^2 + 8x - 90 = 0$

$x^2 + 4x - 45 = 0$

$(x+9)(x-5) = 0$

したがって　$x = -9,\ x = 5$

$x = -9$ のとき, 大きいほうの数は

　$-9 + 4 = -5$

$x = 5$ のとき, 大きいほうの数は

　$5 + 4 = 9$

これらは問題に適している。

答　-9 と -5, 5 と 9

58 道路の幅を xm とすると, 花だんの縦の長
さは $(6 - 2x)$m, 横の長さは $(8 - 2x)$m
となる。
花だんの面積と道路の面積を等しくする
には, 花だんの面積が長方形の土地の面

積の半分であればよい。

$$(6-2x)(8-2x) = 6 \times 8 \times \frac{1}{2}$$

$$48 - 28x + 4x^2 = 24$$

$$4x^2 - 28x + 24 = 0$$

両辺を4でわると

$$x^2 - 7x + 6 = 0$$

$$(x-1)(x-6) = 0$$

したがって

$$x = 1, \ x = 6$$

$0 < x < 3$でなければならないから，

$x = 6$は問題に適していない。

$x = 1$は問題に適している。

答　1m

59

$CP = x$cmとすると，$CQ = x$cm,

$PB = QD = (10-x)$cmとなる。

$\triangle APQ$の面積は，正方形$ABCD$の面積から，$\triangle ABP$, $\triangle ADQ$, $\triangle QPC$の面積をひいたもので，これが40cm²になることから

$$10 \times 10 - \frac{1}{2} \times 10 \times (10-x) \times 2$$

$$-\frac{1}{2} \times x \times x = 40$$

両辺を2倍し，展開して整理すると

$$x^2 - 20x + 80 = 0$$

$$x = \frac{-(-20) \pm \sqrt{(-20)^2 - 4 \times 1 \times 80}}{2 \times 1}$$

$$= \frac{20 \pm \sqrt{80}}{2}$$

$$= \frac{20 \pm 4\sqrt{5}}{2}$$

$$= 10 \pm 2\sqrt{5}$$

$0 \leqq x \leqq 10$でなければならないから，

$x = 10 + 2\sqrt{5}$ は問題に適していない。

$x = 10 - 2\sqrt{5}$ は問題に適している。

答　$(10 - 2\sqrt{5})$cm

4章　関数 $y = ax^2$　p.246

60

(1)　$y = \frac{4}{3}\pi x^3$

(2)　$y = \frac{1}{3} \times \pi x^2 \times 6 = 2\pi x^2$

(3)　横の長さを$z$cmとすると

$$2 : 3 = x : z$$

$$2z = 3x$$

$$z = \frac{3}{2}x$$

したがって

$$y = x \times \frac{3}{2}x = \frac{3}{2}x^2$$

また，yがxの2乗に比例するものは，(2), (3)である。

61

(1)　yはxの2乗に比例するから比例定数をaとすると$y = ax^2$と書くことができる。

$x = 2$のとき$y = 16$だから

$$16 = a \times 2^2$$

$$a = 4$$

答　$y = 4x^2$

(2)　yはxの2乗に比例するから比例定数をaとすると$y = ax^2$と書くことができる。

$x = -3$のとき$y = -45$だから

$$-45 = a \times (-3)^2$$

$$a = -5$$

答　$y = -5x^2$

(3)　yはxの2乗に比例するから比例定数をaとすると$y = ax^2$と書くことができる。

$x = 4$のとき$y = -4$だから

$$-4 = a \times 4^2$$

$$a = -\frac{1}{4}$$

答　$y = -\frac{1}{4}x^2$

(4) yはxの2乗に比例するから比例定数をaとすると$y = ax^2$と書くことができる。

$x = -6$のとき$y = 24$だから
$$24 = a \times (-6)^2$$
$$a = \frac{2}{3}$$

答 $y = \dfrac{2}{3}x^2$

62

(1) (2)

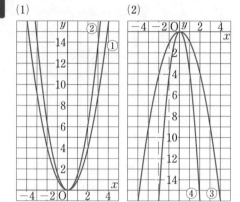

63

(1) ④

(2) ⑦

(3) ⑦

64

(1)① $x = 1$のとき $y = 4 \times 1^2 = 4$
$x = 3$のとき $y = 4 \times 3^2 = 36$
したがって，変化の割合は
$$\frac{(y\text{の増加量})}{(x\text{の増加量})} = \frac{36-4}{3-1}$$
$$= \frac{32}{2}$$
$$= 16$$

② $x = -4$のとき
$$y = 4 \times (-4)^2 = 64$$
$x = -2$のとき
$$y = 4 \times (-2)^2 = 16$$
したがって，変化の割合は
$$\frac{(y\text{の増加量})}{(x\text{の増加量})} = \frac{16-64}{-2-(-4)}$$

$$= \frac{-48}{2}$$
$$= -24$$

(2)① $x = 0$のとき
$$y = -\frac{1}{4} \times 0 = 0$$
$x = 4$のとき
$$y = -\frac{1}{4} \times 4^2 = -4$$
したがって，変化の割合は
$$\frac{(y\text{の増加量})}{(x\text{の増加量})} = \frac{-4-0}{4-0}$$
$$= -\frac{4}{4}$$
$$= -1$$

② $x = -6$のとき
$$y = -\frac{1}{4} \times (-6)^2 = -9$$
$x = -4$のとき
$$y = -\frac{1}{4} \times (-4)^2 = -4$$
したがって，変化の割合は
$$\frac{(y\text{の増加量})}{(x\text{の増加量})} = \frac{-4-(-9)}{-4-(-6)}$$
$$= \frac{5}{2}$$

(3) $x = 2$のとき
$$y = a \times 2^2 = 4a$$
$x = 4$のとき
$$y = a \times 4^2 = 16a$$
したがって，変化の割合は
$$\frac{(y\text{の増加量})}{(x\text{の増加量})} = \frac{16a-4a}{4-2}$$
$$= \frac{12a}{2} = 6a$$
この変化の割合が12だから
$$6a = 12$$
$$a = 2$$

65

(1)① グラフのおおよその形は，次の図のようになる。

277

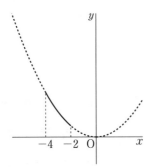

よって，y は

$x = -2$ のとき，最小値

$2 \times (-2)^2 = 8$

$x = -4$ のとき，最大値

$2 \times (-4)^2 = 32$

したがって，求める y の変域は

$8 \leqq y \leqq 32$

② グラフのおおよその形は，下の図のようになる。

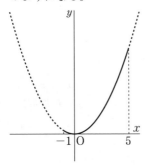

よって，y は

$x = 0$ のとき，最小値 0

$x = 5$ のとき，最大値

$2 \times 5^2 = 50$

したがって，求める y の変域は

$0 \leqq y \leqq 50$

(2)① グラフのおおよその形は，下の図のようになる。

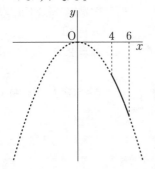

よって，y は

$x = 6$ のとき，最小値

$-\dfrac{1}{2} \times 6^2 = -18$

$x = 4$ のとき，最大値

$-\dfrac{1}{2} \times 4^2 = -8$

したがって，求める y の変域は

$-18 \leqq y \leqq -8$

② グラフのおおよその形は，下の図のようになる。

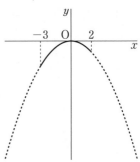

よって，y は

$x = -3$ のとき，最小値

$-\dfrac{1}{2} \times (-3)^2 = -\dfrac{9}{2}$

$x = 0$ のとき，最大値 0

したがって，求める y の変域は

$-\dfrac{9}{2} \leqq y \leqq 0$

(3) y の変域が $-3 \leqq y \leqq 0$ だから，$a < 0$ である。

グラフのおおよその形は，下の図のようになる。

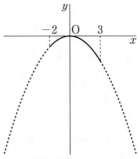

$x = 3$ のとき，y は最小値 -3 をとるから，$y = ax^2$ に $x = 3$，$y = -3$ を

代入すると
$$-3 = a \times 3^2$$
$$a = -\frac{1}{3}$$

66

(1) $y = 0.6x^2$ に $x = 5$ を代入すると
$$y = 0.6 \times 5^2$$
$$= 15$$

答　15m

(2) $y = 0.6x^2$ に $y = 60$ を代入すると
$$60 = 0.6x^2$$
$$6x^2 = 600$$
$$x^2 = 100$$
$$x > 0 \text{ だから} \quad x = 10$$

答　10秒

67

駐車場Bの駐車料金をグラフに表すと，次のようになる。

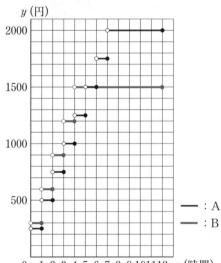

したがって，BのほうがAより駐車料金が安くなる駐車時間の範囲は，6時間より長く12時間以内である。

5章　相似な図形　p.248

68

$DE = x\text{cm}$ とすると
$$18 : 12 = 24 : x$$
$$18x = 288$$
$$x = 16$$

答　16cm

69

$AB = x\text{cm}$ とすると
$$7.5 : x = 9.6 : 3.2$$
$$7.5 : x = 3 : 1$$
$$3x = 7.5$$
$$x = 2.5$$

答　2.5cm

70

$\triangle ABC \backsim \triangle RQP$
3組の辺の比がすべて等しい。

$\triangle DEF \backsim \triangle SUT$
2組の辺の比とその間の角がそれぞれ等しい。

$\triangle GHI \backsim \triangle MNO$
2組の角がそれぞれ等しい。

71

(1) $\triangle ABC \backsim \triangle ADB$
2組の角がそれぞれ等しい。

(2) $\triangle ABE \backsim \triangle DCE$
2組の辺の比とその間の角がそれぞれ等しい。

(3) $\triangle ABC \backsim \triangle AED$
2組の辺の比とその間の角がそれぞれ等しい。

72

(1) $DE /\!/ BC$ だから
$$AD : DB = AE : EC$$
$$4.5 : x = 6 : 4$$
$$6x = 18$$
$$x = 3$$
$$AE : AC = DE : BC$$
$$6 : 10 = 3 : y$$

$$6y = 30$$
$$y = 5$$

(2) DE∥BCだから
$$AD : AC = AE : AB$$
$$8 : 12 = x : 9$$
$$12x = 72$$
$$x = 6$$
$$AD : AC = DE : CB$$
$$8 : 12 = 10 : y$$
$$8y = 120$$
$$y = 15$$

(3) DE∥BCだから
$$AD : AB = DE : BC$$
$$(x - 2) : x = 3 : 4.5$$
$$3x = 4.5(x - 2)$$
$$3x = 4.5x - 9$$
$$1.5x = 9$$
$$x = 6$$
$$AE : AC = DE : BC$$
$$6 : (6 + y) = 3 : 4.5$$
$$3(6 + y) = 27$$
$$6 + y = 9$$
$$y = 3$$

73

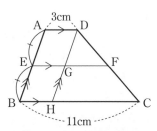

四角形 AEGD，四角形 EBHG は
平行四辺形だから
$$EG = AD = 3\,cm \quad \cdots ①$$
$$BH = EG = 3\,cm \quad \cdots ②$$
$$AE = DG, \quad EB = GH$$
AE = EB より　DG = GH
△DHC において，GF∥HC より
$$DF : FC = DG : GH = 1 : 1$$
中点連結定理より

$$GF = \frac{1}{2}HC$$

②より，HC = 11 − 3 = 8 (cm)
$$GF = \frac{1}{2} \times 8 = 4\,(cm) \quad \cdots ③$$

①，③より
$$EF = EG + GF = 3 + 4 = 7\,(cm)$$

答　GF = 4 cm
　　EF = 7 cm

74

(1) a, b, c が平行だから
$$8 : 10 = x : 8$$
$$10x = 64$$
$$x = \frac{32}{5} \quad (6.4)$$

(2) a, b, c が平行だから
$$6 : (10 - 6) = 4.5 : x$$
$$6 : 4 = 4.5 : x$$
$$6x = 18$$
$$x = 3$$

(3) a, b, c が平行だから
$$18 : (x - 18) = 13.5 : 9$$
$$13.5(x - 18) = 162$$
$$13.5x - 243 = 162$$
$$13.5x = 405$$
$$x = 30$$

(4) a, b, c が平行だから
$$5 : 4 = x : 3$$
$$4x = 15$$
$$x = \frac{15}{4} \quad (3.75)$$

a, b, c, d が平行だから
$$5 : 8 = 6 : y$$
$$5y = 48$$
$$y = \frac{48}{5} \quad (9.6)$$

75

(1) $4 : 7$

(2) P と Q の面積比は
$$4^2 : 7^2 = 16 : 49$$
P の面積を $S\,cm^2$ とすると

$$16 : 49 = S : 196$$
$$49S = 16 \times 196$$
$$S = \frac{16 \times 196}{49}$$
$$S = 64$$

答 64cm^2

76 点Pを通り，辺BCに平行な直線と辺
ACとの交点をSとする。
△APSと△ABCは相似で
$$\text{AP} : \text{AB} = 1 : 3$$
だから
$$\triangle\text{APS} : \triangle\text{ABC} = 1 : 9$$
(ア)の面積がaのとき
(ア)の面積＋(イ)の面積＝$9a$
したがって
(イ)の面積＝$8a$

答 $8a$

77 (1) PとQの相似比が3：4だから，表
面積の比は
$$3^2 : 4^2 = 9 : 16$$
Pの表面積を$S\text{cm}^2$とすると
$$9 : 16 = S : 160$$
$$16S = 9 \times 160$$
$$S = 9 \times 10$$
$$S = 90$$

答 90cm^2

(2) PとQの相似比が3：4だから，体
積比は
$$3^3 : 4^3 = 27 : 64$$
Qの体積を$V\text{cm}^3$とすると
$$27 : 64 = 54 : V$$
$$27V = 64 \times 54$$
$$V = 64 \times 2$$
$$V = 128$$

答 128cm^3

78 (1) $\frac{1}{3} \times \pi \times 3^2 \times 5 = 15\pi$

答 $15\pi\text{cm}^3$

(2) 水が入っている部分と容器の相似比
が4：5だから，体積比は
$$4^3 : 5^3 = 64 : 125$$
容器に入っている水の体積を$V\text{cm}^3$
とすると
$$64 : 125 = V : 15\pi$$
$$125V = 64 \times 15\pi$$
$$V = \frac{64 \times 15\pi}{125}$$
$$V = \frac{192}{25}\pi$$
したがって，求める体積は
$$15\pi - \frac{192}{25}\pi = \frac{183}{25}\pi$$

答 $\frac{183}{25}\pi\text{cm}^3$

6章　円　　p.250

79

(1) 円周角と中心角の関係から
$$\angle x = \frac{1}{2} \times 60° = 30°$$

(2) 円周角と中心角の関係から
$$\angle x = \frac{1}{2} \times 110° = 55°$$

(3) 円周角と中心角の関係から
$$\angle x = 2 \times 45° = 90°$$

(4) 円周角と中心角の関係から
$$\angle x = 2 \times 110° = 220°$$

(5) 円周角と中心角の関係から
$$\angle x = \frac{1}{2} \times (360° - 134°)$$
$$= 113°$$

(6) 1つの弧に対する円周角は一定だから
$$\angle x = 48°$$

(7)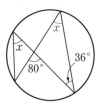
$$\angle x + 36° = 80°$$
$$\angle x = 44°$$

(8)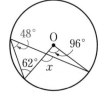
円周角と中心角の関係から
$$\frac{1}{2} \times 96° = 48°$$
三角形の外角は，それととなり合わない2つの内角の和に等しいから
$$\angle x = 62° + 48° = 110°$$

(9)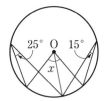
上の図のように，補助線をひく。
円周角と中心角の関係から
$$\angle x = 2 \times 25° + 2 \times 15° = 80°$$

(10)
円周角と中心角の関係から
$$2 \times 36° = 72°$$
△OABは二等辺三角形だから
$$\angle x = (180° - 72°) \div 2 = 54°$$

(11)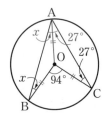
上の図のように，補助線をひく。
△OABと△OACは二等辺三角形だから
$$\angle BAC = \angle x + 27°$$
円周角と中心角の関係から
$$\angle x + 27° = \frac{1}{2} \times 94°$$
$$\angle x = 47° - 27°$$
$$= 20°$$

(12)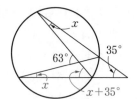
上の図で，三角形の外角は，それととなり合わない2つの内角の和に等しいから
$$\angle x + (\angle x + 35°) = 63°$$

$$2\angle x = 28°$$
$$\angle x = 14°$$

80

(1) $\overparen{AB} = \overparen{BC}$ より，1つの円において，等しい弧に対する円周角は等しいから

$$\angle x = 32°$$

(2) $\overparen{AB} = \overparen{CD}$ より，1つの円において，等しい弧に対する円周角は等しいから

$$\angle ADB = \angle CAD = 40°$$

三角形の外角は，それととなり合わない2つの内角の和に等しいから

$$\angle x = 40° + 40° = 80°$$

(3)

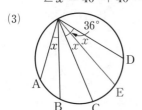

上の図のように，$\overparen{CD}$ を2等分する点Eをとり，補助線をひく。

$\overparen{AB} = \overparen{CE} = \overparen{ED}$ より，1つの円において，等しい弧に対する円周角は等しいから

$$2\angle x = 36°$$
$$\angle x = 18°$$

81

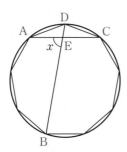

$\overparen{AB}$ に対する中心角は，360°を9等分した3つ分だから

$$360° \div 9 \times 3 = 120°$$

円周角と中心角の関係から

$$\angle ADB = \frac{1}{2} \times 120° = 60°$$

$\overparen{CD}$ に対する中心角は，360°を9等分した1つ分だから

$$360° \div 9 = 40°$$

円周角と中心角の関係から

$$\angle CAD = \frac{1}{2} \times 40° = 20°$$

△ADEにおいて，外角はそれととなり合わない2つの内角の和に等しいから

$$\angle x = 60° + 20° = 80°$$

82

(1) 直径に対する円周角だから

$$\angle x = 90°$$

(2) $\angle x = 180° - (55° + 90°) = 35°$

(3)

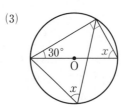

$$\angle x = 180° - (30° + 90°) = 60°$$

(4)

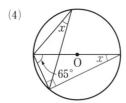

上の図のように，補助線をひく。

$$\angle x = 180° - (65° + 90°) = 25°$$

(5)

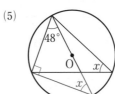

上の図のように，補助線をひく。

$$\angle x = 180° - (48° + 90°) = 42°$$

(6)

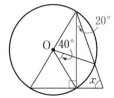

上の図のように，補助線をひく。

円周角と中心角の関係から

$$\frac{1}{2} \times 40° = 20°$$

直径に対する円周角は90°で，三角形の外角は，それととなり合わない2つの内角の和に等しいから

$$90° = \angle x + 20°$$

$$\angle x = 90° - 20° = 70°$$

83 (1)① 2点A，Dが直線BCの同じ側にあるので

$$\angle BAC = \angle BDC$$

ならば，4点A，B，C，Dは1つの円周上にあるから

$$\angle x = 90°$$

② 2点B，Cが直線ADの同じ側にあるので

$$\angle ABD = \angle ACD$$

ならば，4点A，B，C，Dは1つの円周上にあるから

$$\angle x = 55°$$

③ 2点A，Bが直線DCの同じ側にあるので

$$\angle ACB = \angle ADB = 45°$$

ならば，4点A，B，C，Dは1つの円周上にある。

三角形の外角は，それととなり合わない2つの内角の和に等しいから

$$\angle x + 45° = 75°$$

$$\angle x = 30°$$

(2) $$\angle DBF = 180° - (85° + 70°)$$
$$= 25°$$

したがって ∠DBE ＝ ∠DCE
点B，Cが直線DEの同じ側にあって，∠DBE ＝ ∠DCEだから，4点B，C，D，Eは，1つの円周上にある。

　　　　答 点B，C，D，E

84 (1) △ACP ∽ △DBPだから
（教科書180ページ❶参照）
PA ＝ $x$cmとすると

$$PA : PD = PC : PB$$

$$x : 8 = 9 : 15$$

$$15x = 8 \times 9$$

$$x = \frac{8 \times 9}{15}$$

$$x = \frac{24}{5}$$

　　　　答 $\dfrac{24}{5}$cm

(2) △APD ∽ △CPBだから
（教科書180ページ❷参照）
CD ＝ $x$cmとすると

$$PA : PC = PD : PB$$

$$20 : (x + 10) = 10 : 12$$

$$10(x + 10) = 240$$

$$x + 10 = 24$$

$$x = 14$$

　　　　答 14cm

7章　三平方の定理　p.252

85

(1) 斜辺が x だから
$$2^2 + 3^2 = x^2$$
$$x^2 = 13$$
$x > 0$ だから
$$x = \sqrt{13}$$

(2) 斜辺が7だから
$$x^2 + 6^2 = 7^2$$
$$x^2 = 13$$
$x > 0$ だから
$$x = \sqrt{13}$$

(3) 斜辺が $2\sqrt{2}$ だから
$$x^2 + (\sqrt{3})^2 = (2\sqrt{2})^2$$
$$x^2 = 5$$
$x > 0$ だから
$$x = \sqrt{5}$$

(4) 斜辺が10だから
$$x^2 + 6^2 = 10^2$$
$$x^2 = 64$$
$x > 0$ だから
$$x = 8$$

(5) 斜辺が x だから
$$5^2 + 12^2 = x^2$$
$$x^2 = 169$$
$x > 0$ だから
$$x = 13$$

(6) 斜辺が2.5だから
$$0.7^2 + x^2 = 2.5^2$$
$$x^2 = 5.76$$
$x > 0$ だから
$$x = 2.4$$

86

㋐ $a = 8$, $b = 9$, $c = 12$ とすると
$$a^2 + b^2 = 8^2 + 9^2 = 145$$
$$c^2 = 12^2 = 144$$
よって，$a^2 + b^2 = c^2$ の関係が成り立たない。

㋑ $\sqrt{2} < \sqrt{10} < \sqrt{12}$ だから $a = \sqrt{2}$，$b = \sqrt{10}$, $c = 2\sqrt{3}$ とすると
$$a^2 + b^2 = (\sqrt{2})^2 + (\sqrt{10})^2 = 12$$
$$c^2 = (2\sqrt{3})^2 = 12$$
よって，$a^2 + b^2 = c^2$ という関係が成り立つ。

したがって，直角三角形は㋑である。

87

(1) $2 : x = 1 : \sqrt{2}$
$$x = 2\sqrt{2}$$

(2) $x : 8 = \sqrt{3} : 2$ 　│　 $8 : y = 2 : 1$
$2x = 8\sqrt{3}$ 　│　 $2y = 8$
$x = 4\sqrt{3}$ 　│　 $y = 4$

(3) 3つの角が30°，60°，90°の直角三角形において
$$\sqrt{6} : x = 1 : \sqrt{3}$$
$$x = 3\sqrt{2}$$

3つの角が45°，45°，90°の直角三角形において
$$y : 3\sqrt{2} = 1 : \sqrt{2}$$
$$\sqrt{2}\,y = 3\sqrt{2}$$
$$y = 3$$

88

(1) △ABHにおいて，AH $= x$ cm とすると，BH $= 5$ cm だから
$$5^2 + x^2 = 7^2$$
$$x^2 = 24$$
$x > 0$ だから
$$x = 2\sqrt{6}$$
したがって，面積は
$$\frac{1}{2} \times 10 \times 2\sqrt{6} = 10\sqrt{6}$$

答　高さ $2\sqrt{6}$ cm，面積 $10\sqrt{6}$ cm²

(2) △ABHにおいて，AH $= x$ cm とすると，BH $= 4$ cm だから
$$4^2 + x^2 = 12^2$$
$$x^2 = 128$$
$x > 0$ だから
$$x = 8\sqrt{2}$$

したがって，面積は

$$\frac{1}{2} \times 8 \times 8\sqrt{2} = 32\sqrt{2}$$

答 高さ $8\sqrt{2}$ cm，面積 $32\sqrt{2}$ cm²

89 (1) 点C(3, 1)をとり，
直角三角形ABCをつくる。
BC $= 3 - (-2) = 5$
AC $= 4 - 1 = 3$
だから，AB $= d$ とすると
$d^2 = 5^2 + 3^2 = 34$
$d > 0$ だから
$d = \sqrt{34}$ **答** $\sqrt{34}$

(2) 点C(-1, -2)をとり，
直角三角形ABCをつくる。
AC $= 2 - (-1) = 3$
BC $= 2 - (-2) = 4$
だから，AB $= d$ とすると
$d^2 = 3^2 + 4^2 = 25$
$d > 0$ だから
$d = 5$ **答** 5

90 (1) 円の中心Oから弦ABに垂線をひ
き，ABとの交点をHとする。
AH $= 9$ cm であり，OA $= x$ cm
とすると，△OAHは直角三角形だ
から
$9^2 + 12^2 = x^2$
$x^2 = 225$
$x > 0$ だから
$x = 15$ **答** 15cm

(2) 接点のうち，線分OAより上にある
ほうをPとする。
△APOは直角三角形だから
$4^2 + 8^2 = AO^2$
$AO^2 = 80$
AO > 0 だから
AO $= 4\sqrt{5}$

答 $4\sqrt{5}$ cm

91 (1) 縦，横，高さが a, b, c である直方
体の対角線の長さは
$$\sqrt{a^2 + b^2 + c}$$
だから，この式に $a = 8$, $b = 6$,
$c = 5$ を代入して
$$\sqrt{8^2 + 6^2 + 5^2} = \sqrt{125} = 5\sqrt{5}$$

答 $5\sqrt{5}$ cm

(2) 1辺が a の立方体の対角線の長さは
$$\sqrt{a^2 + a^2 + a^2} = a\sqrt{3}$$
だから，この式に $a = 4$ を代入して
$4\sqrt{3}$ **答** $4\sqrt{3}$ cm

92 (1) 円錐の高さを h cm とすると
$3^2 + h^2 = 9^2$
$h^2 = 72$
$h > 0$ だから $h = 6\sqrt{2}$
したがって，体積は
$$\frac{1}{3} \times \pi \times 3^2 \times 6\sqrt{2} = 18\sqrt{2}\,\pi$$

答 高さ $6\sqrt{2}$ cm，体積 $18\sqrt{2}\,\pi$ cm³

(2) 底面の半径を r cm とすると
$r^2 + 5^2 = 7^2$
$r^2 = 24$
$r > 0$ だから $r = 2\sqrt{6}$
したがって，体積は
$$\frac{1}{3} \times \pi \times 24 \times 5 = 40\pi$$

答 底面の半径 $2\sqrt{6}$ cm
体積 40π cm³

93 (1) 底面は正方形だから
AC : AB $= \sqrt{2} : 1$
AC : 8 $= \sqrt{2} : 1$
AC $= 8\sqrt{2}$
したがって
$$AH = \frac{1}{2}AC = 4\sqrt{2}$$
OH $= h$ cm とすると，△OAHは
直角三角形だから
$(4\sqrt{2})^2 + h^2 = 9^2$

$$h^2 = 49$$

$h > 0$ だから　　$h = 7$

したがって，体積は

$$\frac{1}{3} \times 8^2 \times 7 = \frac{448}{3}$$

答　高さ　7cm，体積　$\dfrac{448}{3}$cm³

(2)　△OAH は直角三角形だから

$$AH^2 + 3^2 = 6^2$$
$$AH^2 = 27$$

AH > 0 だから

$$AH = 3\sqrt{3}$$

△HAB は直角二等辺三角形だから

$$AH : AB = 1 : \sqrt{2}$$
$$3\sqrt{3} : AB = 1 : \sqrt{2}$$
$$AB = 3\sqrt{6}$$

したがって，体積は

$$\frac{1}{3} \times (3\sqrt{6})^2 \times 3 = 54$$

答　底面の1辺　$3\sqrt{6}$ cm
　　　体積　　54cm³

94　(1)　折り返した辺だから

$$EM = EB = 8 - x \,(\text{cm})$$

答　$(8-x)$cm

(2)　仮定から　AM $= 4$cm

(1)より　　EM $= 8 - x$ (cm)

△AEM は直角三角形だから

$$x^2 + 4^2 = (8-x)^2$$

展開して整理すると

$$16x = 48$$
$$x = 3$$

答　3cm

95

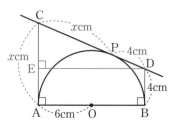

点Dから線分ACに垂線DEをひき，
AC $= x$cm とする。円外の1点から，
その円にひいた2つの接線の長さは等し
いから

$$CP = CA = x\text{cm}$$
$$DP = DB = 4\text{cm}$$

上の図より

$$CE = x - 4 \,(\text{cm})$$
$$ED = 12\text{cm}$$

△CED は直角三角形だから

$$12^2 + (x-4)^2 = (x+4)^2$$

展開して整理すると

$$16x = 144$$
$$x = 9$$

答　9cm

別解

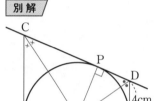

△CAO と△CPO は直角三角形で，斜
辺と他の1辺がそれぞれ等しいから

$$\triangle CAO \equiv \triangle CPO$$

同様にして

$$\triangle OPD \equiv \triangle OBD$$

△COA と△ODB は，上の図より2組
の角がそれぞれ等しいから

$$\triangle COA \sim \triangle ODB$$

AC $= x$cm とすると

$$AO : BD = AC : BO$$
$$6 : 4 = x : 6$$
$$4x = 36$$
$$x = 9$$

答　9cm

■二次元コード一覧表

章	掲載ページ		内　　　容	
	本書	教科書		
1章	4	11	ドミノ倒しを見てみよう	動画
	20	23	パズルで長方形をつくろう	シミュレーション
5章	171	149	頂点を動かして考えよう	シミュレーション

• 二次元コードに関するコンテンツの使用料はかかりませんが，通信費は自己負担になります。